# Die Moral des Hotels

## Tischgespräche

Paul Vehling

AF651599

Alpha Editions

This edition published in 2022

ISBN : 9789356901414

Design and Setting By
**Alpha Editions**
www.alphaedis.com
Email - info@alphaedis.com

As per information held with us this book is in Public Domain.
This book is a reproduction of an important historical work. Alpha Editions uses the best technology to reproduce historical work in the same manner it was first published to preserve its original nature. Any marks or number seen are left intentionally to preserve its true form.

# Contents


VORWORT. ........................................................- 1 -

I. ........................................................- 8 -

II. ........................................................- 29 -

III. ........................................................- 51 -

IV. ........................................................- 70 -

V. ........................................................- 89 -

VI. ........................................................- 113 -

VII. ........................................................- 139 -

VIII. ........................................................- 180 -

NACHWORT. ........................................................- 183 -

# VORWORT.

Gespräche mit mir zu Tisch! – Wie schön läßt sich an der Tafel reden, wenn die Runde liebenswürdig, wenn das Essen gut und der Appetit nicht verdorben ist! Wie fröhlich läßt sich nach einer edlen Flasche philosophieren, wenn man aus feiner Schale heißen Mokka nippt und den blauen Rauch einer guten Zigarre in die Luft bläst, während der sinnende Blick den duftigen Wolken nachzieht. Der wachsamste Mensch wird dann unvorsichtig, dem Trug und der Täuschung zugänglich. Ja, was das Schlimmste ist: er wird vergeßlich. Und dennoch! Jeder will einmal so vergeßlich sein, jeder sich einmal als Mensch fühlen. Mehr als alles andere hat ein gutes Diner eine Wirkung daraufhin. Es verleiht dem Esser eine schöne, ja olympische Ruhe und Sicherheit, teilt ihm das stille, wohltuende Gefühl eines gesteigerten Selbstbewußtseins mit, welches kein anderer Genuß, keine andere Lebenslage in solch ruhiger Fülle zu bieten vermag. Darin liegt die große Gefahr, die Falle für den modernen Menschen. Ein derartiger Zustand, dünkt mich, sollte ruhiges, klares, vernünftiges Denken fördern, erwecken. Weit entfernt! Unsere Zeit hat kaum jemals ernstlich über diese Frage nachgedacht, hat nur instinktiv gehandelt. Darum versteht man auch so wenig zu essen. Die meisten verstehen es überhaupt gar nicht. Man will es nicht verstehen. Die Gefahr ist zu groß; die Zeit fehlt. Man könnte sich zu sehr als Mensch fühlen.

Da ich jedoch in der glücklichen Lage bin, über genügend Zeit zu verfügen, da ich die Gefahren eines guten Diners für uns moderne Menschen erkannt habe, so bemeistere ich dieselben – mit anderen Worten: ich bin ein aufrichtiger, meiner völlig bewußter Esser. Das will etwas sagen. Daher kann ich mir auch kaum etwas Menschlich-Schöneres denken als eine gesellige Tafelrunde. Das gute Gelingen eines Mahls hängt freilich von tausend verborgenen, mißgünstigen Kleinigkeiten ab, die nicht jedermann bekannt sind. Der Gourmet selbst hat seine Last damit. Ärger über mißlungenes Essen wird besonders stark empfunden. Als gesundheitsschädliche Gemütserregung tut er an Heftigkeit nur der wahnsinnigen Eifersucht eines Verliebten gleich. Diese beiden Tornados der menschlichen Seele haben – ganz wie die atmosphärischen – ein Zentrum, das absolut still und ruhig und unerreichbar ist: die Dummheit im psychologischen Falle.

So habe ich denn als Gastrosoph die verschiedenen Störungen, Hindernisse und Gefahren, die unseren Tafelfreuden drohen, eifrig studiert. Die Mähler, die ich gebe, sind daher berühmt, meine Gastlichkeit ist gepriesen; mein Bild ist in jedem Winkel der Erde bekannt – den Gebildeten wenigstens. Man prahlt mit meiner Bekanntschaft. Und hat keinen Grund dazu. Wo ich auftauche und erkannt werde – und ich werde erkannt – da entsteht Reportergedränge. Natürlich mischt sich allerhand unliebsames Volk unter. Gewöhnlich ist dies sogar am stärksten vertreten. Wie immer und überall und in aller Ewigkeit. Aber ich habe Verpflichtungen. Das Klappern gehört auch zu meinem Handwerk. Das Schweigen, das feine, lächelnde Schweigen gleichfalls. Was eine negative, aber nicht minder wirksame Reklame ist. Vor allem darf ich daher nicht grob werden. Und vor allem einem internationalen Banausentum gegenüber nicht. Denn dies ist ungefähr das bösartigste, gefährlichste Gesindel auf Gottes weitem Erdboden. Als Mann der Welt werde ich schließlich überhaupt nicht grob. Das heißt allerdings Zeitverluste. Als tüchtiger Geschäftsmann aber – denn das bin ich auch oder eigentlich – habe ich mir ausgerechnet, daß derartig angelegtes Kapital sich reichlich verzinst. –

So entstanden meine Tischgespräche, oder richtiger ein Teil derselben, die besonderen, die vorliegenden. Für mich waren sie eine höchst interessante, wenn auch teilweise verhängnisvolle, kritische Untersuchung der erwähnten Gefahren; dagegen eine gute Lehre und Strafe zugleich für meine Quälgeister. Denn hartnäckig ließ ich den teuflisch gesuchten, einmal gesponnenen Faden nicht mehr fallen. Selbst nicht auf die Gefahr hin, heimlich verfemt oder gar für langweilig gehalten zu werden. Weil meine Worte ehrlich und wohlgemeint sein sollten, drum mußten sie notwendigerweise so hinterlistig sein. Auch mußten sie interessant sein. Sonst hätten sie meinem Rufe geschadet und ich hätte nichts, absolut gar nichts damit erreicht. Weil meine Zuhörer an der Tafel Banausen waren, mußte ich fachsimpeln, mußte ich Griffe in die diversen Hanfbündel des Lebens tun, um sie – die Zuhörer, die Spezialisten – zu ködern, mit ihrem Fache ihre Aufmerksamkeit fesseln. Darin lag das Interessante. Für sie, die Zuhörerschaft. Ich erwartete im voraus alle Schrecken einer Inquisition, alle Qualen einer Selbsterniedrigung, ich sah die gähnenden Kiefer einer entsetzlichen Langeweile, ihre dunkle Rachenhöhle, ich empfand das Nagen eines bösen Gewissens, – aber statt alledem ergriff mich plötzlich ein fremdes Verlangen – Neugier – Schaffensdrang – Mitleid – Entdeckermut – sei es, was es will. Und vorsichtig und geduldig zog ich den verhängnisvollen Faden ein. Weiter und weiter! Denn, ach, nun wollte ich wissen, wie er entstand, woher er kam, was an seinem Ende hing. –

Es ist etwas Eigenartiges um die menschliche Seele. Ich wußte genau: der Faden wird in meinen Fingern gebildet. Aus dem wirren, losen Bündel Hanf entsteht das feste Knäuel. Das Bündel wird kleiner, das Knäuel wächst. Und dazwischen liegt die Wonne der Arbeit, die unwiderstehliche aber unbefriedigte Neugier, das Wissen und das Nichtwissen, die Furcht vor meiner Spule für den brausenden Webstuhl der Zeit, meiner Hände Werk zwar, aber nicht mein Eigentum.

---

Wer den Lauf der Ereignisse in der letzten Hälfte des 19. Jahrhunderts betrachtet, wird es ganz erklärlich finden, daß unsere Generationen (und vielleicht auch noch die kommenden) trotz aller technischen Fortschritte, trotz aller redlichen Bemühungen manches unbeachtet lassen, manches vom Strom der Zeit ins Leben Gerissene und im Aufblühen Begriffene ersticken lassen, das vielleicht zu scheu, zu unansehnlich, zu bescheiden oder zu schwach ist oder das gar wissentlich als zu verächtlich beiseite geschoben, als daß es der Teilnahme der Weisen und gar erst des gewöhnlichen Sterblichen wert wäre.

Unsere Zeit hat indessen vor allen anderen das Verdienst, daß sie uns die schöne Erde ganz erschlossen hat. Das Bedürfnis hierfür ist das ursprünglichste Empfinden im Forschensdrange (oder Neugier), das jede menschliche Brust bewegt. Wichtige Erfindungen haben es den Völkern ermöglicht, schnell, bequem und billig reisen zu können. Man macht ausgiebigen Gebrauch davon, denn man reist gern. Und jeder, der hierzu in seinem Leben Geld, Zeit und Gelegenheit hatte, kann, wenn er glücklich und klug genug war, nicht allzuviel Bücherweisheit in sein Reiseränzlein einzuschnüren, sich stolz in die Brust werfen und sagen, falls ihn irgendein Naseweis nach seiner Bildung befragt:

»Ich habe die Hoheschule des Lebens besucht; bin Doktor der Rechte des Daseins.« Und ähnliches mehr.

Wir Menschen des zwanzigsten Jahrhunderts haben uns den Gesetzen der Anpassung getreu den heranstürmenden Ereignissen gefügt. Schranke um Schranke fiel, der Naturalismus kam und ging wie die Romantik vor ihm. Es wanken schon (so denken wir) die letzten Barrieren vor dem Gesuchten. Schließlich folgt die letzte Emanzipation, und wir stehen da mit leeren Händen vor einem Nichts. Wir stehen davor und sehnen uns nach neuen (oder gar zurück nach ein paar alten »abgelegten«) Idealen, denn ohne Ideale, mit einem puren Nichts geben sich Menschen nicht zufrieden. Wir sorgen und sorgen und vergessen, daß die Zeit für uns sorgt. Das ist die Nervosität des zwanzigsten Jahrhunderts, der Menschen nüchtern, kalt, berechnend, *businesslike*, aber dennoch mit einer qualvollen Sehnsucht im Herzen, mit der Genußsucht nach dem gewissen Etwas, das die dunkle Zukunft uns immer wieder hartnäckig vorenthält. Das ist Neugier. Wir haben die äußersten Winkelchen der Erde betreten, wir wollen die Tiefen der Lüfte und der Meere, ja die der eigenen Seele ergründen, den geheimsten Funktionen des Cerebellums nachspüren. Man muß sich sehr weit von den Menschen entfernen, um ein gutes Bild von ihnen zu erhalten. Ein Zusammenhang, eine Einheit ist schwer mehr zu erkennen, obgleich sie besteht. Aber die hinterlistigen Verhältnisse unserer Zeit haben die früher nach einer Einheit strebenden Gewebe der Zivilisation getrennt, sie haben neue Kontraste und

Abgründe geschaffen, einzelne Reiche gebildet. Wir können kein Ende sehen, weil wir am Anfang stehen. Und immer stehen werden.

Daher toben gewaltige Kämpfe zwischen Kapital und Arbeit, blutige, verderbliche Aufruhre, mörderische Kriege, politische Umwälzungen. Daher fängt man sogar schon an, human zu werden. Einsichtsvolle Geister arbeiten beständig an dem Wohl des Volkes. Die Regierungen und Kapitalisten, vielleicht nur von gewissen Ängsten dazu angetrieben, geben Mittel mit vollen Händen her. Kurz, der Dankbare sieht hinter jedem Ereignis ein Streben zur Läuterung. Mögen nun edle Menschenliebe oder bloß graue Furcht vor unabsehbaren, unheimlichen, fabelhaften Folgen dies Streben fördern, wir wissen es nicht. Vielleicht helfen beide. Wir wissen nur Tatsachen, wie zum Beispiel, daß Menschenliebe und folglich auch Menschenfurcht Mythen sind, welche in uns lebendig geworden, nun in Wirklichkeit existieren. Furcht natürlich im erhöhten Maße. Wir wissen nur Tatsachen, wie zum Beispiel, daß die mehr oder weniger deutlichen Drohungen des Sozialismus manches aufgerüttelt und manches ins Bockshorn gejagt, manches in Bewegung gesetzt haben, das sonst in arkadischem Frieden weiter gewuchert hätte. Und wir wissen, daß die weisen Gesetzgeber sich immer erst durch verzweifelte Notwendigkeiten veranlaßt sahen, Gesetze zu ihrer und zu anderer Schutz und Recht herauszutüfteln und herauszugeben. Das Gesetz, eine Erfindung wie alle anderen, ist das legitime Kind der Notwendigkeit und des Geistes der Zeit. Nur das erste nicht: »Du sollst nicht vom Baume der Erkenntnis essen!« Das ist eine rätselhafte Kaprice, das Kind einer üblen Laune.

Die Bilder, welche unser Leben bedeuten, sind zwar stets andere, aber immer und immer wieder nur Illustrationen der alten Geschichte von dem der Menschheit eigentümlichen Wanken zwischen dem »Guten« und dem »Schlechten« oder dem Vollkommenen und dem Unvollkommenen. Ihr Werdegang ist eine Springprozession zum Heiligtum des Ganzen, ein wogendes Meer, ein Suchen, ein Sehnen nach Vollkommenheit und ein Rückfall ins Dunkle. Und wie im Brausen des Meeres, so ertönt dazwischen ein gellendes Hohngelächter von abertausend kapriziösen Geistern der Finsternis. Und Männer mit ganz feinen Ohren, begabt mit reicher Phantasie, hören dies. Sie haben darauf nichts Eiligeres zu tun, als es den Schwerhörigen mitzuteilen. Erst dann hält es die Menschheit für nötig, langsam sich wieder aufzuraffen. Wenn sie den Weisen glauben, heißt das.

Wie ungeschickt sind wir doch! Wie kurz denken wir nicht und fügen uns und andern dadurch unermeßlichen Schaden zu, den wir bei einiger Einsicht von Anfang an hätten vermeiden können. Gewöhnlich nennt man dies »Irrtum«. Der Irrtum, bildlich dargestellt, aber ist, wie wenn ein armes, leidendes Menschenkind sich in Schmerzen am Boden windet, während ein grinsender, abscheulicher Teufel hinter ihm steht, ihm eine Narrenmütze aufsetzt und sich vor Lachen über das komische Bild den Bauch hält. Zu solcher Demütigung muß es kommen, damit die meisten von uns angetrieben werden, einen schwachen Versuch von Selbsterkenntnis zu machen. Wie sind sie alsdann plötzlich so geschickt, den Schaden zu reparieren! Man denke sich nur einen Tölpel, der eine Schüssel fallen läßt. Was treibt ihn dazu an, die Scherben möglichst flink wegzuräumen oder gar wieder zusammenkitten zu wollen? Jemand, der nicht gewöhnt ist, Scherben zu machen, wird lachen und sie liegen lassen. Aber den Tölpel überzeugt selbst die Erfahrung nicht. Warum hat unsere Zivilisation, unser nationales und soziales Leben Situationen, Verhältnisse, Orte geschaffen, wo sie Laster, Verbrechen, Schwindsucht, Wahnsinn, Nervosität und alle sonstigen erdenklichen Leiden wie auf einem Mistbeete züchtet? Warum hat sie Industrien und Fabriken, die alle Beteiligten in die Ketten von Krankheit, Elend und Sklaverei legen? Nur damit sie, dieselbe Zivilisation, Hospitäler, Sanatorien, Kirchen, Wohltätigkeits- und Besserungsanstalten bauen und mit Wundern der menschlichen Erfindungsgabe protzen kann. Denn all der Jammer, den sie verursacht hat, soll wieder gut gemacht werden. Die Scherbenmacher des Lebens bedenken nicht, daß die Gefäße des Lebens aus dem feinsten Material verfertigt sind und daß der Saft des Lebens unaufhörlich daraus hervorsickert, wenn sie einmal einen richtigen Knacks bekommen haben. Leider aber steckt die Wurzel und der Same der giftigen Pflanze und des Unkrauts im Boden. Man sieht sie nicht eher, als bis sie mit dem Weizen aufgewachsen sind.

Man hat aber trotzdem schon viel eingesehen in unseren Tagen. Man fängt auch schon an, vorzubeugen statt zu reparieren. Ein erfreuliches Zeichen! Es gibt fast keine Industrie mehr ohne ihre Literatur. Arbeiterheere tun sich zusammen, ihre geschäftlichen und menschlichen Rechte zu beschützen und zu verteidigen. Selbst in den jüngsten, täglich neu entstehenden Industrien ist dies wahrzunehmen. Es ist jedoch kein Zufall, daß die Gastwirtschafts-Industrie, obgleich sie streng genommen jung, sehr jung ist und jetzt gerade gewaltig heranwächst, als solche unbeachtet geblieben ist. Ich will nicht den Anspruch erheben, die Vernachlässigung entdeckt zu haben, denn das wäre nicht richtig. Jedermann, der an dieser Industrie beteiligt ist, empfindet sie mehr oder weniger. Wenn auch schon viel in den Zeitschriften über das Gastwirtschaftswesen gesagt worden ist, so kann ich dies aber nur meistens für fragmentarisch und für leere Verwunderung über die plötzlich aufgeschossenen Riesenprachthotels oder für Reklame halten. Müßige Plauderer ohne jede tiefere Kenntnis haben sich damit befaßt, jedenfalls weil alles darin so schön aussieht, weil sie dort sehr gutes Essen und Trinken bekommen und im großen ganzen sehr gut aufgehoben sind. Derlei Tändeleien schrumpfen aber elend zusammen, wenn das Leben mit seinem ernsten Gesichte und seiner wuchtigen Sprache an sie herantritt.

Wir besitzen meines Wissens nach noch keine nennenswerte einheitliche, sachliche Kritik über das moderne Gastwirtswesen, das nunmehr – streng genommen – ein viertel Jahrhundert alt ist. Selbst wenn ein derartiges klassisches Werk schon existierte, so würden meine Tischgespräche doch nur als ein kleines Kapitel in dem großen Bande über die weitverzweigte Industrie kondensiert sein müssen, ja eigentlich gar keinen gebührenden Platz finden können. Im Zeitalter der Spezialisierung beschränke ich mich bei meiner Beschreibung des Hotels daher hauptsächlich auf ein Thema: das menschliche. Es wird jedoch auch der »Fachmann« an den vorliegenden Gesprächen verständnisvolles Gefallen oder Mißfallen haben. Aber ich will nur schildern – nichts anderes. Darum kann jedermann zuhören. Ich will dem »Fachmann«, namentlich dem jüngeren, und dann auch den Leuten, die täglich mit ihm zu tun haben, das Werden, Sein und Vergehen eines Menschen vor Augen stellen, chaotische Zustände kritisieren und erörtern und Kulturgewächse und -auswüchse betrachten, die von großem, allgemeinem Interesse sind. Wenn ich durch diese Darstellungen auch nur einen einzigen jungen »Fachmann« von der aktuellen Lage seiner Sache zu überzeugen vermag, wenn ich ihm den rechten Weg andeuten kann, der ihn an leiblichem und seelischem Niedergang vorbei zum allgemeinen und persönlichen Nutzen führt, so wird diese Arbeit überreichlich belohnt. Gerade im Leben des Arbeiters in der modernen Gastwirtsindustrie gibt es Zustände und Fragen, die schon lange nach Erlösung schreien. Ich bin vor keiner dieser schreienden und wimmernden Fragen zurückgewichen, noch habe ich sie schonend behandelt, Fragen, die an Menschlich-Allzumenschlichem so unendlich reich sind.

Die ganz außerordentliche, sonderbare Stellung, die der moderne Kellner in der Geschäftswelt einnimmt, hat ihn ungleich anderen Arbeitern weniger zum Kämpfer als zum Vermittler geschaffen. Das, dünkt mich, ist etwas Besseres. Jedenfalls erfordert seine Rolle in unserem Zivilisationstheater oft eine größere Geschicklichkeit als die des Helden oder des Naiven. Ein hervorragender Zug darin ist der kosmopolitische. Der moderne Kellner hat keine nationalen Bedenken. Er scheint der Vorläufer einer Völkerverbrüderung zu sein. Der ins Riesige gewachsene, heute schon unermeßliche Verkehr zwischen den Völkern der Erde, die stetige, ruhig, aber unaufhaltsam und triumphierend fortschreitende Kultur, deren Same von Europa in die entlegensten Eckchen der Erde getragen wurde, hat diese Verbrüderung aufkeimen lassen. Patrioten, Chauvinisten, wirkliche und Pannationalisten haben keinen triftigen Grund, diese Legierung von Völkerelementen zu verdammen. Wo die Eigenschaften verschiedener Erze vereinigt werden, entsteht zum mindesten ein nützliches Metall. Ob jemals ein edles Metall aus einer Völkerlegierung entstehen kann, bleibt dem stillglühenden Läuterungsprozesse künftiger Jahrtausende überlassen. Aus der Phiole aber sehen wir schon eines: den Weltfrieden leuchten.

So ist der Kellner mit all den Kenntnissen und Fähigkeiten, die er besitzen muß, dank seiner sozialen Stellung das typischste, kommerzielle Produkt des zwanzigsten Jahrhunderts, ein hervorragendes soziologisches, ja psychologisches »Problem«. Der Beweis dafür ist, wie oft man sich zum Beispiel auf der Bühne, in der Gesellschaft, in der Presse seiner Gestalt bemächtigt und sie auf billige, sehr, sehr billige Weise auszubeuten sucht. Niemals ernstlich behandelt und ernst nimmt, denn das kann man von den genannten Ausbeutern noch nicht oder nicht mehr verlangen. Gerade aber darum will ich eine rühmliche Ausnahme erwähnen: Bernard Shaw in seinem Schauspiel »*You never can tell*«. In dem Dilettantismus und der Spöttelei aber erblicke ich, wie eine neuentstandene dringende Notwendigkeit die erste Achtung auf sich zieht und wie sie empfangen wird. Indes kindisches Stammeln, müßiges Tändeln oder – in unserem Falle – selbst der spitzige Stift des Karikaturisten, dem man doch sonst genügend Vertrauen sollte schenken können, sind impotent und können den Problemen der Gastwirtsindustrie nicht helfen. Was der Kellner benötigt, sind starke Worte und starke Taten. Ein fremder Stein, der vielleicht vom Himmel fiel oder den ein Vulkan oder die See ausspie, wird ja immer zuerst die Runde durch die betastenden Kinder- und Narrenhände machen müssen, die sich daran belustigen, bevor der Mann kommt, der ihn liebevoll untersucht und ihm einen passenden Platz in seiner Sammlung einräumt, froh, eine neue, vielleicht interessante Spezies gefunden zu haben. Man wird hinter das Interessante und Kuriose eines vermeintlichen oder wirklichen Fundes kein Fragezeichen stellen. Die Situation wird jedoch spannender, wenn die Frage auftritt, ob man dem Funde oder ob er uns nützen kann. – Darum fand ich es nach einigem Schwanken der Mühe wert, die Tischgespräche aufzuzeichnen.

# I.

»Die Dinge und ihre Zusammenhänge bestehen«, sagt Paul Garin, »lange bevor sie gesehen und bevor sie erkannt werden. – Nach vieltausendjährigem Bestand von Familie, Gemeinde, Staat und Volk gab uns doch erst die jüngste Vergangenheit einige feste Vorstellungen über das Wesen und Wandel dieser Gebilde.« – – – Eine verblüffende Wahrheit wird uns da ins Gesicht gesagt! Wir könnten es nicht glauben, wenn wir es nicht täglich neu erlebten. Sie sehen, meine Herrschaften, wir wohnen nun doch schon so lange in diesem fashionablen Hotel. Haben wir uns jedoch jemals für das Haus näher interessiert, über seine Entstehung, seine Entwicklung nachgedacht? – Ja, dies Leben, dieser Betrieb! Wie interessant! Gewiß, das sehen wir alle. Aber ist es nichts mehr als interessant? – Das wäre wenig. Doch dies genügt uns. Wir schauen an, was uns gefällt, kritisieren vielleicht, was uns mißfällt; nehmen indes alles hin mit einer wunderbaren Sorglosigkeit und Selbstverständlichkeit, bezahlen und gehen wieder. Aber unwissend gehen wir, wie wir kamen. Außerdem haben wir damit unsere Schuldigkeit nicht getan. Es ist für uns als denkende Menschen absolut notwendig, daß wir uns ernstlich umschauen, uns orientieren, unsere Umgebung studieren und daraus profitieren. – Wie meinen Sie? Man hat gewöhnlich keine Zeit dazu? Oh, mehr als Sie glauben! Man nimmt sich gewöhnlich nicht die Zeit. Es kommt darauf an, die fliehende Minute nicht fortzulassen, bevor sie uns ihre Botschaft mitgeteilt hat. Und jede hat eine wichtige Botschaft für uns, die auf ewig verloren geht, wenn wir nicht Gewalt brauchen. Verlangende Bilder drängen sich uns jeden Moment auf, fremde Gestalten, fremde Welten sehnen sich nach uns, stumm mahnend, unwillkürlich unsere Teilnahme erflehend, nach Erlösung schreiend, uns Glück und Erlösung anbietend. Wir dürfen nicht achtlos daran vorübergehen, wenn wir schließlich selber nicht vereinsamt – Brachland – Wüste sein wollen. Darin liegt das große Geheimnis der Liebe. – Sehen Sie nur den stummen Blick eines wildfremden Menschen. Wieviel Fragen, Verlangen, Wünschen, Begehren oder Kälte, Verachtung, Abscheu, Haß, Wut, Zorn, Gefahr birgt er nicht in sich? Und das alles für uns? Für uns, auf denen er ruht? Beobachten, empfänglich sein, wachen ist daher unsere größte Pflicht im Interesse unserer Selbsterhaltung.

Ergreifen Sie doch nur einmal das erste Beste, das Ihnen in den Weg kommt, und lassen Sie alles andere einen Moment außer acht. Sie werden eine ganze Weile lang Ihre ungeteilte Aufmerksamkeit darauf richten müssen, bis Sie es erkennen. Der Augenblick hat Ihnen viel Neues zu sagen, Sie werden viel lernen. – Hier kommt schon jemand. Ein Kellner. – Für Sie als Soziologe, Herr Professor, sollte dieser junge Mann doch besonders interessant sein. Natürlich, Sie und wir alle wissen, daß dieser Mensch zur Bedienung der Gäste hier gegenwärtig ist, doch darf ich fragen: haben Sie schon jemals über seinen Ursprung und folglich über seine Existenz nachgedacht? – Wer mag wohl der erste Kellner gewesen sein? – Das dachte ich mir! Sie lächeln! Ist die Frage so amüsant, weil sie scheinbar so einfach ist? Läßt sie sich darum mit einem teilnahmslosen Lächeln entlassen?

Ganymedes. Ganz richtig. Aber der zählt eigentlich zu den antiken himmlischen Heerscharen, während der Kellner eine verzweifelt irdische, menschliche Gestalt ist. Wer der erste Kellner war, wo er lebte, wie er hieß und wie er aussah, läßt sich nicht sagen. Es fehlen jegliche Urkunden oder Traditionen. Obgleich des Gastwirts Gewerbe eigentlich so uralt ist wie unsere Zivilisation, obgleich die Geschichtschreiber aller Zeiten, ganz wie alle anderen Bürger, jederzeit und überall dem Gasthause sehr gewogen waren, die Gestalt des Kellners blieb obskur. Nur hie und da wird er erwähnt und dann in das ungünstigste Licht gestellt. So in der schönen Geschichte von dem historischen Gasthause zu Askalon, dem »Schwarzen Walfisch«. Es wird dort erzählt, wie die Kellner die Rechnung präsentierten, ein gewichtiges, in Keilschrift auf Ziegelsteinen geschriebenes Dokument. Nun da Sie, Herr Professor, den Namen des Ganymedes scherzhaft erwähnt haben, komme ich darauf zurück. Es erzählt allerdings eine einzige, aber wunderbare Geschichte aus dem grauen Altertum uns von dem ganz außerordentlichen Kellner, der Ganymedes hieß. Er war schön an Körper und Geist, dieser Jüngling, der schönste seiner Zeit. Und man kennt sogar seine Familienverhältnisse. Er war der eheliche Sohn des Tros und der Kallirrhoe und tummelte sich mit seinen Brüdern Assarakos und Ilos auf den sonnigen Höhen des Idagebirges herum, das eine gute Reise im Luxuszug weit gegen Sonnenaufgang sich zum tiefblauen Himmel emporstreckt. – Ja, ja, gnädiges Fräulein, ich versichere Ihnen, Ganymedes war so schön, daß die bösen Nachbarn die Vaterschaft des braven Tros in Frage stellten und allerhand davon munkelten, daß der Jüngling einen der ewigen Götter zum Papa haben müsse. – Sehr richtig, gnädige Frau, stimme Ihnen vollkommen bei! Obgleich Zeus als oberster der Götter in dieser Hinsicht tatsächlich manches geleistet hat, was man heutzutage ganz recht mit gestrengen Blicken betrachtet und ihm sehr übel anrechnet und er infolgedessen wirklich der heimliche Schrecken manch eines jungen Ehemanns war, so wollen wir aber derartige Gerüchte bezüglich der Abstammung des Ganymedes als unbegründet aufs entschiedenste ablehnen. Denn es fehlt jeder authentische Beleg dafür. Tatsache jedoch ist, daß Zeus unendliches Wohlgefallen an dem Jüngling hatte, und die Sage geht, daß er seinen großen Adler aussandte, der den Ganymedes erfaßte und hinauf in den Himmel trug oder in das Elysium – wie Sie wollen.

In diesen Gefilden der Götter und der Seligen brauchte Zeus zu den vielen festlichen Gelegenheiten einen anständigen Kellner, und er ließ sich, da er viel auf gutes Service hielt, also den schönsten und besten der erdgeborenen

Jünglinge kommen, um sich von diesem den Nektar und Ambrosia, die damalige Table d'hote der Götter servieren zu lassen. Und Ganymed muß mit seiner Stellung sehr zufrieden gewesen sein, denn er ist niemals mehr zur Erde zurückgekehrt. Sehr bedauerlich für die Irdischen. Von dem schlanken Götterkellner, der später selbst zu dem Rang eines Halbgottes avancierte, hätte sogar unser moderner Kellner hier ohne Zweifel manches lernen können. Was Wunder daher, daß die alten Künstler ein solches Exemplar von Schönheit und Gewandtheit verschiedentlich verherrlicht und sein Bild in Bronze und Marmor darzustellen versucht haben. Einiges davon hat sich sogar bis auf unsere Tage erhalten, damit jeder Kellner, der nach Rom kommt, sich sein Prototyp ansehen kann. – Sie erinnern sich, Herr Doktor? – Ach ja, natürlich! Sie als Kunstkritiker. Das ist ja Ihr Fach. – Nicht wahr? Es ist der Mühe wert, sich den Ganymed anzusehen; und es kostet nichts ... Wie meinen Sie? Ei, richtig! Welches Gedächtnis Sie haben! Montags, Dienstags, Donnerstags und Freitags wird ein Lire Eintritt erhoben, der nebst anderem in die Kasse des Heiligen Vaters fließt. Na, jedenfalls aber bekommt man an den anderen Tagen beim Eingang einen Zettel, der sagt:

»*Permesso personale per visitare i Musei del Palazzo Apostolico Vaticano.*«

Und unten drunter steht groß und großmütig:

»Gratis.«

Das weiß ich noch ganz genau, denn ... hm, verzeihen Sie, gnädiges Fräulein, Sie wollten etwas sagen. – Ganz recht! In Wien hängt auch ein Bild. Ein wunderbarer Corregio. – In Dresden, gnädige Frau? – Gleichfalls richtig. Ja, in Dresden auch. Rembrandt, wenn ich nicht irre. So 'n pausbäckiger, kräftiger Bengel, der mächtig schreit, als ihn der Adler erfaßt. Auch etwas jung nach unseren Begriffen. – Indes, diese Bilder sind archäologisch unzureichend. Der Kellner profitiert nicht viel davon. Er kann höchstens das eine von seinem klassischen Kollegen lernen: nämlich, daß er ihm an Schönheit des Geistes und auch des Leibes soviel wie möglich nachstreben soll. Aber es haben sich seit dem klassischen Altertum die Verhältnisse so sehr verändert, alles hat ein so ganz anderes Gesicht angenommen, so daß wir den modernen Kellner nicht allzu sehr schmähen dürfen, wenn er dem Ganymedes wenig oder gar nicht ähnlich sieht. Außerdem haben wir auch gesellschaftliche Skandale und Mesalliancen sowieso gerade genug.

Dennoch oder gerade darum, so wie er heute ist, bleibt der Kellner aber ein ganz interessantes Thema. Und während wir hier auf den unsrigen warten, wollen wir nicht gleich schimpfen, wenn unsere Geduld etwas auf die Probe gestellt wird, sondern wir wollen einmal betrachten, was seine Arbeit ist und warum er uns oft so lange warten läßt. Das ist tatsächlich ein großes Gebiet. Zuviel für einen Tag. Vor allem müßten wir uns mit der Gastwirtsindustrie bekannt machen. Zu diesem Zwecke müßten wir, wie gesagt, sehr weit in die Geschichte zurückgreifen. Denn die Geschichte unserer Väter und Vorväter steht an den Wänden der Gaststuben geschrieben. Oft viel besser als in dicken Büchern. Wenn Sie mir folgen wollen, so werden Sie sehen, wie wenig sich die Menschheit eigentlich seit ihren frühesten Dokumenten bis auf unsere Tage innerlich verändert hat. Die äußeren Umstände sind freilich andere geworden. Sie werden sehen, wie sich aus der schönen, vielgepriesenen alten Gastfreundschaft eine Industrie großartigsten Stils entwickelte, die notwendige Folge des wachsenden Verkehrs der Völker untereinander.

Gastfreundschaft. Was ist, oder besser, was war Gastfreundschaft eigentlich? Einem Wanderer in alter Zeit, der ermattet, bestaubt von fernher kam und beim Sonnenuntergang an eine fremde Haustür anklopfte, wurde aufgetan. Man empfing ihn freundlich, nahm ihn ins Haus auf, wusch ihm die Füße, salbte sie, brachte ihm Salz und Brot, lud ihn zu Tisch, bereitete das beste Bett für den Müden. Das war Gastfreundschaft. Diese Sitte ist heutzutage fast nur noch dem Namen nach bekannt, ausgenommen bei einigen patriarchalisch lebenden Völkern des Orients. Daher wird sie auch allenthalben als eine große Tugend gepriesen. Wir sind aber immer zu leicht verführt, etwas schön und freundlich Aussehendes zu hoch zu schätzen. Wenn die Menschen sich gegenseitig etwas Gutes antun, so treibt sie gewöhnlich kleines persönliches Profitchen dazu an. Ganz leer will der Wohltäter nie ausgehen. Welchen Zweck verfolgen die Menschen, wenn sie sich in den Haaren liegen, sich gegenseitig bekämpfen? – Nur derjenige, der sich gar nicht mit den Menschen abgibt, ist der ganz Selbstlose. Sind wir moderne Menschen, die wir einem armen einlaßbegehrenden Wandersmann höflich aber kühl die Türe vor die Nase schlagen, etwa weniger tugendhaft als die Braven vor Jahrtausenden, die sich gegenseitig mit dem größten Vergnügen bewirteten? Ich hoffe nicht. Die Zeiten haben sich nur geändert. Wir besitzen statt der Gastfreundschaft eben eine andere »Tugend«, ein Äquivalent. Die Geschichte beweist dies. Zu früheren Zeiten wanderte man nicht so viel wie heutzutage. Es war beschwerlich und gefahrvoll. Die Menschen waren selten. Drum kam auch nur selten ein Wandersmann an die Haustür und begehrte Unterkunft. Man freute sich jedesmal von ganzem Herzen, einen Fremdling zu sehen und aufnehmen zu können. Dies Gefühl hat sich bis auf unsere Tage erhalten. Denn wenn man mit jemand gut Freund bleiben will, so darf man sich nicht zu häufig bei ihm blicken lassen. Dies scheint auch das Geheimnis der meisten Ehemiseren zu sein. Man darf daher die alten Völker ihrer edlen Gastfreundschaft wegen nicht allzu hoch preisen. Der fremde Gast war wirklich einmal eine angenehme Abwechslung in der stillen Eintönigkeit ihres Lebens. Besonders wenn er wohlhabend aussah. Er wurde staunend von oben bis unten betrachtet. Sein Felleisen war der Gegenstand stiller, aber allgemeiner Bewunderung. Man war auf die Geschenke gespannt. Selbst dem weniger selbstsüchtigen Gastgeber hatte der Wandersmann allerhand zu bieten. Er konnte die spannendsten Geschichten, die schönsten Abenteuer, die letzten Neuigkeiten aus fernen Landen erzählen. Zu einer Zeit, da es noch keine Zeitungen gab, war ein solcher Mensch daher jedem willkommen. So baut sich also die sogenannte Tugend der Gastfreundschaft auf der sogenannten Untugend der Neugier auf. Die Neugier hieß damals den Wandersmann willkommen. Man profitierte von ihm, wie man heute von ihm Nutzen zieht. Darum begleitete der freundliche, stolze Hausvater seinen Fremdling am nächsten Morgen beim Sonnenaufgang und zeigte ihm seinen Weg. Wenn der Reisende sicher war, daß er die richtige Fährte gefunden und das Ziel des Tages nicht mehr verfehlen konnte, so schüttelten beide die Hände, dankten einander für das Vergnügen und gingen, – der Hausvater zurück, der Wandersmann voraus.

Heutzutage, namentlich in den großen Städten, können die reisenden Fremdlinge keinen Reiz mehr auf die Hausväter ausüben, wenn diese nicht gerade an den vom Fremdenverkehr abhängigen Unternehmungen beteiligt sind. Man liest alle Neuigkeiten aus der ganzen Welt in der Zeitung, man hat Menschen genug um sich herum. Die Haustüren bleiben daher dem Wanderer verschlossen. Seine Gegenwart, seine Übernachtung würde in einer gewöhnlichen modernen Haushaltung höchst unerwünscht und peinlich sein. Sind wir deshalb aber zu schmähen? Oder ist die heutige Welt nicht mehr neugierig? Was ist das Äquivalent für die alte Gastfreundschaft? – Die moderne Gastfreundschaft hat sich auf das seelische Gebiet begeben. So wenig Menschen es noch vor einigen Jahrtausenden gab, so viel gibt es heute. Wie damals der Menschenmangel als Einsamkeit, als Wüste empfunden wurde, so leidet heute das einzelne Individuum unter dem Eindruck der Menschenfülle. Und je größer, je stärker diese wird, um so hoffnungsloser erscheint sie dem einzelnen. Der Grund hierfür scheint in der Verschlossenheit und Unzugänglichkeit des inneren Menschen zu liegen. Und folglich in seiner Selbstsucht. Trotzdem haben die Menschen ein Bedürfnis, in Herden zu leben. Gesellschaft nennen sie dies. Ein wirklicher, normaler Mensch wird, wie gesagt, niemals selbstsüchtig und folglich niemals sich einsam fühlen. Doch darüber läßt sich viel sagen. Ich weiß, daß ich nicht ganz mit Ihnen darin übereinstimme. Ich würde keine Seele finden, die das täte. Das muß man mit sich selber ausmachen. – Also, wenn wir uns daher in der großen Menschenwüste sehr einsam fühlen und nun plötzlich einen Menschen antreffen, der uns gefällt, so nehmen wir ihn genau so freundlich auf, wie die einsamen alten Völker die einsamen alten Wanderer empfingen. Wir suchen die Seele des Gefundenen zu erkennen, denn diese hat uns vielleicht etwas Neues aus fremden Regionen zu berichten, etwas Neues, das nicht in der Zeitung steht. Wir betrachten den Fremdling mit ebenso großer Neugier und suchen ihm ebenso aufrichtig alles Gute anzutun, das in unseren Kräften steht. Es ist aber schwierig, die verwandte, freundliche, einsam wandernde Seele anzutreffen, die wir suchen. Nahe sucht man sie oft nicht, in der Ferne findet man sie gewöhnlich nicht. Es scheint alles Glückssache zu sein. Und bevor man regelrecht vorgestellt ist, bereitet eine Annäherung große Schwierigkeiten. Die moderne Seeleneinsamkeit scheint daher oft so groß und so unerträglich zu sein, daß sich viele praktische Menschen sogar in der Zeitung nach einem seelisch verwandten Wanderer umsehen, da sie gewissermaßen absolut jemand haben müssen, an dem sie ihre Gastlichkeit ausüben können.

Durch die uralte Sitte und Tradition wurde die Gastfreundschaft natürlich im Laufe der Zeit eine Art Gesetz und wurde als solches heilig gehalten. Damit waren dann ebenso natürlich allerhand Rechte, Gebräuche und Zeremonien verbunden, die teils den Gast, teils den Gastgeber verpflichteten. Als der Verkehr zunahm, sah man sich jedoch genötigt, vielfach vom alten Rechte und den alten Gebräuchen abweichen zu müssen. An den Hauptstraßen wuchsen kleine Häuser empor, die sich die Beherbergung der Fremden zum Geschäft machten. Die ersten Gasthäuser! Der Kommerzialismus erschien. Das Wandern und Reisen wurde bald so unsicher, die Gastfreundschaft unzuverlässig, daß sich entfernte Familien und Völker veranlaßt sahen, Verträge miteinander abzuschließen. Einzelne Staaten sandten Männer in fremde Länder, welche unter dem Schutze des betreffenden Volkes standen und sich um das Wohl ihrer reisenden Landsleute bekümmerten. Die alten Griechen nannten diese Männer Proxenoi, und wir haben sie heute noch und nennen sie Konsuln.

Die Reisenden schienen es allmählich für am bequemsten und besten zu halten, in den Gasthäusern an der Landstraße abzusteigen. Dieser Brauch wurde nach und nach allgemein. Die Römer, zur ersten christlichen Zeit auf dem Höhepunkte ihrer Macht und ihres Glanzes, waren natürlich die Hautevolee des damaligen Reisepublikums, die antiken Globetrotters. Als solche machten sie sich das Reisen so angenehm und sicher als möglich. An allen Landstraßen errichteten sie Stationen zum Pferdewechseln, mit welchen gleichzeitig ein Nachtquartier verbunden war. An Weinschenken und Gasthöfen in den Städten und Dörfern des Altertums war wirklich kein Mangel. Auf Reinlichkeit ihrer Lokale schienen die antiken Wirte jedoch im allgemeinen wenig Wert gelegt zu haben. Oder Horaz war ein großer Kostverächter. Denn der alte Dichter drückt sich sehr verächtlich über die Tavernen und Wirtshäuser seiner Zeit aus. Es ist auch möglich, daß er als Poet nicht immer bei Kassa war und die damals schon existierenden erstklassigen Lokale daher nicht frequentieren konnte. Vornehme Reisende, welche keine Freunde in der fremden Stadt hatten, stiegen gerne in den besseren Deversorien ab, weil sie dort gut aufgehoben waren. Zur Unterkunft der Dienerschaft und der Gespanne der Reisenden dienten die gewöhnlich etwas abseits liegenden Dependancen des vornehmen Gasthofes.

Wie von der ganzen antiken Zivilisation, so gewinnt man auch von den Hotel- und Restaurantverhältnissen der römischen Blütezeit ein wunderbar lebendiges Bild bei einem aufmerksamen Spaziergang durch die toten Straßen Pompejis. Als der Vesuv an dem verhängnisvollen Augusttage des Jahres 79 die schrecklichen Verheerungen in seinem Umkreis anrichtete und das blühende Leben rings um sich her zerstörte, da dachte niemand der Unglücklichen daran, welchen Dienst dieser polternde, feuerspeiende Bergriese den kommenden Geschlechtern erweisen würde. Er gab den leichtherzigen Bewohnern der Städte gerade noch Zeit genug, ihre kostbaren Siebensachen und Barschaft zusammenzuraffen und sich dann wörtlich aus dem Staube zu machen. Die fröhlichen Städte aber wurden samt allem, das nicht fliehen konnte, mit dicken Schichten von Asche, Bimsstein und Lava bedeckt. Sie wurden den späteren Zeiten aufbewahrt. War es die Vorsehung, welche mit prophetischen Augen die wütenden, verheerenden Scharen bärtiger, struppiger Barbaren aus dem Norden heranziehen sah, um Rom zu vernichten? – Wer kann sagen, was die schrecklichen Werkzeuge der Vernichtung des Schönen in der Faust des dunklen Schicksals der Völker bedeuten? – Wir, die Nachkommen, freuen uns, daß Pompeji gerade zu seiner Glanzzeit bedeckt und uns aufbewahrt wurde. Als man vor etwa hundertundfünfzig Jahren anfing, die Decke von der toten, vergessenen Stadt zu lüften, war man sehr erstaunt. Man fand Dinge, worauf man sich als neueste Errungenschaft etwas einbildete, man fand, daß die toten Bürger der toten Stadt sie besser verstanden hatten.

Und je weiter man vordrang, vorsichtig, Schritt für Schritt, Zoll für Zoll, um so herrlicher und wunderbarer und lebendiger rollte sich das Bild ab. Nun sehen wir sie alle vor uns! Unbewußt, ahnungslos, daß sie beobachtet werden, schalten und walten sie weiter. Und besser als irgendwo anders erkennen wir das lustige Völklein von Pompeji in seinen Gasthöfen, Weinschenken und Speisewirtschaften. Wir sehen sie essen und trinken, lachen und zürnen, all die würdigen Senatoren, die edlen Frauen, die Bankiers, die strammen Zenturionen, die flotten Maler und Bildhauer, die düsteren und fröhlichen und lausigen Dichter, die leichtherzigen Komödianten, die sanften Flötenspieler, die großsprecherischen Gladiatoren, die Handwerker, die Krämer, die Wirte, die Soldaten, die Bauern, die Sklaven, die Priester, die Priesterinnen, die Kellnerinnen, die Köche, die Sklavinnen, die leichtsinnigen Dämchen.

Natürlich hat das antike Gastwirtsgewerbe mit der Entwicklung des anderen Lebens Schritt gehalten. Bis heute hat man ein schönes, mäßig großes antikes Gasthaus in Pompeji bloßgelegt. Dieses befindet sich an der Gräberstraße. Eigentlich ist es nichts mehr als ein dürftiger Trümmerhaufen, aber die Fundamente und Säulenstumpfe deuten darauf hin, daß die Hauptzierde des Gebäudes eine schöne Säulenhalle war. Im Erdgeschoß unter den Säulen befanden sich allerhand Kaufläden; im ersten Stock wohnten die Gäste, welche von dort eine prachtvolle Aussicht auf das blaue mittelländische Meer genossen. Dienerschaft und Pferde wurden in neben dem Hause liegenden Ställen untergebracht. Man weiß nicht, ob die Gäste ihre Mahlzeiten in diesem Hotel einnahmen oder die vielen Speise- und Weinwirtschaften der Stadt aufsuchten. Auch ist es möglich, daß sie sich die Speisen von einer solchen in ihr Quartier bringen ließen, denn das Gasthaus selbst weist keine Einrichtungen für die Zubereitung von Speisen auf. An Speise- und Weinwirtschaften jeden Ranges war zur damaligen Zeit in Pompeji kein Mangel. Eines der renommiertesten Häuser war das nahe beim herkulaner Tor gelegene Gasthaus des Albinus, der in würdiger, stolzer Einfachheit seinem Etablissement gleichfalls die Firma »Albinus« gab. Das Gasthaus »Fortunata« hatte eine sehr günstige Lage im Mittelpunkt der Stadt an einer belebten Straßenecke und war gleichfalls sehr beliebt. Vor seiner Tür steht ein garstiger Brunnen, worauf ein Raubvogel abgebildet ist, der einen Hasen davonträgt. Wir müssen den hochentwickelten Geschäftssinn der damaligen Wirte bewundern. Den großen Wert einer guten Lage kannten sie ganz genau. Fast jedes Eckhaus war daher als Schenke oder Gastwirtschaft eingerichtet. Andererseits ist mir jedoch die stumme aber bedeutungsvolle Gegenwart eines Trinkbrunnens an vielen Straßenkreuzungen, also vor der Tür der meisten Gasthäuser geradezu rätselhaft. Über das Verhältnis der hohen städtischen Behörde oder der Polizei von Pompeji zum zeitgenössischen Gastwirtsgewerbe ist leider nichts bekannt. Ob die antiken Stadtväter mit den Ausbeutereien der antiken Wirte weniger Erfolg hatten wie ihre modernen Amtsbrüder bei ihren Zeitgenossen, und ob sie aus solch niedrigen Motiven daher als Maßregelung der streitbaren Wirte die rätselhaften Trinkwasserbrunnen vor die Türen der Tavernen pflanzten, ist ein noch unerforschtes Geheimnis. Da ich in den meisten Fällen sehr realistisch denke, so habe ich die Überzeugung, daß die Wirte an der Existenz der besagten Brunnen unschuldig sind, und ich werde in dieser Annahme bestärkt, je mehr ich mir das Leben und Treiben der pompejanischen Wirte und ihrer Habitués betrachte. Eine große, höhnische, heimtückische Macht verschanzt sich hinter diesen Brunnen. Ich glaube wirklich allen Ernstes, daß eine damalige, uns unbekannte große Temperanzbewegung unter den nüchternen Bürgern und Bürgerinnen der sonnigen Stadt am Meerbusen von Neapel es zustande gebracht hat, mit Hilfe öffentlicher Subskription jedes neu entstehende Gasthaus mit einem nassen, nüchternen Brunnen zu beantworten. Obgleich das Wasser darin heute nicht mehr fließt, so sprechen die Brunnen selber auch für diese Behauptung. Sie können ihre Herkunft wirklich nicht verleugnen. Sie sehen ganz nach einem temperänzlerischen Ursprung aus. Durchweg prosaisch und geschmacklos wie sie sind, stehen sie in scharfem Kontraste zu dem ästhetischen Bedürfnis der Alten. Vergleicht man sie mit Brunnen in einem pompejanischen Atrium oder

Peristil, so sehen sie wirklich nur steinernen Trögen ähnlich, darinnen das liebe Vieh seinen Durst stillt. Da ich aber kein Historiker bin und auch weder Zeit noch Lust habe, das Wirken dieser antiken Temperänzler schärfer zu beleuchten, so werden moderne Mäßigkeitsgesellschaften, die die Früchte ihres Eifers als ein erst in ihnen gezeitigtes Verdienst beanspruchen, meine Mutmaßung mit ungläubigen und zweiflerischen Augen betrachten und die Existenz von antiken seelenverwandten Bruder- und Schwesterschaften leugnen, statt mir für die wichtige Entdeckung zu danken.

Schenken und Wirtschaften, welche Sklaven, Krämer, kleine Makler, Gladiatoren und Schauspieler zu ihrer Kundschaft zählten, waren sehr zahlreich. Diese Lokale hatten verschiedene Namen, wie *Oenopolium*, *Taberna vinaria* oder *Caupona*. Viele verabreichten nur Getränke, wovon eines der beliebtesten die »*posca*« war, eine Art Cocktail von Wein, Eiern und Wasser, welches kräftig zusammen geschlagen wurde. Die *Popinae*, die Speisewirtschaften für die niederen Klassen, bezogen ihren Bedarf an Fleisch aus den Tempeln, wo sie die geopferten Rinder, Schafe und Schweine zu billigen Preisen ankaufen konnten. Sehr häufig stellten diese spekulativen Wirte die verlockend zubereiteten Leckerbissen im Fenster oder in der Haustüre aus. Die hungrigen Passanten konnten natürlich solchen appetitlichen Anblicken nur schwer widerstehen. Doch auch schon damals, ganz wie heute, bediente man sich gewisser künstlicher Mittel, um die zäheren Gäste über Quantität und Qualität der Ware hinwegzutäuschen. Die *Thermopolia*, Tavernen, welche als Spezialität warme Getränke, unsere heutigen Grogs und heißen Punsche, verabreichten, wurden schon von den besseren Klassen besucht. Wenn ich »bessere« Klassen sage, so meine ich natürlich auch feinfühlende Menschen. Wie schwach müssen die Pompejaner und wie stark ihr Grog gewesen sein! Wie verrufen die Thermopolia! Denn viele der braven Zecher vermieden aus allen möglichen Gründen beim Besuch der Taverne jedes unnötige Aufsehen. Unter dem Schutze des *cucullus*, einer Art Haube oder Kapuze am Mantel, die über das edle Haupt gestreift wurde, schlüpfte manch ein Pompejaner durch die Gasse und verschwand im Hinterpförtchen der Schenke. – – Wie meinen Sie? Keinerlei historische Berechtigung? Gewiß nicht. Aber es bedarf doch wirklich keiner kühnen Kombinationsgabe, um diese zartfühlenden, heimlichen Trinker als Mitglieder der erwähnten antiken Temperanzgesellschaften zu erkennen, welche dem warmen Thermopolium den kalten, klaren Brunnen vor die Türe setzten. Ich gebe daher dem Dichter Plautus vollständig recht, wenn er sich über die bedauernswerten Männer lustig macht, welche verhüllten Hauptes in die Schenke schleichen mußten, um sich am warmen, würzigen Glühwein gütlich zu tun. Und dann, hm, verzeihen Sie, daß ich's erwähne, doch zur Psychologie der Zecher ist es notwendig – diese Schenken hatten außer dem Glühwein noch eine andere Attraktion in der Gestalt der *Copa*, was die antike Kellnerin oder Barmaid war. – Bitte – – dies ist vielleicht nicht so verdammenswert, wie wir annehmen mögen. Nach pompejanischen Gemälden zu urteilen waren diese *Copae* genau so resolute und stramme Jungfrauen und Geschäftsgenies wie ihre Kolleginnen von heute. Ein Bild stellt uns eine solche holde Hebe dar, wie sie von einem zaudernden Gaste energisch Bezahlung für den warmen Trunk verlangt. Ohne Zweifel ein antiker Mäßigkeitsbruder.

Schon früh empfanden die Wirte das Bedürfnis, dem Gedächtnis ihrer Kunden zu Hilfe zu kommen. Daher tauchen schon im grauen Altertum all die schönen Firmen »Zum Adler«, Hahn, Apfel, Rad, Merkur, Traube, Krug usw. auf. Daher die prangenden Schilder, die dem durstigen Passanten sagen, wo etwas Gutes zu haben ist. Daher die verlockenden Inschriften, die rührige Reklame der Gasthäuser. Die Pompejaner waren groß darin. Weder Temperanzbewegung noch Trottoir oder Reklame sind Errungenschaften unserer Zeit; wie vieles andere, worauf wir stolz sind. Die Alten hatten und übten es schon. Genau wie heute blühte damals die Sitte, die Wände der Häuser und die Mauern der ganzen Stadt mit Reklamen zu verschönern. Da es noch keine Zeitungen gab, so war in ganz Pompeji kein freies Plätzchen mehr, worauf nicht etwas Nützliches, Geschäftliches, Offizielles oder Wissenswertes angezeigt, gemalt oder gekritzelt gewesen wäre. Wie alle erdenklichen öffentlichen, politischen, städtischen, Neuigkeiten, Theater- und Ringkampfanzeigen, persönliche Mitteilungen wie Liebesseufzer und Beleidigungen, Lob- und Schmähreden an allen Ecken und Enden zur Einsicht offen standen, so übten auch die Menüs der Restaurants und Speisehäuser an den Mauern ihre stumme Pflicht. Bei der starken Konkurrenz kann ein Geschäft nur mit wirksamer Reklame aufrecht erhalten werden. Diese, eine unserer neuesten Ideen, verwirklicht von pompejanischen Wirten vor beinahe zwei Jahrtausenden! – Sarinus, der wackere Sohn des Publius, begrüßte auf der Wand an einer Straßenecke den müden oskischen Wanderer und teilt ihm höflichst mit, daß man um die zweite Ecke biegen müsse, um das vorzügliche Hotel Sarinus zu finden. Ein anderer Wirt, welcher noch über ein unvermietetes schönes Zimmer mit drei Betten und allen »Bequemlichkeiten« zu verfügen hat, läßt es der Mitwelt unverzüglich wissen:

*»HOSPITIUM HIC LOCATUR TRICLINIUM CUM TRIBUS LECTIS ET COMM«(odis)*

Ein sehr interessanter Speisewirt, ein Reklamegenie ersten Ranges, ein köstlicher Humorist, überzeugt von der Güte seiner Küche, preist dieselbe folgendermaßen:

*»UBI PERNA COCTA EST SI CONVIVAE APPONITUR NON GUSTAT PERNAM LINGIT OLLAM OUT CACCABUM«*

womit er sagen will, daß ein Zeitgenosse, welchem einer von seinen gekochten Schinken vorgesetzt wird, nicht gleich den Schinken kosten, sondern zuerst das Geschirr auslecken wird, worin der Schinken gekocht wurde.

Die antike Weinwirtschaft sah häufig einer modernen American Bar sehr ähnlich. Noch heute weist eine ehemalige elegante Taverne an der Via Nolana, der Straße nach Nola, in Pompeji einen stattlichen Schanktisch aus polychromem Marmor auf. Darunter befanden sich die großen irdenen Weinkrüge, die amphorae, angenehm durch Wasserleitung gekühlt. Der Wirt oder die Copa schöpften den Wein mit großen bronzenen Schöpflöffeln heraus und füllten die »poculae«, die Becher ihrer Gäste je nach dem Durst und den Mitteln derselben. Der Wirt an der Via Nolana muß ein kunstsinniger Mann gewesen sein. Sein Lokal war mit Freskogemälden geschmückt, welche einen Bacchus und einen Silenus darstellten. Andere Tavernen wiesen weniger künstlerischen Wandschmuck auf, aber überall schien ein Bedürfnis für Dekoration zu herrschen. Die Gäste selber schrieben oder malten oft etwas an die Wände der Schenken. Sie machten Anzeigen irgendwelcher Art, schrieben ihre Namen nieder, kritisierten das Essen und Trinken oder wurden anzüglich. Verschiedene künstlerische Versuche antiker Amateure sind auf diese Weise erhalten geblieben. So zum Beispiel eine verdächtig aussehende Gruppe von Würfelspielern, ein Jüngling, der mit einem Mädchen schäkert, ein Wirt, welcher ein Paar Krakehler an die Luft setzt. Nach unseren gegenwärtigen Verhältnissen zu schließen, müssen dies Studentenkneipen gewesen sein. In manchen Lokalen läßt auch die Orthographie der Sprache zu wünschen übrig. In Pompeji wurden auch mehrere Sprachen gesprochen. Das Resultat ist ein oft an den Wänden der Schenken zu findendes Kauderwelsch von Latein, Griechisch und Oskisch, dessen man sich im allgemeinen Umgang viel bediente. Wir dürfen daher die modernen Deutschamerikaner nicht allzusehr schmähen, wenn ihr Jargon die Reinheit der Muttersprache verloren hat.

So können Sie alle Stätten sehen, wo die Alten aßen und tranken und fröhlich waren. Vom schönen, erstklassigen Hotel Bellevue an der Gräberstraße herab bis zu den einfachen Herbergen, vom eleganten künstlerischen Weinwirt an der Straße nach Nola, in dessen Lokal sich die Honoratioren und Hautevolee der Stadt einfanden, um an zierlichen Tischchen und auf künstlerischen Dreifüßen zu sitzen und aus schön verzierten silbernen Pokalen Wein zu trinken, bis hinab in die Spelunken mit ihren »*Chambres separées*« und deren passendem Wandschmuck, Lokale, die genau wie heute sich ihres zweifelhaften Charakters wegen unter der Bürgerschaft eines großen Renommees und Zuspruchs erfreuten und jedenfalls glänzende Geschäfte machten.

Ja, leider, gnädige Frau! Zu allen Zeiten scheint die Menschheit ein gewisses Bedürfnis und eine Hinneigung zu Ausschweifungen, verschwenderischen Gelagen und Völlerei gehabt zu haben. Aber deshalb dürfen Sie doch wirklich nicht glauben, daß die alten Römer zum Beispiel entsetzlichere Schlemmer gewesen seien als wie wir. – Freilich, freilich, es herrscht diese allgemeine irrige Ansicht. Die Namen Lukullus, Nero, Elagabalus und wie sie alle heißen, die antiken Lebemänner, sind heute noch für jeden Gourmand der Inbegriff höchster Genußfähigkeit und nachahmenswerte Idole, während der Fromme sie nur mit einem Schauer von Entsetzen betrachtet und der hungrige Proletarier nur mit einer grimmigen, unterdrückten Verwünschung dieser Namen gedenken kann. Man hat jedoch schon verschiedentlich versucht, diese Irrtümer der Geschichte aufzuklären, und ich schließe mich gerne den einsichtsvollen Männern an, welche ein derartiges lobenswertes Werk unternehmen. – Nur durch die Geschichte der Menschheit kann man wirklich erkennen, was Mäßigkeit oder Unmäßigkeit ist. Wer dadurch der Menschheit Mäßigkeit in körperlichen Genüssen predigt, ist ihr Wohltäter. Das Bestiale in ihr nimmt doch immer wieder sein Teil. Und was die Mäßigkeit in Gedanken anbelangt – hm, da braucht man nicht so sehr zu sorgen, die kommt meistens von selber. Unser Heil liegt also in der Mäßigung in allen Dingen. – Wie für alles, so ist es auch für die antike Lebensweise und zu ihrem Verständnis wichtig, genau zu beachten, in welchem Lichte sie uns gezeigt werden.

In der grellen elektrischen Beleuchtung unserer Zeit nehmen sich die traditionellen »Schlemmereien« des Altertums doch recht dürftig aus. Ich will mich bemühen, Ihnen dies möglichst genau zu erklären. – Mögen wir auch noch so starke Scheinwerfer moderner Wissenschaft auf das Dunkel in der Geschichte der alten Kulturvölker richten, wir werden niemals in die rätselhafte Tiefe der vergangenen Jahrtausende dringen können, wenn wir nicht unsere Blicke in die eigenen Herzen tauchen und das Land der Alten mit der Seele umfassen. Dumpf schweigend betrachten wir alsdann das grauenhafte Ringen zwischen herrlicher, lebensdurstiger Schönheit und deren unerforschlichen, wilden, gegnerischen Mächten. Es ist der zögernde Kampf des Werdens, des Seins und des Vergehens, das wundervolle Trauerspiel des Lebens, das sich schon im Auge des Säuglings ahnen läßt, das Spiel, dessen klagende Akkorde das Jubilieren des Frühlings schon durchziehen. Wir sehen die Jugend dieser Nationen, ihren Trotz, ihren Mut, ihre Einfalt, ihre frische Stärke, ihre Einfachheit, Arbeitslust, Sittenstrenge. Wir sehen ihre Pläne, die sie als Erbauer von Weltreichen entwerfen; sie träumen von der Ernte künftiger Kulturen, deren Same in ihren Herzen wühlt. Sie essen einfach, trinken Wasser, opfern ihre Söhne für das öffentliche Wohl und die Gerechtigkeit. Wir sehen die gereiften Nationen, ihre Herrscher, Politiker, ihre Künstler und Denker. Wir beobachten die Wechsel in der Brust der Nationen. Fremde Einflüsse, welche durch den

Verkehr mit der Außenwelt unvermeidlich sind, arbeiten im Charakter des Volkes. Wir sehen Wohlstand, Reichtum, Luxus, veränderte Lebensweise, veränderte Sitten, veränderte Ansichten und Gedanken, nagende Zweifel, lockende Versuchungen, heiße Kämpfe, überwundene Standpunkte, – Triumph des Neuen. So entschieden und bestimmt und scharf abgegrenzt sich die Konturen der Zeiten von ferne ansehen, so unmerklich ist ihr Übergang von einer zur andern. Sprossen, Wachsen, Verwelken. Und jedes hat seine Zeit, jedes seine Rechte.

Wie im Denken, im künstlerischen Empfinden, Weltanschauung und Lebensweise die Alten zur Blütezeit der Antike einfacher, stärker als wir und uns daher überlegen waren, so betrachteten sie auch das Gastmahl nicht lediglich als eine Funktion zur Körperernährung, sondern als eine geweihte Handlung, aus welcher sie Freude und Stärkung schöpften. Doch es gibt ein Halt. Und das ist das Rätselhafteste, das Unerforschlichste des Lebens: mit der größeren Ausdehnung, der steigenden Entwicklung der Nationen, mit ihrer wachsenden Freude am Dasein, mit ihrer Blüte und Manneskraft schlichen sich auch schon die grinsenden, verkleideten Dämonen des Verderbens in die Mitte der daseinsfrohen Menschen. Diese bösen Widersacher verteilten Reichtum und Macht mit vollen Händen, schmeichelten der Bestie des Menschen, fachten die wildesten Leidenschaften an. Sie weckten Myriaden von bisher ungekannten, verborgen schlummernden, unersättlichen Begierden. Überall, wo der Reichtum sich vermehrt, wo die berauschende, verführerische Stimme der Großstadt flüstert, da recken sich diese Gespenster empor und fahnden nach ihren Opfern. Und ihren Spuren folgen alle Greuel des menschlichen Lebens: Laster, Verbrechen, Krankheit, Sklaverei, Wucherei, Raub, Totschlag, Krieg, wie die Geier, Hyänen, Schakale, Raben, Würmer und andere Aastiere dem Geruche der Fäulnis folgen. Ein verheerendes Feuer schleicht durch das Mark eines Volkes, das im Banne dieser Mächte liegt, wie eine Seuche verbreitet es sich, vererbt es sich auf die Kinder der Eltern, bis das ganze Geschlecht wurmstichig, faul zusammenbricht und sich in den Stürmen der Zeit als Staub auflöst.

So fuhren die herrlichen Geschlechter des Altertums dem rätselhaften Finale entgegen, das ihrer harrte. Was war es? Lauerte es in dem blutdürstigen Gebrüll aufgebrachter Barbaren und in ihren Fußtritten? War es halb heraufbeschworen durch die Wünsche in der eigenen Brust, die aufreibende Gier nach Freude, nach Reife, nach Vollendung, nach Erlösung? War es eine schlaffe, süße Ermattung, eine Sehnsucht nach Tod oder der eigentliche Zweck, der Triumph ihres Erdenwallens? – Das Trauerspiel ist aus – der Winter ist da – wählen Sie, meine Freunde, sich den Schluß – ganz nach Ihrem Belieben und Ihrer Auffassung.

Unter solchen Eindrücken einer großen Vergangenheit, die ihre Hand selbst noch bis in unsere heutige Zeit hinein erstreckt und wunderbar mit der zauberischen Gewalt, welche von den Gräbern gestorbener Freuden ausgeht, unsere Herzen erfaßt, verbleicht natürlich unser eigenes Leben. Das ist das Recht, welches der Tod auf das Leben – oder die Vergangenheit auf die Gegenwart hat und ausübt. Wir fühlen uns klein. Es ist, als wollte sich das Vergangene an uns, den Lebenden, rächen, weil wir es verdrängt haben. So entstehen auch die Geschichten von dem märchenhaften Luxus, Schönheit und der schwelgerischen Lebensweise des Altertums. Aber ein einziger nüchterner Blick auf die technischen Möglichkeiten wird uns von dem magischen Banne des Vergangenen befreien. Ich will daher, meine Freunde, nicht Ihre Zeit verschwenden und Ihnen antike Gastmähler in allen meiner Phantasie zu Gebote stehenden Farben und mit allen Einzelheiten darstellen. Wir wollen uns auch nicht durch den Eindruck eines vergangenen Glanzes oder durch schwärmerische Geschichtschreiber beim Entwurf unseres Bildes vom antiken Gastmahl beirren lassen. Muß man nicht gewöhnlich über Historienbilder und »historische« Literatur lächeln, wenn man sich nicht gerade angeekelt fühlt? – Uns gilt nur, den Geist der damaligen Zeit mit den Augen unserer Seele zu betrachten und in uns aufzunehmen. Dies und nichts anderes ist der bleibende Wert, den die große Zeit hat, dessen Erben wir sind, den wir besitzen sollen. Alles andere ist Schutt und Trümmer und altes Gerümpel.

Es würde daher ungerecht und unrichtig sein, zu behaupten, daß die Alten in Raffinesse der Küche und Feinschmeckerei unsere Zeit übertroffen hätten. Was die K u n s t des Essens und Trinkens jedoch anbelangt, so scheinen sie uns weit überlegen gewesen zu sein, obgleich – wie gesagt – die antike Küche bei weitem nicht so vollendet und reichhaltig war, wie es die der französischen Renaissance, also die unsrige ist. Denn d i e s ist gewiß: die Alten nahmen sich mehr Zeit zu ihrem Gastmahl: sie brachten ein einfaches, stolzes Selbstgefühl mit an ihre Tafel, ein Gemüt, das ungetrübt von einer vielverzweigten, rastlosen Zivilisation, unberührt von bedrückender, einengender Konvention steifer Faltenhemden und frei von jeder geschäftlichen Sorge einzig und allein einem inneren, angeborenen Bedürfnis für Schönheit folgend, die Freude suchte und sich rückhaltslos der Freude ergab. Denn die Gemütsbeschaffenheit des Gastes ist ein ebenso wichtiger Faktor im Wohlgelingen des Gastmahls wie die Qualität der Speisen. Daher maßen die Alten auch dem Gastmahl viel mehr Bedeutung bei, wie man es heutzutage tut. Man muß staunen über die herrliche Fülle von schönen, künstlerischen Tafelgeräten, Haushaltsgegenständen, Trinkbechern, Wärmebecken für Speisen, Leuchtern, Tripoden usw., die man noch in den letzten Jahren in Pompeji gefunden hat, wenn man bedenkt, daß die Pompejaner vieles für sie Wertvolle auf der Flucht vor dem großen Verhängnis ihrer schönen Stadt eiligst zusammenrafften und mitnahmen.

Viele kehrten zurück, nachdem sich die Wut der Elemente gelegt hatte, drangen durch die eingestürzten Dächer ihrer verschütteten Heime ein und gruben aus, was in der Angst und dem Tumult der Katastrophe liegen geblieben war. Ferner waren in den darauf folgenden Jahrhunderten diese herrlichen Gräber des Altertums der Gier und Beutelust einzelner Menschen ausgesetzt, die eine leise Ahnung von den vergrabenen Schätzen hatten und diesen stets beizukommen suchten. Im siebzehnten und zu Beginn des achtzehnten Jahrhunderts wurde die unglückliche Stadt von gierigen Horden von Piraten und Kunsthyänen überfallen, die auf der Suche nach Schätzen und kostbaren Gegenständen alles wüst umwühlten und nichts verschonten. Erst vor wenigen Jahrzehnten regte sich das menschliche und archäologische Gewissen der Schatzgräber, und unserer Zeit verdanken wir alles, was wir über die Alten wissen. Sie erst machte uns auf jeden, selbst den kleinsten unscheinbarsten Fund aufmerksam und erklärte uns, wie die Alten aßen, tranken, handelten und wandelten.

Wie wenig war uns das Glück günstig, und wieviel haben wir noch gefunden! Und aus allen Funden spricht ein unersättliches Begehren nach Schönheit, ein auserlesener strenger Geschmack, ein gesundes, verlangendes Formen- und Stilgefühl. Warum sollte man nicht daraus schließen können, daß sich dieser künstlerische Geschmack auch auf die Auswahl, Zubereitung, auf das Servieren und Genießen der Speisen erstreckte? Was tut eine barbarisch zubereitete und barbarisch gegessene Speise in einer künstlerischen, edlen Schüssel? Was ein schlechtes Getränk in einer *pocula*, einem mit Rosen bekränzten Trinkbecher? – Sehen Sie, warum die Alten die Kunst des Essens besser verstanden als wir? In den Gastmählern eines Plato oder eines Plutarch erblicken wir einen schönen Gottesdienst, vor welchem ein modernes Diner mit allen seinen Raffinessen wie eine sachgemäße Abfütterung erscheint. Soundsoviel pro Kuvert. Im Essen und Trinken aber liegt ein tieferer Sinn verborgen. Und wenn wir den überirdischen Inhalt in etwas Irdischem erkennen, so nennen wir den irdischen Gegenstand oder Handlung ein Symbol, ein Sinnbild, ein Gefäß, ein greifbares Äquivalent für einen körperlosen, unsichtbaren Wert. Man bedarf dieser kleinen Symbole, um große Gedanken, seelische Welten, körperlose Vorgänge plastisch und verständlich darstellen und ausdrücken zu können. Die Welt, die Natur, das Leben ist voll davon. Die Menschen, die Religionen lieben sie. Im Bilde des Gastmahls namentlich ist der Sinn schön und unverkennbar klar. Ein Freund ladet den anderen gewöhnlich nicht zu sich, um ihn abzufüttern, sondern um mit dem Mahl eine Wohltat auszudrücken, die er ihm antun will. Daß eine solche Tat wiederum ihren reziproken Wert hat, daß sie dem Geber gleichfalls von Nutzen ist, ändert nichts an der Schönheit der Handlung.

So dürfen wir mit gutem Gewissen behaupten, daß die Alten zu ihren Blütezeiten den Sinn des Gastmahls ganz erfaßt und beherzigt hatten und dasselbe als das Symbol einer schöneren Handlung denn die Tätigkeit des Kauens und Verdauens betrachteten. Die alten Historiker und Dichter, obgleich sie viel über ihre zeitgenössischen Gastmähler berichtet haben, tragen freilich wenig zur Unterstützung dieses Gedankens bei. Vor allem aber hat sich die Weihe der Jahrhunderte über die vergangenen, versunkenen Zeiten gebreitet, hat geläutert und den Schmutz des Alltags ausgeschieden, so daß die erlebten und genossenen Freuden der Alten in verklärtem Glanze vor unseren bewundernden Augen auferstehen und jung sind – jung und schön, schöner als zu ihrer Zeit, da sie irdisch waren, wie die unsrigen zu unserer Zeit irdisch sind.

Wenn ich aber das realistische Bild eines antiken Gastmahls gegen das moderne Leben halte, so verblassen alle unsere Träume von der großen Zeit. Wer als Historiker, Wirt, Kellner, Fleisch-, Gemüse- oder Viktualienhändler oder gar als Gourmet den Irrtum begeht, die Größe der Antike in ihren Kochtöpfen zu suchen, der verdient gerecht bestraft zu werden, und er wird es. Seine Enttäuschung wird gräßlich sein. Er wird die alten Dichter und Historiker, die ihre Mähler besangen und feierten, für harmlose, schwärmerische Enthusiasten halten; er wird nicht begreifen können, wie die großen führenden Geister der damaligen Zeit von Schlemmerei und Völlerei ihrer Zeitgenossen faseln und solche »Ausschweifungen« bejammern konnten. Er wird sie für kurzsichtige Moralisten und schüchterne, schamhafte Schwachköpfe halten. – O ja, die Alten hätten wirklich gern geschlemmt – in unserem Sinne geschlemmt – wenn sie gekonnt hätten. Aber sie konnten beim besten Willen wirklich nicht. Die antiken Dichter haben tatsächlich viel gesündigt. Durch ihre Lobreden und glühenden Schilderungen der Tafelfreuden einerseits und deren absolute Verdammung andererseits haben sie die Nachwelt zu dem Glauben verführt, daß die antike Genußsucht und Prasserei etwas ganz Beispielloses in dem Schuldkonto der Menschheit gewesen sei. Aber lächelnd müssen wir den Dichtern etwas mehr Spielraum geben als den Photographen. Ein kurzer kritischer Blick über die Möglichkeiten zur Schlemmerei, die den Vielgeschmähten zu Gebote standen, wird alle Befürchtungen beschwichtigen und die Röte der Scham vor unserer eigenen Verwerflichkeit in unsere Wangen treiben. Es ist kein Zweifel, die Alten waren Feinschmecker. Wir auch. Möglichst gut essen will jeder. Sogar die, die darüber am meisten schimpfen. Aber die Güte des Menüs hängt ausschließlich von der Fülle und der Beschaffenheit der Rohmaterialien ab. Kürzlich fand man ein antikes Kochbuch. Ich weiß aber leider noch nicht, welchen Gebrauch die Alten von den guten Gaben der Natur machten. Woraus diese bestanden, können wir jedoch leicht erraten. Im großen ganzen waren sie wohl gleich denen von heutzutage. Nur nicht in so reicher Fülle. Der Boden schenkte den alten Völkern reiche Nahrung an Gemüsen und Pflanzen, wie er es heute noch tut. Der Süden bot ihnen seine köstlichen Früchte; die nützlichen Haustiere hatten sich schon lange den

Menschen angeschlossen. Die alten Fischerleute wußten den Seetieren nachzugehen. Alle Muscheln, Mollusken und Krustazeen, die vielen Sorten delikater Fische des Mittelmeers, welche die *Bouillabaise* mit Recht so berühmt gemacht haben, alle zierten sie schon die Tafel der Alten. Und was die südliche Heimat nicht aufbot, das holten sich die Alten aus fernen Ländern. Aber vieles muß doch auf dem langsamen, beschwerlichen Transport gelitten haben. Wie die Austern, welche sich die Cäsaren von Englands Küste holen ließen, in Rom noch frisch und genießbar sein konnten, ist mir rätselhaft. Die meisten Gewürze und Spezereien des Morgenlandes vertrugen die schwierige Beförderung der damaligen Zeit wahrscheinlich schon besser. Daß jedoch derartige Importen zur damaligen Zeit mit großen Kosten verknüpft und folglich etwas ganz Unerhörtes waren, ist sehr natürlich. Nur die allerreichsten Gourmets konnten sich einen derartigen Luxus erlauben, während den weniger Bemittelten nichts übrig blieb, als sich respektvoll fernzuhalten oder über die »Extravaganzen« zu schimpfen und sie als verderblich zu bezeichnen. Eine besonders schmackhafte Art von Würstchen und gesalzene Fische, welche vom Pontus nach Rom gebracht wurden, galten nach den damaligen Begriffen der renommiertesten Feinschmecker als die größte Delikatesse. In den Augen der minder begüterten Bürger waren diese harmlosen Nahrungsmittel geradezu staatsgefährlich, ein Zeichen bedauerlichster Dekadenz. Wollüstige Gourmets, welche sich nicht mehr mit den heimischen zähen Hahnenbraten zufrieden erklärten und die korrupte, gottlose, orientalische Methode des Geflügelmästens in ihren Hühnerhof einführten, wurden entweder zu Genies oder zu Hochverrätern gestempelt. Zu gewissen Zeiten waren derartige Verfeinerungen ungefähr gleichbedeutend mit Gotteslästerungen, und römische Patrizier und Senatoren ergrimmten darüber mehr als heutzutage ein hungriger Proletarier, der zufällig etwas von indischer Vogelnestersuppe oder »*Poularde truffée Regence*« hört.

Wie meinen Sie, gnädige Frau? – Lukullus? – Nein, ich glaube nicht an seine märchenhaften Schüsseln, an die Nachtigallenzungen en ragout, an die lebenden Wachteln in gigantischen Pasteten usw. Lukull hat viel zu viel Geschmack besessen, um an solchen Dingen Gefallen zu finden. Die Einzelheiten, die heute noch über die Tafelfreuden des eigenartigen Mannes im Umlauf sind, halte ich für Ausgeburten einer heißhungrigen Phantasie späterer Jahre oder lüsterner, zeitgenössischer Poeten, die – ganz wie ihre modernen Kollegen – die Freuden der Tafel aus der Hungerperspektive preisen und sich durch die Verherrlichung der antiken Leckermäuler Eingang zu deren reichen Häusern verschaffen wollten. Lukull, der gefeierte Vielfraß, war ein eigenartiger, vielseitiger Mensch, der vielleicht durch die zweifelhafte Verherrlichung als Feinschmecker von der Nachwelt nicht genügend anerkannt wird. Er pflanzte zum Beispiel bekanntlich die ersten Kirschenbäume in Italien, eine sehr nützliche, für den Obstbau und die

Hortikultur des Landes wichtige, verdienstvolle Handlung. Dieser feine Diplomat, Feldherr, Sportsmann und Literaturfreund züchtete auch Fische. Und hier spricht der Naturforscher und Naturfreund, nicht der Feinschmecker und Schlemmer, selbst wenn Kirschen und frische Fische zu seiner Zeit eine Delikatesse waren.

Sie sehen, die Alten mußten wirklich vieles Gute entbehren, das heutzutage ganz gewöhnliche Volksnahrung ist. Unsere schnellen Verbindungen mit allen Weltteilen haben uns viel neues Material, neue Gewürze, neue Pflanzen und andere Genuß- und Nahrungsmittel gebracht. Wir könnten uns kein Essen ohne diese vollständig denken. Die Alten hatten zum Beispiel keinen Kakao, Kaffee, Tee, keinen Tabak, keine Liköre, wie wir sie zu Tausenden haben. Sie hatten nicht einmal Kartoffeln, die Armen! Ihre Zähne, Gaumen und Mägen empfanden nicht die wunderbare Wirkung des süßen Gefrorenen, der Schokoladenbonbons und dergleichen Lieblichkeiten. Unsere modernen verbesserten Kücheneinrichtungen, die fortgeschrittene Technik, die Bratherde, Roste, Eisschränke, Ventilation, Feuerregulierung, Gas und Elektrizität bedingen eine bessere und ausgiebigere Behandlung und Verwertung der Rohmaterialien. Nein, Gnädige, die Alten hatten auch keinen Champagner, diesen prickelnden Urgeist der Tollheit. – Der wurde erst – wie das Schießpulver – von einem christlichen Mönche zum Heil der Menschheit eingeführt. – Können Sie sich überhaupt eine Schlemmerei ohne Champagner denken!?

Erkennen Sie nun die übertriebene Vorstellung, die wir von den Tafelfreuden der Alten haben, meine Herrschaften? Selbst mit unserem modernen Reichtum, mit der ganzen Reichhaltigkeit und Raffinesse unserer Kochkunst wäre es den Römern zu gewissen Zeiten einfach unmöglich gewesen, uns an verschwenderischem und lasterhaftem Lebenswandel gleichzutun. Die moderne Geschichtforschung hat uns dies ausführlich und klar bewiesen. Die alten Römer haben zu verschiedenen Perioden ein System zur Überwachung der bürgerlichen Moral gehabt, das die Herzen aller derjenigen freudig schwellen lassen würde, die sich in unseren Tagen solch lobenswerten Amtes befleißigen, dürften sie es nur nach antiken Mustern ausführen. Kaiser Augustus setzte die in einem Gastmahl zu »verschwendenden« Geldsummen gesetzlich fest. Die Höhe der Taxe belief sich je nach der Gelegenheit, in allen Fällen bescheidene, – für unsere Zeiten lächerlich geringe Summen, selbst wenn wir den praktischen Wert der damaligen Währung den Verhältnissen entsprechend in Betracht ziehen. Unglückliche mit einem angeborenen oder erworbenen notorischen Hang nach Fraß und Völlerei oder Verschwendungssucht wurden streng bewacht und beschnüffelt. Die Gesetze, die lieben Mitmenschen, die öffentliche Meinung zwangen solche Wüstlinge, sich einzuschränken. Der allgemeine Notstand, die geringe Währung, die knappe Barschaft, der Mangel an edlen

Metallen gestattete selbst den Allerreichsten keine wilde, verschwenderische Lebensweise. Selbst zu den üppigsten Zeiten des Altertums herrschte diese Einschränkung. Die Orgien eines Nero oder Elagabalus würden das mitleidige Lächeln eines modernen Bonvivant hervorgelockt haben. Die eheliche Treue und Moral der Geschlechter wurde ebenso eifersüchtig gehütet. Gesetze und Moralisten von der strengsten Sorte ließen nicht die großen geschlechtlichen Ausschweifungen und Laster zu, in welchen die heutige Welt die vollste Freiheit genießt.

Ich will beileibe nicht behaupten, daß im Altertum das Bedürfnis für unsere moderne Freiheit gefehlt hätte, aber – ach, Sie sehen, meine Freunde, mit uns verglichen erscheinen die berüchtigten Wüstlinge des Altertums wie Waisenknaben, ihre größten Kurtisanen, Maitressen und Intrigantinnen sind unschuldige, schüchterne Geschöpfchen neben ihren Schwestern unserer Zeit. Phantastische Schreiber und gedankenlose, abschreibende Historiker haben das klassische Altertum in ein zu unnatürliches Licht gestellt. Bringen Sie, Herr Doktor, einen Bürger des Forums in ein modernes Riesenvergnügungslokal, in ein Nachtcafé, in unsere Varietétheater. Seine einfache, unschuldige Seele würde sich derartiges nicht träumen lassen. Die lebendige, glühende Gier unserer Zeit, die jedes Dienstmädchen, jeden Hausknecht ergreift, wo jedes menschliche Wesen vibriert vor Sehnsucht nach Genuß und Vergnügen, dieser tolle, tobende Lobgesang der Menschheit des zwanzigsten Jahrhunderts auf das Erdendasein konnte sich im Altertum in unserer Weise, in unserem Grade nicht kundgeben. – Warum? Die Gelegenheit fehlte, die Mittel waren nicht vorhanden. Unsere Dienstmädchen erlauben sich mehr Freiheit, mehr Luxus, mehr Seide, mehr Schmuck, mehr Vergnügen, als manche vornehme Dame der vielgeschmähten Zeit des römischen Luxus. Der Sonntagsrock eines modernen Ladenjünglings ist aus besserem Stoff denn die Toga eines Senators der alten Weltbeherrscherin. Wir müssen also wirklich erst in das Altertum zurückgreifen, um die große, beispiellose, nie dagewesene Genußsucht, Verschwendung unserer Zeit, die Güte und Raffinesse unserer Tafel richtig zu erkennen. Denn eine materielle Parallele in der Geschichte zu suchen, ist fruchtlos. Unsere Urgroßväter selbst, die doch auch jung gewesen sind und zu ihrer Zeit gewiß auch keine Kostverächter waren, würden staunen, wenn sie ihre Nachkommenschaft bei der Tafel, im Theater, bei den Vergnügungen sehen könnten. Sogar im geistigen Leben tritt das gleiche Phänomen vereinzelt zutage. Ich will nur ein augenscheinliches Beispiel anführen. Der arme Heinrich Heine, das vielgehaßte und -geschmähte traditionelle »Ferkel im Musengarten«, der »ungezogene Liebling der Musen« – neben seinen modernen Kollegen nimmt er sich aus wie ein bleicher Konfirmand mit einer Lilie und einem Gesangbuche unter einer Horde verbummelter, schlotternder Nachtcafé-Habitués beim Strahl der aufgehenden Sonne am Ostermorgen.

Bitte, Sie dürfen mich nicht mißverstehen. Mit diesen Vergleichen will ich kein Urteil sprechen. Weder über uns, die Lebenden, noch über die Toten. Denn dann wären wir ja veritable Ungeheuer! – Dafür danke ich. – Nein, jedes hat seine Zeit. Auch wir werden überlebt werden. Was aber nicht notwendigerweise überboten heißt.

Geht daher ein gesunder Durchschnittsbürger unserer Zeit – sagen wir ein Händler in Lebensmitteln oder Luxuswaren en gros, ein fortschrittlicher Gastwirt oder selbst ein vernünftiger Lehrer der Geschichte zum erstenmal über das Forum in Rom, so wird er den Kopf schütteln und sich fragen: »Ist das alles?«

Er muß sich gestehen, daß er mehr erwartet hat. Nach einigem aufmerksamem Forschen (oder auch belehrenden Erklärungen des Cicerone) wird der Enttäuschte entdecken, daß ein berüchtigter altrömischer Schlemmer in einem Hause gewohnt hat, das vielleicht nicht einmal so groß und so stattlich war wie die Heimstätte des Betrachtenden. Nicht jeder Besucher der alten geweihten Stätten ist ein Dichter oder ein Philosoph, ein Mann, der aus dem elenden Trümmerhaufen ein gewaltiges Weltreich neu auferstehen sieht mit all seinen Kämpfen, Stürmen, glorreichen und traurigen Tagen, mit all seinen herrlichen Geistern, großen Männern und schönen, liebreizenden Frauen. – Nicht jeder vermag sein eigenes Leben aus den gewaltigen Ruinen hervorleuchten zu sehen, nicht jeden bestricken darin das jubelnde Lachen des Lebens und seine herzzerreißenden Klagelieder. Nicht jeder ist ein niedriger, käuflicher Hurraschreier, der auf Kommando das Maul aufreißt, weil er muß, obgleich er nichts sieht, fühlt oder denkt. Nicht jeder ist ein wohlerzogener Backfisch, der von einer Bewunderung in die andere fällt an einem Orte, wo es die Sitte erfordert und zum guten Ton gehört, weil dort etwas zu sehen sein soll. Nicht jeder hat das Gedächtnis eines deutschen Gymnasialoberlehrers, der an heiliger Stätte alle die interessanten, denkwürdigen geschichtlichen Daten von Anfang bis zu Ende geläufig hersagen kann, was den Besuch an Ort und Stelle so überaus genußreich macht. Nicht jeder übersieht alle die Mängel und Schönheiten des Ortes in der Aufregung, weil er ihn andichten muß. Sondern der weitaus größte Teil der Menschheit besteht aus jenen zögernden, doch genügend ehrlichen Naturen, die bei einer nicht augenscheinlichen Verwirklichung von Erwartungen ihrer wenig produktiven aber dennoch phantasiereichen Köpfe die erlittene Enttäuschung nicht hinunterwürgen, sondern sich derselben offen und ehrlich entledigen wollen. –

So bliebe uns denn nichts zur Betrachtung übrig als der Geist der alten Welt, der so glorreich auch an der antiken Tafel präsidierte. Ich kann wirklich nicht ausrechnen, wie hoch sich die Kosten eines anständigen Gastmahls der Alten beliefen. Ich will nicht zu ergründen suchen, ob die delikaten importierten Würstchen vom Pontus roh oder gebraten verspeist wurden, und so Vergleiche mit unseren modernen Würstchen ziehen. Ich will nicht wissen, ob der gesalzene Fisch, der die biederen Senatorengemüter in Aufregung versetzte, eine Stunde lang oder überhaupt nicht gewässert wurde. Es interessiert uns wenig, ob er mit heißer Butter oder mit zäher Mehlsauce und braunen Zwiebeln begossen wurde. Wir können nicht mehr untersuchen, ob die *Whistable Natives* von Britannias weiß-grüner Küste noch genügend frisch zum heilsamen Genuß in Rom anlangten, oder ob sie durch ihre und den anderen Meerbewohnern charakteristische Tücke infolge vorgeschrittenen Alters den römischen Bonvivants bedenkliches Magenzwicken verursachten. – Nur, wie schon gesagt, im Spiegel des glänzenden Altertums vermögen wir unsere Zeit, also auch unsere Mähler und ihren Geist, richtig zu erkennen, zu verachten oder zu würdigen.

## II.

Und was der wirkliche Geist der antiken Gastmähler ist, auf den ich so oft hinweise? – Ei, das ist die Freude! – Welche? – Nun, die Lebensfreude, dieser jubilierende Aufruhr, den nur Vollblutgeschöpfe voll und ganz empfinden und verstehen können. – Ach, Herr Doktor, wie Sie mich peinigen. Gewiß besitzen wir auch Lebensfreude, aber, aber ... Hm, worin der Unterschied besteht? Ja, wer das sagen könnte! Wer das in die Welt hinaus schreien könnte! Es läßt sich nicht sagen. Ein ganz großer Dichter vermochte es nicht einmal auszudrücken. Er sagte nur sehnsüchtig, daß es »so ganz anders« war zur Zeit, wo man die Tempel der Venus Amathusia noch bekränzte ... Ach, und wenn Sie mich noch so hartnäckig pressen, ich könnte nichts anderes tun, als Ihnen alle Vorgänge bei einem Symposium haarscharf und historisch getreu hersagen. Aber würde Sie das befriedigen? – Das alles ist doch so wohlbekannt. Jedem Schuljungen wird es eingepaukt. Im Varieté und bei Wohltätigkeitsgelegenheiten ist's zu sehen. Symposien und Bacchanalien werden wunderbar getreu nachgeahmt. Da sieht man ja alles: die Leopardenfelle, die fliegenden Kleider, das Weinlaub im Haar, die Fackelträger, die Blumenmädchen, die Flötenspieler, das sanfte Hirtenvolk, das Trankopfer – die Tänze – alles, alles ist noch ganz genau zu sehen. – Aber? – Aber doch »so ganz anders«. – – –

Gerne, meine Damen, ich will mein Bestes tun. Ich sehe, man läßt mir keine Ruhe! Hätte ich doch gar nichts von dieser entsetzlichen Lebensfreude erwähnt! – Wenn also so ein lebensdurstiger antiker Hausherr seinen Freunden ein Gastmahl zu geben beabsichtigte, so wurde am Morgen bei Sonnenaufgang die beste Halle des Hauses zu diesem Zwecke feierlichst geschmückt. Gar nichts Außergewöhnliches! Ganz wie heute. An der dem Garten zugewandten offenen Seite des Saales wurde gewöhnlich ein langer Marmortisch aufgestellt, der nur auf einer Seite zum Essen gedeckt wurde. Die andere Seite des Tisches blieb zur Bedienung frei. Tischtücher gebrauchte man nicht, die Tischgeräte wurden auf die blanke Marmorplatte gestellt. Alles, was das Haus an Silber- und Goldwaren aufbieten konnte, wurde natürlich benutzt, das Mahl zu verschönern. Der Tisch prangte mit Blumen; Blüten bedeckten den Fußboden, Rosengirlanden hingen mahnend über den Sitzen der Gäste, als ein Sinnbild des Schweigens. Man plauderte nicht aus, was man an der Tafel erfuhr. Die Rosen verboten es. – An der anderen Seite des Raumes standen die Amphoren, große zweihenkelige Krüge, gefüllt mit Wein. Daneben war der Krater, ein großes Mischgefäß, eine Bowle, worin der Wein mit Wasser vermengt wurde. Dieses Geschäft besorgte der *Rex Bibendi*, der Trinkmeister oder Mundschenk. Ihm zur Seite standen bekränzte Knaben in aufgeschürzten Gewändern, deren Aufgabe es war, die Becher der Gäste zu füllen. Nicht weit entfernt von der Weinstation, in der Nähe des Ausganges, stand der Anrichtetisch mit Wärmebecken für die Speisen, die aus der Küche hereingebracht wurden. Hier waltete ein Austeiler und Trancheur seines Amtes. Er verteilte die Speisen, zerlegte die Braten, und seine bekränzten Jünglinge reichten die guten Dinge den Gästen dar. Während des Mahles saßen die Gäste gewöhnlich auf Schemeln oder dreifüßigen Stühlen, nach der Mahlzeit ließ man sich auf feinen, weichen Ruhebetten nieder, reich verzierten Möbelstücken, mit kostbaren Decken oder Fellen wilder Tiere behangen. Im Vorzimmer hielt man gewöhnlich für jeden Gast ein Waschbecken aus edlem Metall und kostbare, wohlriechende Salben bereit. Das Handtuch jedoch mußte jeder Gast sich selber mitbringen. Die Alten hielten viel auf Hygiene und verzichteten auf die Gütergemeinschaft von Handtüchern und Servietten.

Wenn alle diese Vorkehrungen getroffen waren, wurden die Lampen angezündet, die ihr mäßiges Licht im Raume ausstrahlten. Im Kohlenbecken auf dem Tripod glühte bald der Weihrauch oder andere wohlriechende Dinge, deren feiner Geruch sich mit dem Duft der Blumen vermengte. Alsdann gingen die Diener des Hausherrn und holten die Geladenen feierlichst ab. Dann erschienen sie, die würdigen, fröhlichen Gäste, festlich geschmückt, Haupthaar und Bart mit wohlriechendem Öl gesalbt, leicht gekleidet in einfachen weißen oder zartbunten Gewändern, und die Häupter zierten Blumen-, Weinlaub oder Lorbeerkränze. Herzlich wurden sie von dem lächelnden *Symposiarch* an der Schwelle des Hauses empfangen. Darauf sprangen Sklaven heran, die den Gästen die Sandalen lösten, die Füße wuschen und dieselben mit feinen Spezereien salbten. Nun begann die Tätigkeit des Haushofmeisters. Lachend und scherzend begab man sich zur Tafel; auf ein Zeichen des Haushofmeisters brachten die bekränzten Kellner das feine, Appetit erregende Horsd'œuvre und setzten es, über den Tisch hinüberreichend, vor die Gäste nieder. Inzwischen war auch der Trinkmeister geschäftig. Mit seinem silbernen Schöpfkrüglein tauchte er in die Tiefe des Kraters und füllte die bereitstehenden *Poculae* mit kühlem Wein, den seine hochgeschürzten Weinkellner darauf lächelnd kredenzten. Und feierlich erhoben sich nun alle Gäste und stießen auf das Wohl des obersten Gottes Zeus Soter oder der Göttin der Gesundheit Hygieia an.

So verlief das Mahl. Man gedachte der abwesenden Freunde und Frauen und trank auf ihr Wohl. – Nein, gnädiges Fräulein. – Die strengen Griechen gestatteten ihren Damen nicht, an Festmählern teilzunehmen, waren aber rücksichtsvoll genug, sich ihrer Gattinnen und Töchter zu erinnern. Die Römer jedoch schienen Damengesellschaft mehr zu schätzen. Man saß nach unserer heutigen Sitte paarweise zusammen; die Frauen nahmen an allem, was die Männer taten, teil. Das eigentliche Essen war gewöhnlich bald vorüber. Unsere unzähligen Gänge kannte man nicht. Man begnügte sich mit Fisch, Braten, Gemüsen; der Nachtisch, süße Speisen und Früchte, bildete den Schluß. Nach jedem Gang wurde der Marmortisch gründlich gereinigt und den Gästen frisches Waschwasser in den Becken gereicht.

Bestand die Tischgesellschaft nur aus Männern, so wurden oft ernste und philosophische Gespräche geführt. Man besprach Ereignisse, öffentliche Angelegenheiten, die Reden der großen Männer. Waren solche Koryphäen selbst anwesend, so suchte man ihre Gesellschaft, lauschte ihren Worten, vertiefte sich oft in ernste, wissenschaftliche Gespräche. In Männergesellschaft geht's natürlich oft auch übermütig zu. Da sprühte Geist und Witz, man uzte sich und zog sich auf, und die Hallen erschollen vom fröhlichen, gesunden Lachen der lustigen Menschen. Ein beliebter Scherz war, einem Freunde auf das Wohl einer abwesenden heimlichen Freundin zuzutrinken. Der Betreffende mußte alsdann so oft seinen Becher leeren, als ihr oder sein Name Buchstaben enthielt. Oft auch erhob sich ein fröhlicher Zecher und sang mit dem blumenumwundenen Pokale in der Hand ein Tischlied, das *Skolion*, welches, je nach seiner Art heiter oder ernst, den Beifall der Zuhörer erntete. Zum Schluß des Mahles wurde meistens die letzte gemeinsame Runde den freundlichen Schutzgeistern des gastlichen Hauses dargebracht. Alsdann nahm man auf den Ruhebetten Platz, und es strömte eine Schar von Sängerinnen und Flötenspielern herein, die Gäste mit ihrer Kunst zu erheitern. An Tänzerinnen, Lustigmachern und Possenreißern fehlte es auch nicht. Diese Leute wurden alle reichlich bewirtet, und ganz wie heute, je mehr sie dem Weine zusprachen, um so leidenschaftlicher und heißer übten sie ihre Kunst aus. Verlockend klangen dann die Flöten, begeistert die Gesänge, und die Mänade raste verzückt um das schweigende Marmorbild des Dionysos, während sich von ihren heißen Lippen der ekstasische Schrei »*Evoe! Evoe!*« rang. – Oft erhoben sich auch die Gäste und spielten mit. Sie forderten ihre bekränzten Kellnerjünglinge gleichfalls auf, ihnen in dem bacchantischen Zuge zu folgen, und alle vereinigten sich zum wilden Tanze, wo sie im begeisterten Ausbruch von irdischer Freude den Saal, die Gärten, vorbei an plätschernden Brunnen, die stille Nacht und die Säulengänge des Peristils durchtobten und sich dem berauschenden, flammenden Feuer ihres Freudedurstes ergaben. Alle stimmten sie ein in den Lobgesang auf die Schönheit, und höchstens die alten und besonnenen Philosophen schauten innig lächelnd dem wilden Treiben zu. – – So endete das Fest, und beladen mit Andenken und wertvollen Geschenken nahmen die glücklichen Gäste vom *Symposiarch* Abschied.

Sie sehen, meine Herrschaften, ich vermochte Ihnen nichts Neues zu sagen. Was ich erzählt habe, sind altbekannte Tatsachen. Die antike Lebensfreude bleibt unerklärt und unerklärlich. Und was die geräuschvolle Prozession durch die Säulenhallen anbelangt, so hält uns unser angeborenes Anstandsgefühl und die Herrin des Hauses oder die Polizei von derlei Geschmacklosigkeiten ab.

Mit dem leidigen Verfall der Antike, der wachsenden Macht und Ausdehnung des Christentums und den Bewegungen der barbarischen Völker artete die besagte heidnische Freude der Gastmähler langsam aus, nahm immer mehr und mehr ab und starb schließlich gänzlich. Obgleich die Kirche niemals eine Feindin des Weines war und ihren Gläubigen nie ausdrücklich den Genuß des Weines verbot, so ist es doch ihrem direkten Einflüsse zuzuschreiben, daß die Freude des Altertums wich. Daraus geht ganz deutlich hervor, daß diese rätselhafte Freude nicht eigentlich im Weine enthalten ist. Noch lange hielten die ersten Christen an vielen heidnischen Sitten und Gebräuchen fest, aber allmählich versanken sie in die Dunkelheit der ersten Jahrhunderte unserer Zeitrechnung, von denen kein schönes Streifchen Licht auf unsere Tage gefallen ist. Wie sich die Alten mit der Lebensfreude befaßten, so befaßten sich die Christen mit der Todesfreude. Man hatte gelernt zu sterben, aber zu leben verlernt. Und wenn man verlernt zu leben, so verlernt man auch zu essen. So wissen wir gar nichts Nennenswertes von den Sitten und Tafelgebräuchen der Völker des vierten bis achten Jahrhunderts. Wir haben auch nicht viel verloren. Man kann sich leicht denken, daß die Gelage, wenn es solche gab, nichts als große Fressereien waren. Eine Miniatur, das einzig existierende Dokument, stellt anschaulich dar, daß man im neunten und zehnten Jahrhundert in Paris die Notwendigkeit eines Tisches bei einem Mahl erkannt hatte. Wir sehen auf dem Bildchen eine Tafelgesellschaft auf klobigen Schemeln an einem runden Tische sitzen. Die Runde ernährt sich redlich aus einer gemeinsamen Schüssel in der Mitte. Tücher und Teller gibt es nicht. Man hält den Braten mit den Fingern auf einem großen Stück Brot und bearbeitet die Masse mit einem dolchartigen Instrument. Statt der Blumen liegen abgenagte Knochen allenthalben umher. Hinter den Schmausern stehen Weinkrüge auf dem Boden, deren Umfang auf einen respektablen Durst schließen läßt.

Erst auf den Bildern aus dem dreizehnten Jahrhundert kann man eine Wendung zum Bessern entdecken. Das Tischtuch erscheint. Und erst gegen Ende des vierzehnten Jahrhunderts scheint man sich Etikette und menschenwürdige Tafelsitten angewöhnt zu haben. Aber selbst auf Bildern aus viel späteren Perioden, namentlich auf den Werken der frühen deutschen und niederländischen Meister kann man Gastmahlsszenen betrachten, die, wenn sie nicht übertrieben sind, wahre Orgien von Fraß und Völlerei gewesen sein müssen. Die Chronisten und Geschichtschreiber des Mittelalters hatten anscheinend großen Respekt vor derartigen Funktionen und berichteten viel in ihrer langweiligen Weise von den Festessen und Mählern ihrer Tage. Öffentliche Schmäuse wurden viel und bei jeder kleinen Gelegenheit abgehalten. Die Hallen der Burgen oder der Rathäuser waren meistens die Stätte eines Banketts. An Ermangelung genügend großer und passender Lokalitäten nahm man aber auch gerne mit der Wiese und dem freien Himmel vorlieb. Man pflegte auf Bänken an den Tischen zu sitzen.

Daher der Name »Bankett«. Bei einem ritterlichen Bankett saßen die Herren und Ehrengäste an einer erhöhten Tafel unter dem Baldachin. Die Tische waren hölzern, lang und schmal, und wie im Altertum war eine Seite für die Bedienung frei. Die Germanen gestatteten ihren Frauen zwar, an den Banketts teilzunehmen; die Frauen mußten sich aber an separaten Tischen abfüttern lassen. In den romanischen Ländern dagegen saß man paarweise in Eintracht zusammen.

Mit der Entwicklung der Künste und des Handwerks im Mittelalter nahm auch das Tafelgerät an Schönheit und Vollkommenheit zu. Die Speisesäle wurden nun mit kunstvollen Gestellen, prächtig gearbeiteten Schränken und niedlich geschnitzten Anrichtetischen ausgestattet. Kostbares Silberzeug, blanke Silber- oder Zinnteller, feine Gläser und irdene Geschirre zierten die Tafeln der Reichen. Die Festhallen wurden reich mit Fahnen und Girlanden dekoriert, die Tische sinnvoll mit Blumen geschmückt. Die feinen linnenen Tischtücher wurden meistens so gefaltet, daß man sie, wenn sie beschmutzt waren, umschlagen konnte. Bei besonders großen Festessen traten zwischen den einzelnen Gängen fahrende Sänger und Schauspieler, Possenreißer, Hanswurste, Akrobaten, Bänkelsänger und andere Klageweiber der Fröhlichkeit auf, damit die Esserei möglichst lange währe. Oft wurden ganze Theaterstücke zwischen den einzelnen Gängen gespielt. Da es meistens viele solcher Gänge gab, dehnten sich diese Prunkschmäuse entsetzlich aus und kosteten viel Geld.

Bei den großen Staatsbanketts, wo alle Fürstlichkeiten zusammenkamen, mußten gewöhnlich die Edelleute des Landes eigenhändig »des Kaisers heilige Macht« bedienen. Oft wurden die schweren Schüsseln von einem Edlen zu Pferde, begleitet von dem Geräusch der Hörner und Pauken, in den Saal getragen, und der tapfere Ritter präsentierte sie kniend dem Landesherrn. Die Ämter eines Mundschenks, Truchsesses usw. waren eine besondere Ehre, welche die Majestät nur seinen Günstlingen verlieh, und der Titel war gewöhnlich erblich. – Nachdem die guten Gaben so präsentiert waren und das Wohlgefallen des Gewaltigen erregt hatten, waltete der Vorschneider seines Amtes, zerlegte die Stücke kunstgerecht und ließ sie auf den Tisch stellen, damit sich jedermann nach Herzenslust bedienen konnte. Die Getränke waren wohlweislich unter der Oberaufsicht des fürstlichen Mundschenks. Der Haushofmeister, welcher die Bedienung von den Seitentischen aus leitete, war die Seele des Ganzen.

Die Schauessen und Banketts des Mittelalters haben mehr oder weniger alle das Gepräge einer großen Fresserei. Man gab weniger um die Qualität der Speisen als um die Hauptsache: daß man genug davon hatte. Daß bei solchen Gelegenheiten Trunkenheit und Roheit oft überhand nahm, ist selbstverständlich. Namentlich die Deutschen, die Engländer und die Niederländer haben Großes in der Vertilgung von kolossalen Mengen von

Speisen und Getränken geleistet. Aber selbst die großen Ästhetiker der italienischen Renaissance scheinen keine hervorragenden Künstler der Tafel gewesen zu sein. Erst im siebzehnten Jahrhundert begann man in Paris mit der wachsenden Kultur auch an die Verfeinerung der Küche, des Essens und der Tafelsitten zu denken. Es war die Renaissance der Kochkunst. Und aus dieser großen Bewegung entstand die große klassische französische Küche, deren wir uns heute noch erfreuen, eine Kunst, vom praktischen Standpunkt aus vielleicht die wichtigste der Menschen, vom ästhetischen aus, würdig, den neun Musen beigefügt zu werden. –

Zur gleichen Zeit entstanden in Paris als das Zentrum der damaligen Welt schöne, große Gasthöfe, die »Hotels« genannt wurden. Es ist der zögernde Anfang der modernen Hotelindustrie, denn die öffentlichen Gasthäuser im Mittelalter waren durchweg und überall sehr schlecht. Seit dem grauen Altertum hatte man gar keine Fortschritte darin gemacht, ja, man war zurückgegangen. Die bedauernswerten Reisenden waren auf die Gastlichkeit ihrer Freunde in den Städten angewiesen oder hielten in den Klöstern Einkehr. Die Klosterbrüder waren jahrhundertelang die beliebtesten Gastwirte. Das Kloster von St. Gallen hatte bereits im neunten Jahrhundert ein berühmtes öffentliches Gasthaus. Das französische »Hotel« wurde bald nach seinem Erscheinen in London erfolgreich nachgeahmt, und einige Gasthöfe dort gelangten zu großer Berühmtheit. In Deutschland fanden Unterkunftsstätten für Reisende nach französischem Muster erst viel später Eingang. In der Ära der Postkutsche ist das Hotel aber noch immer ein sehr mäßiger, bescheidener Betrieb. Das Dampfroß jedoch brachte einen gewaltigen Umschwung. Trotzdem hat sich der Kleinbetrieb des Hotels aber bis in unsere Tage hinein erhalten, und das ganz moderne Riesenhotel ist ein charakteristisches Kind der jüngsten Jahre, einer entschieden neuen Zeit, und hat das Licht der Welt in einem neuen Lande, in Amerika, erblickt.

Also auch etwas über die technische Entwicklung der Kochkunst soll ich sagen! – Mit größtem Vergnügen, gnädige Frau. – Warum ich so »teuflisch« lächle? – Nun, ich finde es so tragikomisch, daß die Frauen sich immer für dasjenige, wozu sie am wenigsten Geschick haben, am meisten interessieren, oder besser, interessieren müssen. – Nein, meine verehrten Damen, zum Kochen haben die Frauen nun einmal absolut kein Talent. – Wie? Das Allerneueste? – Bitte, das haben schon größere Autoritäten lange vor mir gesagt, und ich schließe mich ihnen nur ganz bescheiden an. Ja, ja, die bitterböse Wahrheit läßt sich nun einmal nicht ändern. Die meisten Frauen haben dies in ihrem geheimsten Herzen ganz schrecklich empfunden und wollen es nicht eingestehen. Und wie haben die armen Ehemänner erst gelitten! In ihren Mägen natürlich. Aber eigene Magenschmerzen sind grimmiger als fremde Herzensqualen. Daher die kalte Brutalität des männlichen Geschlechts. Ich will gar nicht versuchen, der schrecklichen

Wahrheit auf den Grund zu gehen oder sie umzustürzen, es ist aussichtslos. Sie ist ohne Hoffnung wahr. Und so müssen wir sie hinnehmen. – An Ungeheuerlichkeit kommt diese Tatsache nur der alten Sphinx gleich. Und ein Rätsel stellt sie uns auf, eines der härtesten unserer Zeit. Gesundheit, Eheglück, Kindererziehung, Heim, alles hängt davon ab. Ich zittere, eine Lösung für das Rätsel auszusprechen. Ich wage es nicht. Ich kann Ihnen, meine Freunde, nur seine ganze Schrecklichkeit vor Augen führen.

Die Urmenschen waren anfangs harmlose Vegetarier und ernährten sich von rohen Wurzeln, Gewächsen, Früchten, Heuschrecken und wildem Honig. Mit der wachsenden Intelligenz erkannten sie aber allmählich ihre Überlegenheit über die anderen Tiere der Erde. Und wem die Menschen überlegen sind, das schlagen sie tot und essen es auf. So auch schon die Urmenschen, unsere ruppigen Vorväter. Sie lernten Waffen gebrauchen, Tiere erlegen und das Fleisch derselben essen. Mit dem Gebrauche von Werkzeugen büßten sie aber viel von ihrer ursprünglichen animalischen Kraft ein, sie verfeinerten sich, und es wuchs somit das Bedürfnis für zubereitete Speisen und zuträglichere Nahrung denn die rohen Produkte der Erde. Und aus dem Höhlenbewohner, der das blutende Fleisch des Jagdtieres auf einen Stecken spießte und über der Flamme röstete, entwickelte sich langsam, entsetzlich langsam im Laufe der Jahrtausende der moderne, vollendete Kochkünstler, ein praktischer Physiker, ein dichterischer, träumender Chemiker, ein Saucen- und Suppenästhetiker. Eine Vollendung und Reichhaltigkeit von Genüssen, wie sie dem modernen Gourmet zur Verfügung stehen, ist nach unseren Begriffen nicht mehr zu überbieten, selbst nicht, wenn neue Pflanzen, Gewächse, Früchte und sonstige Nahrungsmittel entstehen, wie Luther Burbank, der kalifornische Zauberer oder Naturpfuscher – wie man will und es auffaßt – deren viele dem Schoße der Erde entlockt. Es ist ein allgemeiner Gedanke, daß unsere Nachkommen künftiger Jahrtausende, um dem Entwicklungsprozesse gerecht zu werden, ausschließlich chemische Präparate und kondensierte Kraftmittel in ganz geringen Dosen zu sich nehmen werden. Dann müßte freilich eine gänzliche Veränderung der menschlichen Verdauungsorgane stattfinden, was ja nicht ausgeschlossen und sogar wahrscheinlich ist. Seit dem Urzustande bis auf unsere Zeit ist eine solche Veränderung bereits sichtlich eingetreten. Denn unsere heutigen Mägen würden sich mit der Kost unserer Urvorväter keine Woche lang einverstanden erklären und sehr bald dagegen rebellieren. Vorläufig gebe ich mich aber noch gerne mit der althergebrachten, substanziellen Füllung meines Magens zufrieden.

Die Stellung der Kochkunst zu den schönen Künsten ist, wie ich schon erwähnte, eine ganz eigenartige. Kein menschliches Können, das auf den Namen »Kunst« Anspruch erhebt, steht den neun Musen so nahe, wie die nicht offizielle zehnte, die Beschützerin der brodelnden Töpfe. Der greifbare

Unterschied zwischen den schönen Künsten und der Kochkunst ist die Materie, der Stoff und die Art und Weise des Genusses. Sie dienen vor allem der Ernährung des geistigen oder leiblichen Menschen. Und je mehr diese Nahrungsmittel der Seele und des Körpers verfeinert und vervollkommnet werden, um so mehr steigert sich auch die Empfänglichkeit und Genußfähigkeit des Genießenden und sein Verlangen nach Genuß. In schierer Unersättlichkeit sucht er die gegebenen Mittel und Rohmaterialien seinen Bedürfnissen gemäß herzurichten, er gräbt und grübelt, neue Mittel, neue Wege zu entdecken. So entstehen Dionysos-Dithyramben und *Suprême de volaille truffée*. Ob leere Worte, plumpe Marmorklötze, giftige Farben, schreiende, brummende, zischende, flötende Töne oder die jungen, köstlichen Körper der Geschöpfe aus dem Pflanzen- und Tierreich zu Genußmitteln verarbeitet werden, bleibt sich im Grunde doch gleich.

Sobald der eigentliche Zweck dieser Naturgaben, nämlich der der Ernährung, von Menschen, die nicht Maß noch Ziel halten können, mißbraucht wird, so tritt ganz automatisch die Strafe der Natur in der Form einer Rückwirkung ein. Der unersättliche Kunstschlemmer, wenn er nicht gerade wahnsinnig wird, wird übersättigt, sein feines Gemüt wird abgestumpft gegen das süße Walten der schönen Dinge, die ihm früher Genuß und Glück bereiteten. Sie ekeln ihn an: er schmäht sie in höchst undankbarer Weise. Er bedenkt nicht, daß sie gar nichts von ihren schönen Qualitäten verloren haben und daß er der Schuldige ist. Er muß sich eine Weile lang von ihnen entfernen, er muß hungern, um ihre Güte wiederzuerkennen und seine frühere Genußfähigkeit zurückzugewinnen. Den kulinarischen Schlemmer ereilt das gleiche Schicksal in der Gestalt von Appetitlosigkeit, Dyspepsie oder Indigestion, wenn nicht gar schlimmere Komplikationen eintreten. – Für alle Exzesse gibt es eine Vergeltung. Die Natur beschützt sich mit bewundernswerter Präzision. Nichts ist schädlicher als eine Reihe von schönen Tagen. Man befrage Goethe. Nichts ist schädlicher als ein beständiges Genießen von Kunstwerken. Man sehe sich einen Museumwärter an. Ich könnte mir wirklich nichts Schrecklicheres vorstellen als eine »ewige Seligkeit«. Das müßten wahre Höllenqualen sein, es sei denn, daß wir uns nach unserem leiblichen Tode sehr verändern. Nichts ist schädlicher für den Körper als eine beständige Ernährung desselben mit den allerfeinsten Mitteln. Man besehe sich die Tafel unserer Kochkünstler, und man wird staunen, wie einfach diese weisen Männer leben, die doch eigentlich immer wie im Schlaraffenlande schwelgen könnten.

Die schönen Künste machen nicht den Frieden und den Wohlstand, sondern diese lassen jene aufblühen. Genau so ist's mit der Kochkunst. Und um nur von der Kochkunst zu sprechen, muß man als Nichtfranzose neidlos gestehen, daß Frankreich seit einigen Jahrhunderten das Licht der Nationen ist. Das moderne Paris hat die Stellung des antiken Roms geerbt. Natürlich sind die anderen Nationen als fortschrittliche Menschen dem leuchtenden französischen Vorbilde alle mehr oder weniger gefolgt. Jedoch sind sie in bezug auf Essen und Trinken und Zubereitung von Speisen eben doch nur zivilisierte Barbaren oder, um den Kunstausdruck zu gebrauchen, da von Kunst fortwährend die Rede ist, – sie sind Kopisten.

Gewiß, Herr Doktor, ich verstehe Sie sehr wohl. Die Kopie eines Kunstwerks kann unter Umständen in künstlerischer Hinsicht ebenso gut, ja selbst noch besser sein als wie das Original. Ein französisches Menü von einem deutschen Chef ist oft eine sehr achtenswerte Leistung. Aber dennoch! – Sie, Herr Doktor, als Kunstkritiker wissen ganz genau: es sind doch nur die Menschen gute Kopisten, die nichts aus sich selber leisten können. Seit vielen Jahrzehnten hat Deutschland versucht, gewisse französische Lebensweisen nachzuahmen, und sie sind in mancher Hinsicht ausgezeichnet gelungen, ja, die Originale übertroffen worden. Ein Kopist aber, der selber etwas zu sagen hat und etwas in sich fühlt, ist ein schlechter Kopist. Lenbach kopierte die Lateiner der Renaissance. Was war die Frucht dieser Arbeit? – Es entstanden Giorgione plus Lenbach, Titian plus Lenbach, Velasquez plus Lenbach usw. An Dürers italienischen Studien ist dasselbe Resultat zu bemerken. Werke, die Goethe aus fremden Sprachen übersetzte, wurden sein geistiges Eigentum. – Da Deutschland und die anderen Nationen jämmerlich wenig Kraft in sich fühlen, eine eigene Kochkunst zu schaffen, so ahmen sie die französische Schule sehr erfolgreich nach. Sie sind aber nicht imstande, ihren Produkten auch nur einen Hauch von beachtenswerter Individualität mitzuteilen. Kochen können ist ein Talent, meine Damen, wie jede schöne Kunst ein Talent ist. Es ist etwas in der Kochkunst, das sich nicht erlernen läßt. Es muß im Menschen stecken. Frankreich, die Nation als ein Individuum, ein Mitglied der kaukasischen Familie gesehen, besitzt das eigenartige, appetitliche Talent zum Kochen wie das dunkle Schicksal den Sprößling einer biederen Bauernfamilie zum gottvollen Musiker macht, während seine ganze Sippe hoffnungslos und bewundernd zuschauen muß. – Die Französinnen? Nein, das ist das Eigenartigste an dem eigenartigen Talent der Kochkunst: es meidet das gesamte weibliche Geschlecht. Maskulinische Kraft und Phantasieflug sind erforderlich, um schöpferisch zwischen Kasserollen und Pfannen tätig zu sein. Nicht etwa, weil es dem weiblichen Geschlecht an physischer Kraft gebricht, sondern weil einfach das Talent nicht vorhanden ist. Dieser Umstand drängt die Kochkunst in die vorderste Reihe der Künste.

Ja, ja, ich lache wieder, meine Damen. Aber nicht, weil ich Sie so entsetzlich erzürnt habe und Gefahr laufe, Ihre reizende Gesellschaft um meiner Kühnheit willen einzubüßen, sondern ich lache über den sonderbaren Empfang, der der Wahrheit immer und überall bevorsteht. – Friedrich

Nietzsche hätte sich seine ungalante, geschmacklose Demütigung der germanischen Hausfrau als eine Überflüssigkeit und Ungerechtigkeit ersparen können. Aber wer kann's dem armen Magenkranken verdenken, daß er gegen die Küche wettert, an welche die rüstigen Germanenmägen gewöhnt sind. – Die deutsche Frau wird nach einigem Zögern und Erröten eingestehen, daß sie sich niemals Kopfschmerzen über die richtige physiologische Zusammenstellung einer Mahlzeit macht, daß der Eiweiß- oder Fettgehalt einer Ware sie nicht stört, daß Kohlehydrate ihr völlig fremd sind. Das Wort schon! Ist es nicht geradezu haarsträubend in Verbindung mit Essenswaren? – Darum sollten Sie, meine Damen, nicht zürnen. Es ist nicht besonders schmerzhaft für einen Menschen, zu hören, daß er kein Talent für einen Beruf hat, den er sich nicht einmal selbst gewählt, sondern wohinein ihn die Macht der Umstände gezwungen hat. – Nicht wahr? – Na also! – – Aber? – Was aber? – Wer denn in Zukunft kochen soll? – Wir werden sehen.

Die Kochkunst, weil sie ein eigenes Talent ist, wird daher – wie immer – von dem, der es nicht besitzt, überschätzt. Frankreich wüßte kaum, daß seine Söhne Künstler am Herde seien, wenn es nicht die anderen Nationen fortwährend zugestehen und bei ihm in die Lehre gehen müßten. Es ist ein Irrtum, anzunehmen, daß das Wertvolle in der französischen Kultur durch das französische Talent zum Kochen bedingt oder auch nur besonders beeinflußt worden sei. Ein feiner Mensch sorgt selbstverständlich auch für die Verfeinerung und Pflege des Sinnes, der im Gaumen steckt. Doch kommt dieses Streben erst an zweiter Stelle. Der verführerische, sich leicht aufdrängende Gedanke, daß eine primitive Küche notwendigerweise ein Volk verdummen oder auf einer geistig primitiven Stufe erhalten müsse, ist grundfalsch. Ebenso der Glaube, daß eine hochentwickelte Kochkunst das geistige Leben der Nation besonders fördere. Ich glaube überhaupt nicht, daß die Ernährung des Körpers resp. die Wahl der Speisen viel oder auch nur etwas mit der Entwicklung der Seele zu tun hat. Das alte Sprichwort von der gesunden Seele im gesunden Körper ist nicht zutreffend. Denn wäre das der Fall, so müßten ja alle Reichen, alle Feinschmecker ausnahmslos große feine Geister sein oder geistig hochbegabte Kinder haben. Die größten Feinschmecker aber waren nie die feinsten Geister. Hat Brillat-Savarin außer seiner Physiologie des Geschmacks nicht auch Dichtwerke geschrieben? – Als Dichter ist er tot, als Feinschmecker wird er noch für klassisch gehalten. Die größten Denker, Dichter und Künstler sind bisher fast ohne Ausnahme aus bürgerlichen, kleinen, oft sogar sehr armen Verhältnissen hervorgegangen, wo das tägliche Menü keine prunkende Reihe von auserlesenen Leckerbissen aufwies. Die bitterste Armut ist ja bekanntlich sogar das Privilegium des Genies. Reichtum und Genie hassen sich. Auch kann ich mich keines großen Mannes erinnern, der ein traditioneller »Feinschmecker« war. Der ehemals viel verschriene Epikuros, der Mann mit der Lehre, aus dem Leben nur das Allerbeste zu schöpfen, war einer der bescheidensten und anscheinend anspruchslosesten Menschen, die je gelebt haben. Er gab sich mit seinem Gärtchen, ein paar Freunden, ein paar Feigen und einem Stück Ziegenkäse gern zufrieden.

Der eigentliche Feinschmecker, der Gourmet *»par excellence«*, ist daher der andächtige Mensch, dem eine einfache gute Mahlzeit mit gutem Hunger eine Art Dankgottesdienst für ein schönes Leben, gute Gesundheit und herrliche Naturgaben ist. Darum kann jeder Arbeitsmann ein Gourmet werden. Eine bemerkenswerte Ironie des Schicksals ist auch, daß Feldherrn wie Lukullus, Soubise und andere, die auf dem Felde der Ehre nicht viel Glück hatten, und Männer wie Colbert, erfolglose Staatsmänner, gefeierte Tagesgrößen und Generale namentlich aus der Periode Louis XIV. und XV., sich zu Lebzeiten viel mit der Küche beschäftigten und Küchenklassiker wurden. Während diese Menschen und ihre Taten schon lange tot sind, hat ihr Hang nach gutem Essen sie vor Obskurität gerettet, und ihr Name lebt mit den von ihnen erfundenen und nach ihnen benannten Gerichten wörtlich »im Munde« von jedermann weiter.

Die Kochkunst ist, wie gesagt, ein Talent. Und für jedes Talent, das wir besitzen, müssen wir bekanntlich ein anderes entbehren. Eine gewisse außerordentliche Fähigkeit fördert selten eine andere. Gutes Essen ist zunächst Nahrung, feines Essen meistens Luxus. Luxus wirkt vornehmlich auf das Sinnenleben und dann erst als solches auf das Seelenleben. Hohe geistige Kultur verlangt natürlicherweise auch gute Küche. Das gewisse Etwas in der Kunst, in der Literatur, in der geistigen Tätigkeit, ja im ganzen nationalen Leben des gallischen Volkes, welches man gerne als typisch französisch bezeichnet und um das diese Nation mit Recht oder Unrecht beneidet wird, ist nicht im Einfluß der verfeinerten französischen Küche zu finden. Das wäre ein geringes Verdienst. Nein, die außerordentlichen kulturellen Verdienste Frankreichs sind nur im Geiste des Volkes zu suchen, und die französische Art, zu kochen und zu essen, ist nur ein Teil, eine Folge dieser Verdienste und erhöht sie nur, bedingt sie aber nicht.

*Anima sana in corpore sano* ist ein vages Wort. Wie sonderbar es doch ist, daß körperliche Leiden die Seele meist verfeinern, sie empfindsamer und duldsamer machen. Ein körperlich und seelisch völlig gesunder Mensch – den es tatsächlich nicht gibt – ist nichts mehr als eine großartige Bestie in seinen Empfindungen, d. h. nach unsern heutigen, durch das Christentum bestimmten Ansichten. –

Der Triumph der Pflanze ist die Blüte. Die Blütezeit ist ihr Sinnenrausch. Dann duftet sie sich aus in Glück und Daseinsfreude. Es gibt Insekten, deren höchster und schönster Lebensaugenblick der Sinnenrausch ihrer Liebesszenen ist. Nach diesem Taumel müssen sie zugrunde gehen und Platz machen für andere Generationen. Wenn Nationen nun ihre Blütezeit, ihre inspirierte Epoche erreicht haben, müssen sie langsam absterben. Dies kann im Leben einer Nation natürlich jahrhundertelang währen. Die ganz feine Kochkunst fördert gewiß den Sinnenrausch der Menschen. Sie tut fast nichts als dies. Es ist ihr Beruf. Zaghafte Menschen und Moralisten werden daher in dem auserlesenen Essen und im Luxus überhaupt, ja sogar in der »Lebensfreude« den zeitigen oder unzeitigen Ruin ihrer Nation erblicken. Sehr richtig. Nur nicht richtig in ihrer Auffassung. – Es fragt sich, was ein Ruin ist. Das Erdgeborene muß wachsen. Je schöner, um so besser. Wenn es eine gewisse Höhe erreicht hat und nicht mehr weiter kann, muß es niedergehen. Es kann nicht stille stehen. –

So, sehen Sie, meine Freunde, haben sich die Zeiten verändert. Dem müden Wanderer öffnet sich keine Haustüre mehr, kein freundlicher Hausvater begrüßt ihn mehr. Die Pferde der Postkutsche scharren nicht mehr ungeduldig vor dem Tor des kleinen Gasthofes an der einsamen Landstraße. Kein Postillion stößt mehr lustig in sein Horn, keine Peitsche knallt mehr. Kein rundes Wirtlein mit Schürze und Käppchen tritt mehr hastig an den verstaubten Wagenschlag heran, die hohen Fremden ehrerbietigst zu empfangen. Endlose Reihen von Equipagen und Lakaien mit roten Gesichtern, gepudertem Haar und sehr traurigen Augen, Hunderte von rauchenden und fauchenden Automobilen mit zottigen, protzigen, brutalen Chauffeuren halten nun an den Portalen der Paläste, welche den müden Wanderer beherbergen. Groß sind die Paläste, riesengroß. Fünf, zehn, fünfzehn, zwanzig, fünfundzwanzig und dreißig Stockwerke hoch. Raum haben sie reichlich für Tausende von müden Wanderern. Ihr Inneres glänzt von Lichtern, die sich in Marmor und Golde widerspiegeln. Palmen zieren die hohen Hallen, Teppiche aus dem Morgenlande dämpfen die Schritte. Blumen und feine Parfüms versüßen die Luft, schmeichelnde Musik mischt sich dazwischen. Und ein buntes Gemisch von feinen Menschen schlängelt sich umher, lachend, scherzend, schwatzend und tänzelnd. Alle Nischen und Bögen hallen wider vom Geschwirr der feinen Stimmen, vom Schall des fröhlichen Gelächters. Wie sie schauen, wie sie grüßen! – Jeder Herr ist ein König, jede Frau die schönste Prinzessin im ganzen Lande. Perlen und Rosen winden sich durch die duftigen Haare; kostbare, edle Steine funkeln in wollüstiger Freude, daß sie an den herrlichen, weißen, warmen Busen ruhen dürfen. Seidene Gewänder rascheln und knistern, während die göttlichen Körper, die sie umschlingen, sich im Takte der sanften Töne wiegen. Die wundervollsten Augen lachen. Sie glänzen und flimmern und kennen nichts vom Leide der Erde. Wenigstens zeigen sie's nicht. Perlene Zähne schimmern in opalenem Glanze unter den Purpurlippen hervor, wenn sich der weiche, süße Mund lächelnd öffnet, ein schelmisches Wort zu flüstern. Scharfäugige Detektive bewachen die Menge, verfolgen die Bewegungen jedes einzelnen, der nichts ahnend sich in den großen, bunten Strudel stürzt und fröhlich oder nervös darin herumschwimmt.

Diener und Lakaien stehen umher, regungslos mit starren Gesichtern, in glänzenden Uniformen, auf den Herrn oder die Herrin wartend. Boten und Läufer rennen hin und her, Beamte geben Befehle. Geschäftige Scharen von jungen Menschen bringen die köstlichsten Speisen, die saftigsten Früchte, die edelsten Weine. Und tief unter den prunkenden Sälen und Hallen sind endlose labyrinthische Räume, gefüllt mit einer wimmelnden Menge von Arbeitstieren, die für die lachenden, glücklichen Menschen über ihren Häuptern schwitzen und umherrennen. Ein ohrenbetäubender Lärm erfüllt die endlosen weißen Regionen. Tausend menschliche Stimmen, schreiend, befehlend, rufend, schrilles Gerassel von silbernen Geschirren und hartes, abgerissenes Klirren von porzellanen, irdenen und kristallenen Schüsseln, dumpfes Dröhnen kupferner Kasserollen, Klappern eiserner Pfannen, Zischen des Dampfes, Knistern und Sprühen und Prasseln der glühenden Herdfeuer, das laute Kreischen der Braten, das Brodeln der Tiegel, das Surren der elektrischen Motore, das Knirschen der Schneide- und Quetschmaschinen, alles mischt sich zusammen zu einem nervenzerreißenden Getöse. Eine rauschende Fabrik! Hier hantiert ein Regiment weißer Köche herum und kämpft eine wilde Schlacht mit den kalten und heißen Elementen. Ruhig und kühl steht inmitten all des Gewühls die schneeige Majestät des obersten Chefs, ein Träger vieler Ehren und Sorgen. Und um ihn herum scharen sich treu ergeben die Saucenästhetiker und Zuckerbildhauer. Ihn suchen die bangen Augen der weißen, kampfbegierigen, schweißwischenden Männer mit langen Messern und Dolchen ungeduldig der Befehle des Großen harrend. Die Adjutanten rennen hin und her, brüllen die Kommandos durch das Toben des Kampfes in die hinteren und niederen Regionen hinein, wo eine schreckenerregende bewaffnete Schar von niederen Helfershelfern haust, die die Befehle mit schauerlichem Gebrüll beantwortet und ausführt. Dort hinten wimmelt es von wildblickenden Kurden, Lemuren und Unterteufeln, schwarze, südliche, glutäugige, diabolische Gestalten sind es, von unbestimmbarer Nationalität, feistnackig, schmerbäuchig, fetttriefend, mit blutbefleckten Tatzen und stählernen Muskeln, erhitzt vom Feuer, grausam vom Anblick des rohen Fleisches, lüstern vom beständigen Blutgeruch. Dort hinten sind die großen, starren Regionen des Eises, die großen Kühlkammern, gefüllt mit Fleisch und köstlichsten Früchten. Dort können Sie alle Naturwunder Indiens, alle Spezereien Arabiens sehen. Orangen und Grapefruit aus Florida, Pfirsiche aus Südafrika, Melonen aus Mexiko, alle delikaten Produkte der westindischen Inseln, alle zarten, jungen Gemüse von nah und fern, welche die Jahreszeit oder das Treibhaus bietet. Alles liegt bereit und wartet auf unser Machtwort. Wie herrlich! Wir sind die Herren der Welt! Welch gottvolle Rechte haben wir nicht!

Denken Sie sich nur, wie interessant, gnädiges Fräulein, da Sie soeben noch Hummer *à l'americaine* gegessen haben! Vor einer halben Stunde kroch Ihr Hummer noch behäbig zwischen seinen hundert Brüdern in der kühlen Packung umher, hie und da einen anderen gutmütig mit den schweren Zangen zwickend. Da kam Ihr Machtwort, gnädiges Fräulein, welches unser Kellner dem Chef überbracht hatte. Mit kritischen Blicken wählte der Koch zwischen den hartschaligen, trägen Bewohnern der Tiefsee und suchte ihnen den lebendigsten aus! Denn unser freundlicher Kellner sagte, daß er für Sie bestimmt sei. Das Opfer wurde erfaßt – es sträubte sich energisch und klapperte wütend mit dem starken Schwanze. Aber da hilft kein Klappern: das unbarmherzige Schlachtmesser saust ein paarmal nieder, und die noch lebenden, zuckenden Stücke des gevierteilten Hummers färben sich langsam in der heißen, kreischenden, gewürzten Butter zu appetitlichem Rot. Eine halbe Flasche aromatischen Wein dazu, zugedeckt und gar dämpfen lassen, dann schnell serviert. – Ihre blaue Forelle, Herr Doktor, schnellte noch vor kurzer Zeit behende im Fischbassin umher und suchte hastig und nervös den Maschen des Netzes zu entschlüpfen. Denn sie ahnte die Absichten des Fischers und das grausige Schicksal, das schon so viele ihrer flinken Schwestern weggeholt hatte. Aber da half kein Zappeln: sie wurde erhascht, vorsichtig ausgenommen und behutsam, daß der natürliche Schleim nicht abgewischt werde, in das dampfende, wurzige Wasser gelegt. – Holländische Sauce oder einfach frische Butter dazu: Ah – tip-top!

Morde werden dort begangen in den eisigen Regionen von den eisigen Herren der Schöpfung, Morde, wobei uns das Wasser im Munde zusammenläuft, wenn wir daran denken! – Die liebliche Riesenschildkröte, deren Liebenswürdigkeit ich meine herrliche Suppe verdanke, fristete noch vor einigen Tagen ihr stupides, ganz überflüssiges, inhaltsloses Dasein. Als sie sich einmal plötzlich an den Hinterbeinen erfaßt und aufgehängt fühlte, entschied sie sich zögernd, den dummen Kopf aus den schützenden Schalen herauszustrecken, um sich zu erkundigen, was denn eigentlich los sei. Auf diesen Augenblick hatte der hinterlistige Chef gewartet. Sein scharfer Säbel sauste, drang in den grauen, runzeligen Nacken des Ungeheuers und trennte dort die festen Verbindungen, so daß zwischen Kopf und Rumpf eine unnatürliche Entfernung entstand. Die langsame Schildkröte hatte nicht einmal mehr Zeit, ihre Verwunderung oder ihr Entsetzen darüber auszudrücken, denn durch die entstandenen Öffnungen entschlüpfte ihre Seele schnell ins Unendliche.

Fest halten die lieblichen, weichherzigen Austern die Türe ihrer Gehäuse zu, wenn sie merken, daß ein Einbrecher mit bösen Absichten und einem starken Brecheisen draußen sich zu schaffen macht. Aber was hilft das? Wir sind die Stärkeren. Und die winzig kleinen Krabben, die oft mit den Austern in friedlicher Gütergemeinschaft zusammenwohnen, müssen dann einen stummen Abschied von ihren schlüpfrigen Freundinnen nehmen, denn auch sie sollen verspeist werden. Wehrlos strampeln sie noch einmal mit den dünnen, schwachen Spinnenbeinchen, – dann ist's aus. Den Menschen freut nur ihr Widerstand und ihre Lebendigkeit. Sie erhöht seine Gier. – Sehen Sie dort die riesigen, protzigroten Langusten auf dem Büfett? Sie mußten im siedenden Wasser ihr Leben lassen, entrüstet gegen den plötzlichen Temperaturwechsel mit dem gewaltigen Schwanze protestierend, da sie nur an das kühle, grüne, träumende Wasser des tiefen Meeres gewöhnt sind. Und alle sterben sie uns zuliebe. Ist es nicht eine Wonne, dies anzusehen?!

So liegen tausend Leichen von lieben Feld-, Wald- und Wasserbewohnern in den festen Eiskammern sorgfältig und säuberlich aufgespeichert und warten, bis sie in die Krematorien der Bratöfen geworfen werden, wo sie unter Wimmern, Schmurgeln und Zischen braten müssen. Wenn sie schön knusprig und gar genug sind, bekleidet sie der sinnige Koch mit einer lieblichen, raffinierten Sauce und legt zärtliche Gemüse an ihre Seite. Schwarze Menschen stehen ungeduldig bereit, sie auf silbernen Schüsseln stolz schnüffelnd in den glänzenden Saal zu tragen. Kritisch betrachtet der große Oberbefehlshaber noch einmal die armen Tierchen, bevor sie für immer verschwinden, und wenn sie seine Zufriedenheit erregen, gibt er seinen Segen zu ihrem pompösen Leichenzug in den Speisesaal. Se. Exzellenz der Herr Finanzminister selbst würde den Mund aufsperren, nicht nur um die guten Dinge in Empfang zu nehmen, nein, auch schon, wenn ihm zu Ohren käme, wieviel man dem großen, ruhigen Chef des Küchendragonergeneralstabes für seinen Segen bezahlt. – Dieser Segen – wie alle feierlichen Zeremonien – ist meistens von sehr charakteristischen, südlichen Gesten begleitet. Eine der beliebtesten ist, die Spitzen der fünf Finger zusammenzudrücken, an die Lippen zu führen und wieder zu entfernen, wobei die Finger lebhaft ausgespreizt und wieder zusammengeführt werden. Bei ganz wichtigen Gelegenheiten treten beide Hände in Aktion. – –

Immer tiefer steigen wir, vorbei an den kühlen, imposanten Gewölben, die viele Tausende von feurigen Flaschen und alte, ehrwürdige, bestaubte Fässer vor Frevlerhänden beschützen. Und hinab führt unser Weg in die Herzkammern des Riesenkörpers, in die Maschinenräume. Tobte in der Küche ein höllischer Lärm, hier herrscht der Friede einer Kathedrale. Lautlos drehen sich die großen Schwungräder und Riemscheiben um ihre Achsen, angenehme Luft fächelnd. Unheimliche Riesenbäuche liegen dort, die Öffnungen fest verschlossen, nur ein unterdrücktes Zischen, ein dumpfes Zittern tief unten verrät die gewaltige Glut, die ihr Inneres birgt. Schneckenhäuser von gewaltigem Umfang stehen dort, wovon armdicke Kabel ausgehen und sich als die Nerven des Riesenkörpers bis in die kleinste Spitze des Hauses verzweigen. Gleichmäßig, stumm arbeiten die Ungeheuer, den Befehlen der Menschen gehorchend. Ab und zu sprüht ein bleichbläulicher Funke knisternd aus dem Innern hervor. Er will sich vom Zwange der Menschen befreien und Zeugnis geben von der rätselhaften Macht, aus welcher er stammt. Gedämpftes Keuchen und tiefes, unterirdisches Stampfen wie schweres Atmen einer Riesenbrust verrät den Unwillen der gefesselten Mächte, die der Mensch sich hier dienstbar macht. Hie und da seufzt wohl eine große Maschine auf, wenn ihre Bürde zu schwer wird, aber dann geht ein kleiner, magerer Mann im blauen Kittel mit eingefallenen Wangen und rußigem Gesicht hinzu, lauscht aufmerksam, dreht an einem kleinen Rädchen, und alles ist wieder in Ruhe und Ordnung wie zuvor. Wir vernehmen gutmütiges Brummen der Riesenventilatoren, der Lungen des Hauses, die von der Höhe des Daches frische Luft einsaugen und sie gereinigt in allen Räumen verteilen. – Mit einiger Angst blicken wir von ferne in die weiße Glut des großen Krematoriums, das allen Unrat und Abfall des Hauses aufnimmt und bald zu dürrer Asche verwandelt. Hie und da begegnen wir einem ruhigen, schmächtigen Maschinisten, der seine Ungetüme bewacht wie ein Kinderfräulein seine Pflegebefohlenen. Ingenieure und Elektriker machen sich an großen, marmornen Schaltbrettern zu schaffen, wo tausend kleine und große Hebel in kupfernen Klammern stecken. Hin und wieder ertönt ein leises Glockenzeichen, ein rotes oder grünes Signallicht erscheint wie eine gespensterhafte Warnung oder Botschaft. Der kleine Mann wird aufmerksam, er berührt seinen Hebel, ein bleicher Blitz zischt auf, und die Ruhe ist wieder hergestellt. Wir hören das schwere Keuchen der Pumpen, die ganze Reihen hydraulischer Fahrstühle durch die hohen Schäfte bis in die obersten Stockwerke drücken müssen. Einzelne Wassertropfen fallen von den langen Kolben wie Schweißtropfen an den Armen eines Riesen herab. Wir sehen die großen Eismaschinen und Kühlanlagen, riesige Behälter, von denen gewaltige Rohre ausgehen, sich durch den Boden und die Wände bohren und sich wie Adern durch das ganze Haus verteilen. Tausend andere kleine Motoren und Maschinen arbeiten rastlos Tag und Nacht, sich automatisch ernährend, sich automatisch regulierend. Jede dient einem besonderen Zwecke, und alle haben nur einen Zweck: des Dienstes der Menschheit. Ein Blick auf einen Zeiger des Manometers, auf ein Schaltbrett, auf eine Uhr genügt dem erfinderischen Menschen, sich von der Kraft und dem Willen seiner stählernen Sklaven zu vergewissern.

Weiter gehen wir und treten in die Wäschereien. Da zischt es, dampft es und kocht es in den Zylindern. Von gewaltigen Armen wird das weiße, feine Linnen erfaßt und durch den kochenden Seifenschaum gezogen. Große, heiße Walzen drehen sich unaufhörlich, trocknen und glätten die nasse, faltige Wäsche. Hunderte von weißen, mageren, eingeschrumpften Mädchenhänden schichten die gereinigten Linnen zu hohen, warmen Bergen auf, die erst vor einer Stunde noch zerknüllt, schmutzig, fettig und befleckt in die Wäsche kamen.

Ihr Boudoir, gnädige Frau, liegt fern von dem Lärm, dem Gewühl, dem Schweiß und dem üblen Geruche der Arbeit. Die Luft, die ihr Appartement füllt, wird in großen, hohen Kammern filtriert und nach Gesundheitsvorschriften sorgfältig temperiert, bevor es ihr gestattet ist, von den Lungen der Gäste eingeatmet zu werden. Das Wasser, welches Sie zum Trunk an die Lippen führen, gnädiges Fräulein, wird destilliert und ist reiner und gesunder als das in den silbernen Gebirgsbächen. Die Geschirre, von denen wir essen, alle Provisionen, die für unseren Genuß bestimmt sind, werden in staubsicheren Arbeitsräumen aufbewahrt. Das kühle, feine Linnen der Betten, die Tücher, deren Sie zur Toilette und an der Tafel bedürfen, die Decken, auf denen Sie ruhen, alle werden vor dem Gebrauche chemisch sterilisiert. Jedes Staubatom wird täglich aus dem seidenen Teppich gesogen, den Ihr Fuß betritt. Die komprimierte Luft holt jedes Körnchen Schmutz aus dem Plüsch des Diwans, der Ihren Körper tragen darf. Es ist bis ins Kleinste hinein für Ihre kostbare Gesundheit gesorgt: alles, was sie gefährdet, wird verfolgt und vernichtet. Ihr Zimmer ist stets behaglich. Sie heizen kein Feuer, dennoch ist der Raum beständig gleichmäßig temperiert. Es geschieht automatisch. Sie sind geschützt vor tückischer Feuersgefahr. Wenn Sie sich zur Ruhe begeben haben und es entsteht auf irgendeine Weise Feuer in Ihrem Zimmer, so wird die Feuerwehr schon an Ihre Türe klopfen, bevor Sie vielleicht aufwachen und die Gefahr sehen. Denn wenn die Temperatur in Ihrem Zimmer eine unnatürliche, unregelmäßige, verdächtige Höhe erreicht, so warnt der wachsame automatische Feuermelder den Wächter auf Ihrer Etage und die Feuerwehr im Maschinenraum, und die wohltrainierten Leute stürzen zu Ihrer Hilfe herbei.

Sie denken daher nicht an das Heer der hastenden, brüllenden Köche, nicht an die flinken, geduldigen Kellner, nicht an die mageren, rußigen Heizer und Maschinisten, nicht an die kleinen, bleichen, schweißtriefenden Wäscherinnen mit den geröteten Augen. Sie sitzen in Ihren gesunden, sicheren, luxuriösen Gemächern und genießen die schöne Aussicht. Ein Druck auf den Knopf genügt, um Ihnen alles herbeizuschaffen, was Menschen produzieren können, was Geld kaufen kann. Sie heben am Schreibtisch oder im Bette den Hörer an Ihr Ohr und sprechen mit Ihren Freunden, die tausend Meilen von Ihnen entfernt sind. Ein Wink dem Diener, und das warme Wasser im marmornen Bade nebenan duftet Ihnen entgegen. Ein gewandter, angenehmer junger Mann, der in allen Zungen redet, steht jeden Augenblick bereit, sich nach allen Ihren Wünschen zu erkundigen. Sorgfältig schreibt er sie auf, steckt den Befehl in eine Kapsel und sendet ihn durch die pneumatische Rohrpost blitzschnell in den betreffenden Teil des Hauses, wo Ihr Befehl ausgeführt werden soll. Ein elektrischer Zeitstempel, der unerbittlich die fliehende Zeit registriert, zeigt genau den Augenblick an, wann der Befehl gegeben und ausgeführt wurde. Und das Gewünschte wird mit elektrischen Aufzügen in kürzester Zeit an den Bestimmungsort befördert. Seine Briefe kann der Gast vom obersten Stockwerke aus bequem und rasch hinunter in den Postkasten gleiten lassen. Er braucht sich nicht persönlich hinunter zu bemühen oder die Dienste eines anderen in Anspruch zu nehmen. Mühsame Treppen braucht der Gast nicht zu steigen. Glänzende Fahrstühle an allen Enden des Hauses gleiten lautlos hinauf und hinab. Hoch oben über dem Dache des großen Hauses zittern schwere Drähte im Winde, die unsichtbare, magische Funken auffangen, von denen die Luft schwirrt. Und vom Telegraphenbureau im Hotel aus erfährt der König, der Diplomat, der Industriefürst, der Geschäftsmann, der Privatmann, die Dame im Boudoir wichtige Nachrichten, frohe oder traurige Botschaften, welche ihnen Menschen, die weit entfernt sind, mitzuteilen haben. Im Souterrain des großen Hotels ist der Bahnhof der Untergrundbahn, und auf dem höchsten Giebel ist die Luftschiffstation.

Wirklich, die Zeiten haben sich verändert! Sie sind anders geworden, seit der einsame Wanderer an die fremde Türe pochte, als er sah, daß das Gestirn des Tags sich neigte und die Nacht anbrach. Die Tage sind nicht mehr, wo der behäbige, lächelnde Albinus stolz an die Wand seines Häuschens schrieb: »*Hospitium hic locatur* ...«, wo er am herkulaner Tor mit einem »*Salve amice!*« das bestaubte Pferd des Fremdlings anhielt, dem Sklaven die Zügel zuwerfend. Die Zeiten sind nicht mehr, wo die weisen Männer mit Lorbeerkränzen in den grauen Locken ihre frohen Mähler gaben und mit den Mänaden und den bekränzten Knaben um das träumerische Marmorbild des Dionysos wirbelten.

*This is the empire of business.* Wir haben keinen Dionysos mehr. Er ist kalt gestellt im Museum. Wir haben keine Flötenspieler mehr. Wir haben Debussys und Sträuße. Wir haben keine hochgeschürzten, lachenden Knaben mehr, die uns den Wein reichen. Unser *Ganymed*, der Kellner, ist gewöhnlich keine bestrickende, inspirierende Erscheinung. Die Hotelbesitzer sind nicht mehr die runden, schmunzelnden Leutchen von ehedem. Es sind große Herren, diese Herren Aktionäre. Sie gehören zu den ersten Familien des Landes. Man sieht sie fast gar nicht. Und dann höchstens im Gehrock und weißer Weste. Wir haben keine Mänaden mehr. Wir haben Varietégrößen. Wir haben keine Sängerinnen mehr; wir haben Chansonetten.

Aber wir wollen den Wandel der Zeiten nicht beklagen. Unsere Zeit hat auch ihre Rechte und auch ihre Verdienste. Das moderne Gasthaus bietet seinem Gaste mehr als das von gestern. Sicherheit, Reinlichkeit, Hygiene, alle Bequemlichkeiten, Auskünfte jeder Art, gutes Essen und unter Umständen sogar weitgehenden Kredit. Schwere Stahlkammern nehmen den Schmuck und die Wertsachen des Gastes auf; er braucht nichts zu fürchten. Eine Schar

Barbiere erwartet höflich den struppigen Fremdling, die liebliche Manikuristin pflegt seine vernachlässigten Hände, ein Spezialist im Stiefelputzen poliert die Stiefeletten ohne Zeitverlust.

Wenn Sie ins Theater gehen wollen, gnädiges Fräulein, wartet Ihnen der freundliche Haarkünstler auf. Der sinnige Blumenhändler bringt Ihnen seine schönste Spende – für einen Preis. Der Postbeamte befördert schnell und sicher Ihre wertvollsten und wichtigsten Briefe; der Telegraphenbeamte wartet, das schnelle Wort bis in die fernsten Winkel der Erde zu jagen. Der Makler, der Bankier und Geldwechsler hat seinen Stand aufgeschlagen und harrt der Befehle des Geldfürsten. Gegen einen Preis natürlich. Der Doktor, der Pharmaceut im Hotel hat seine Rezepte und Mittel gegen Nervosität, Migräne und Indigestion zur Hand – ebenfalls gegen einen Preis. Man macht großartige Geschäfte. Der Zahnarzt repariert die verdorbenen Zähne – gleichfalls nicht allein aus Mitleid mit den schönen Patientinnen. Die Miete ist hoch. Der Buchhändler hält die schönsten Romane und die neuesten Zeitungen feil, der Zigarrenhändler die besten, frischesten Havannas. Der Stenograph und Maschinenschreiber, der Dolmetsch und Fremdenführer – alle harren sie unter einem einzigen Dache auf den einen Mann, der aus der Fremde kommt. Alles steht dem müden Wanderer zur Verfügung, wenn er dieser Leute und Dinge bedarf. Er braucht sich nicht zu bemühen, nichts zu besorgen, keinen Schritt zu tun.

In den glänzenden Fest- und Konzertsälen des großen Hotels können wir den erlesensten Konzerten, den intimsten Theatervorstellungen, den gelehrtesten wissenschaftlichen Vorträgen beiwohnen, reiche Kunstausstellungen bewundern. Bälle, Empfänge, Festessen werden dort veranstaltet, die an Glanz mit denen des königlichen Hofes wetteifern. Orchideen und Rosen verbreiten ihre Düfte, Palmen und andere exotische Gewächse, tausend zarte Lichter verwandeln die Säle dann in ein Märchenland. – In warmen, sternenklaren Sommernächten ertönt liebliche Musik auf dem Dache des Riesenhauses. Was mögen die hängenden Gärten der alten bösen Zauberin im Morgenlande gegen einen solchen Dachgarten gewesen sein! Bunte Lampions schimmern zu Tausenden, blühende Bäume und Büsche flüstern, Gläser klingen, glückliche Menschen lachen. Rings umher aus der Ferne schauen Millionen Lichter der Großstadt wie flimmernde Augen eines dunklen Ungeheuers auf die Pracht, und von tief unten herauf schlägt das geschwächte Brausen des Straßenlärmes an die Zinnen des Riesengebäudes wie ein ohnmächtiges Zürnen gegen uns, die wir ihn fliehen und alles genießen, was Menschen bereiten können.

Das alles bietet uns das große Hotel. Und noch mehr. Es zeigt uns auch jene, gesunden Menschen so heilsamen, amüsanten Fälle von modernen Delirien, die einer unersättlichen Sucht nach sensationellen Neuheiten und nach gesellschaftlichem Despotismus entsprungen, nur noch durch die extremsten Mittel gekitzelt und aufgestachelt sein wollen und so Mißgeburten der menschlichen Phantasie erzeugen. Exzentrische Damen, die sehr viel Geld und sehr wenig Geschmack besitzen, Leute, die nicht wissen, was sie mit ihren Geldmitteln anfangen sollen, überbieten sich einander in stupidester Protzenhaftigkeit und Geschmacklosigkeiten.

So können wir alles haben – gegen einen Preis. Alles. Selbst eine Imitation der dionysischen Freude. Mit einigem guten Willen kann der Fremde in Berlin schon für zweihundert Mark, in Paris für fünfhundert Franken, in London für zehn Pfund Sterling und in New York für fünfzig Dollars und aufwärts schon ganz leidlich »dionysieren« – vorausgesetzt, er hat die Mittel. *This is the Empire of Business.* – Ja, die Zeiten sind anders geworden. Wir beklagen sie nicht. Viele Menschen haben es vor uns getan. Mit Unrecht. Doch ich frage mich ganz leise, ob an dem grauenvollen Tage, der über die lebensfrohe Stadt hereinbrach, die schöne, reiche Mutter den Untergang der antiken Freude ahnte, da sie plötzlich mit Staunen und Schrecken die graue, blitzende Wolke über dem Haupte des Vesuvs schweben sah und ängstlich dem Sohne zuflüsterte:

»Weh, Plinius, mein Sohn, sieh! Die Sonne verfinstert sich!«

Doch nun steht vor unseren Blicken das große, moderne Riesenhotel, – eine kleine konzentrierte Stadt, – ein herrliches Dokument unserer Zeit, wie es Pompeji das der antiken ist. Entstanden aus dem geräuschvollen Chaos der Zeiten, gewachsen und fortgeschritten mit den menschlichen Erfindungen, ist es uns modernen Menschen eine Selbstverständlichkeit geworden, so daß wir, wie wir bereits sahen, ihm bisher wenig oder gar keine eingehende Beachtung geschenkt haben. Allen, die damit in Berührung kommen, teilt sich dieselbe Farbe modernen Menschentums mit, welche allen anderen Geschäften und menschlichen Tätigkeiten mehr oder weniger fehlt, ja oft direkt versagt wird.

In diesem menschlichen Gehalt, Herr Doktor, in diesem Reichtum von menschlichen Interessen, den die Industrie des Wirtes birgt, schlummert tief auf dem Grunde ein Geheimnis, das uns den Schlüssel vorenthält zum Rätsel unserer Sphinx, zu den Pforten jener Märchenreiche, wo statt unserer heutigen sozialen Mißwirtschaften und Elend eitel Glück und Sonnenschein walten soll, wo ein junges, frohes Volk, unbekümmert um die Sorgen des Alltags, frei von der gemeinsten aller Qualen, die sich die modernen Menschen noch immer auferlegen, der starken, frohen Arbeit seines Tages nachgeht. Wo ist das Märchenland? wo die Millionen von intelligenten Termiten, die eifrig in den riesigen Bauten umherwimmeln, frei, ohne Despotismus, jedes Geschöpf sich seiner Mission bewußt, für sich selber verantwortlich, an sich arbeitend, um so für das Gemeinwohl zu wirken? Sollte der Bau menschlicher Ameisen, genannt »Hotel«, dessen Entwicklung wir nun gesehen haben, vielleicht der Vorläufer zu neuen sozialen Grundlagen und Ordnungen sein, die eben erst in der Knospe »Hotel« das Licht der Welt erblickt haben? – Jahrtausende mögen darüber vergehen, wie Jahrtausende verflossen, wo der Wanderer an fremder Türe Einlaß und Schutz begehrte, bis zur Zeit, wo er dem schnaufenden Auto entsteigt und über Marmorstufen in das Riesenhotel eintritt, wo er Herr ist, wo er gebietet – für einen Preis.

Eingeengt von den Stübchen unserer kleinen Vaterhäuser, belastet von den niedrigen Dächern, verwöhnt und verhätschelt von der liebenden Sorgfalt der keuchenden Mutter, die wir uns nur zwischen fettigen Geschirren und schwarzen Pfannen am glühenden Herde als unsere Mutter denken können, schrecken wir Menschen des Fortschritts vor dem Gedanken noch entsetzt zurück, in den riesigen Häusern der Zukunft geboren zu werden, dort leben und sterben zu müssen. Fremd und neu ist uns noch das Surren der Maschinen, halb zögernd, halb mißtrauisch und verwundert betrachten wir noch das elektrisch gebratene Beefsteak, mit halbverschlossenen, vorsichtigen Nasen beschnüffeln wir noch die Konserven, von deren Ursprung wir nichts wissen. Wir glauben noch nicht an die Wirkung des Diners in der Nußschale, an die Ration im Fingerhut. Aber unsere Tage schreiten schon schneller. Darum haben sie auch doppelten Wert. Wir können es uns nicht erlauben, sie durch Engherzigkeit zu vergeuden. Wir bedürfen der Konzentration, der Extrakte, der Essenzen in Zeit, Wohnung, Lebensweise, in geistiger und körperlicher Nahrung. Man ist schon auf dem Wege. – –

Unter uns, Herr Professor, Sie als Soziologe werden mich verstehen. Daß aber um Gottes willen Ihre Frau Gemahlin nichts davon erfährt: Apropos der Tatsache, daß die Frauen so entsetzlich hilflos und deplaziert in der Küche sind, möchte ich vorschlagen, daß man dem weiblichen Geschlecht den ungeliebten und unverstandenen Beruf der Köchin und Haushälterin so bald wie möglich abnehmen sollte. Wie meinen Sie? – Ha, ha, ganz richtig! – Die Frauen sollten dann zum Zeitvertreib die Regierungsgeschäfte besorgen. Derartige Kleinigkeiten sagen dem weiblichen Gemüte viel besser zu. Und auf die Diplomatie verstehen sich die Weiber ohnehin bedeutend besser als wir ehrlichen, maskulinischen Naturen. Herrschsucht und Firlefanz ist ihr Element. Warum haben denn die Bienen und Ameisen »Königinnen«? – Aber rationelle, wissenschaftliche Ernährung des Körpers, Kochen und Kindererziehung sind wichtige menschliche Funktionen, die den Händen von vernünftig denkenden, künstlerisch fühlenden Männern anvertraut sein müssen, von Männern, die sich nicht als gubernatoriale Possenreißer und Hanswurste produzieren sollten. Dann würde vieles anders werden in der Welt. – Wie? – Ja, leider, leider! Ich weiß es wohl. Es wird noch lange dauern.

Wir erleben den Tag nicht mehr. Und – um uns nicht lächerlich zu machen! – es bleibt einstweilen noch unser strengstes Geheimnis!

# III.

Es mag kommen, was will, Herr Professor! Die größten Ereignisse, die ungeahntesten Erfindungen, die wichtigsten Entdeckungen, sie führen uns nicht weiter. – Die edelste Beschäftigung des Menschen ist der Mensch. Das hat Lessing behauptet. Und dies große Wort sollte im täglichen Leben eines jeden Menschen Anwendung finden. Dann würden all die lächerlichen »Fragen« und »Probleme«, mit denen wir uns heutzutage abschinden, in nichts zerfallen. Und wir brauchen gar nicht weit zu greifen, um Bestätigung dafür zu finden. Überall, in jeder kleinen Handlung zwischen Menschen, in jedem Verkehr, jedem Worte, jedem Blick harrt das ganze Geheimnis mit all seiner bittern Süßigkeit und wartet auf den Mann, der es sucht und erkennt.

Drum wollen wir die erste beste Gelegenheit beim Schopfe fassen und die Probe ziehen. Ich habe Ihnen ganz überflüssigerweise gesagt – denn Sie wissen es so gut wie ich –, daß unser gutes Essen oft durch schlechte Bedienung verdorben wird. Aber warum? – Natürlich geben wir dem Kellner schuld. Aber in vielen, ja in den meisten Fällen ist es unsere eigene Schuld, wenn wir schlecht bedient werden, wenn unser Appetit verdorben wird, wenn unser Diner einen jammervollen, bedauerlichen Ausgang nimmt. – Wieso? – Ich finde Ihre Frage verständlich, doch muß ich sie mit einer Gegenfrage beantworten. Können Sie mir genau definieren, was der junge Mann ist, der uns bedient? – Ich meine, welche Stellung er uns gegenüber einnimmt? – Selbstverständlich, er bedient uns. Aber das ist nicht alles. Ja, ja, sehen Sie, welche vage Ideen wir von dem haben, was wir von anderen verlangen können und wozu wir berechtigt sind! Und wie weit denkt das liebe Publikum erst! Natürlich weiß oft auch der Kellner seine Pflicht nicht. In beiden Fällen ist das Resultat ein ganz schreckliches. Es ist unglaublich, wie empfindsam, wie ungeduldig wir an der Tafel sind. Und erst wie gespannt und gereizt die Nerven der Leute sind, die uns bedienen! Die geringste Kleinigkeit kann die so vorbereiteten Gemüter in einen Sturm von Aufregung versetzen. Nach einem solchen Renkontre ist's mit unserm Appetit selbstverständlich aus. Desgleichen mit dem guten Willen dessen, der mit uns zu tun hat. Wenn wir gut und ungestört essen wollen, ist es daher für uns absolut notwendig, zu wissen, was ein Kellner ist. Da wir nun einmal auf die Bedienung angewiesen sind, wollen wir nun doch nicht unser gutes Geld an schlechten Diners verschwenden. – Ich sehe, Sie lachen wieder! – Wie, ich nehme die Sache zu gründlich, zu ernst? – O nein, ich bin ein großer Egoist. Ich vermeide nur jede Gelegenheit zum Ärger: ich versuche nur jeder Dummheit, also jeder Ungerechtigkeit und Unhöflichkeit aus dem Wege zu gehen. – Außerdem sollte unser Schamgefühl es nicht zulassen, daß wir einen Menschen, der mit uns in so nahe Berührung tritt, ganz außer acht lassen, ihn wirklich ganz und gar ignorieren. Es ist weder ratsam noch weise. Für eine derartige Unterlassungssünde müssen wir oft schwer büßen. Daher habe ich den Oberkellner gebeten, mir während meines Aufenthaltes in diesem Hotel immer den gleichen Kellner zu überlassen, da ich an ihn gewöhnt bin und ihn ziemlich gut kennen gelernt habe.

Goethe sagte einmal: »In der Beschränkung zeigt sich erst der Meister.« – Bei meinem Kellner ist dies sehr zutreffend. Ich halte unsern jungen Mann zum Beispiel für ein eigenartiges Talent. Die Art und Weise, wie er uns behandelt, ist bewundernswert. – Das ist sein Geschäft? – Natürlich! Aber Sie haben jedenfalls noch nicht die Schwierigkeiten betrachtet, mit denen er zu kämpfen hat. Wenn Sie sein eigenartiges Geschick, welches uns so vorteilhaft zustatten kommt, ein »Geschäft« nennen, so verstehen eigentlich wirklich herzlich wenig Kellner ihr »Geschäft«. Und wir werden sehen, woran dies liegt. Jede unserer modernen Industrien hat nämlich ihre Sklaven, ihre Opfer und ihre Unterdrückten. Mit einer gerechten, wilden Wut wehrt sich die Arbeiterschaft dagegen, tut sich zusammen, agitiert und streikt. Denn das menschliche Gefühl sträubt sich gegen Sklaverei, Opfer und Unterdrückung. So war es zu allen Zeiten. Jedes Tier wehrt sich dagegen. Aber die Arbeiter finden es schwer, gegen die Hochburgen der Finanz anzukommen. Es erfordert Zeit, Schulung, Taktik, Organisation, Geldmittel und Ausdauer, sie zu nehmen. Dies alles fehlt. Das haben die Plebejer im alten Rom blutig erfahren müssen. An diesen Widerständen rannten sich die Leibeigenen und Bauern des Mittelalters die ehrlichen, dummen, von Blut, Freiheitswahn und Plünderlust berauschten Schädel ein. Aber es fielen dennoch die Festen der römischen Patrizier, und die Trümmer der mittelalterlichen Raubritterburgen reden heute stumm, aber deutlich. So werden auch die Kämpfe des modernen Arbeiters nicht fruchtlos sein. Doch je weiser, taktischer, ruhiger er sie führt, um so besser ist es für ihn selber. Die festen Mauern der Finanz werden am sichersten durch die Insassen selber zerstört. Die gerechte Zeit duldet keine Festungen. Sie rüttelt und schüttelt, korrumpiert und untergräbt sie. Das lehrt die Geschichte aller Zeiten. Die Belagerer sollten nicht blindlings ihre Kräfte an Steinen verschwenden, die noch nicht morsch genug sind, zu fallen. Sie sollten nur wachsam sein und beobachten, die schwächsten Seiten der Feinde angreifen, vor allem aber das eigne Lager frisch und stark erhalten.

Ich kann mit Recht behaupten, daß der Kellner in gewissem Sinne der Sklave oder der Unterdrückte der modernen Hotelindustrie ist. Bei einiger Beobachtung wird dies selbst dem Uneingeweihten auffallen. Doch ich will mich bemühen, Ihnen die Lage ruhig und klar zu definieren, damit Sie, Herr Professor als Soziologe, einen neuen Menschen in einer neuen Industrie kennen lernen. Ich habe Ihnen bereits die Entwicklung dieser neuen Industrie flüchtig vor Augen gestellt. Wir haben gesehen, daß dieselbe wirklich erst ein Vierteljahrhundert alt ist.

Einerseits ist es daher verständlich, daß die Verhältnisse noch ungeordnet und schlecht organisiert sind. Die Stellung des Kellners in dieser Industrie sieht nun ganz danach aus, als ob man sie in aller Eile mit dem so plötzlich ins Ungeheure wachsenden Hotelbetriebe zusammengenagelt habe. Und so behilft man sich schlecht und unrecht weiter. Ein solches provisorisches Gebäude aber kann bei einem leichten Windstoße einfallen. Und ein stabiles, schönes Haus läßt sich über Nacht nicht errichten. Darum muß der Kellner Geduld haben, und er darf das Lattenhaus seiner Existenz nicht eher abbrechen, als bis ein besseres Obdach für ihn dasteht. Aber es ist an der Zeit, daß er den Grundstein dazu legt.

Es ist auch sehr fraglich, ob sich die Hotelbesitzer an diesem wichtigen Werke beteiligen werden. In der Hast und Eile der schnellen Entwicklung des Hotelwesens haben die Besitzer natürlicherweise alles für ihren Betrieb, für ihr Haus und wenig oder gar nichts für die Menschen getan, die es führen, darin arbeiten und ihr Brot verdienen sollen. Die ebenso schnell aufspringende Konkurrenz hat wichtigere Fragen an die Unternehmer in der Hotelindustrie gestellt als die des leiblichen und geistigen Wohls der Angestellten. Über die Lösung dieser Vorzugsfragen werden bekanntlich in allen Industrien die Angestellten vergessen. Wer sich aber die Lage der gesamten Angestellten der Hotelindustrie genau betrachtet, wird nur im Lose des Kellners einen tief einschneidenden Unterschied von dem der mitwirkenden Angestellten oder der Arbeiter aller anderen Industrien überhaupt entdecken. Der kaufmännische Angestellte des Hotels ist nichts mehr noch weniger als sein Kollege irgendeiner anderen »Branche«. Die Stellung des Koches als technischer Angestellter im Hotel kann ebensowenig mit der des Kellners verglichen werden, wie die des männlichen und weiblichen Hauspersonals. Der Kellner ist weder Kaufmann noch Koch noch zum Hauspersonal gehörig, und doch muß er die Grundkenntnisse von allen Zweigen besitzen. Er ist Kellner. Seine Stellung im Hotel als Vermittler zwischen der Kundschaft und dem produzierenden Teil des Hauses kann nicht einmal richtig mit der eines Verkäufers in einem anderen großen Geschäftshaus verglichen werden. Er ist mehr als ein Verkäufer. Seine Pflichten, seine Kenntnisse, sein Arbeitskreis sind größer, die Anforderungen, die an ihn gestellt werden, sind weit mehr als die, die ein gewöhnlicher Verkäufer zu erfüllen geneigt wäre. Der Kellner wird noch immer vielfach von einfältigen Menschen zur dienenden Klasse gerechnet. Nichts ist falscher als dies. Ohne ein Diener, ohne ein Faktotum zu sein, tut er dennoch alles Mögliche, wird alles Mögliche von ihm verlangt, das, streng genommen, nicht im Bereiche seiner Pflicht liegen sollte. Seine Stellung ist einzig. Ein ähnliches Beispiel in einer anderen Industrie könnte ich nicht angeben.

Vor dem Gesetze ist der Wirt ein Kaufmann. Der Kellner ist aber juristisch kein Handlungsgehilfe, sondern ein Gewerbegehilfe. Gewiß. – Aber ein gewiegter Jurist würde dennoch Schwierigkeiten haben, die Stellung des Kellners genau zu definieren. Natürlich, es ist sehr einfach, ihn in eine gewisse Kategorie von Angestellten hineinzustecken, aber die für diese geltenden Gesetze kann man nicht auf den Kellner anwenden, ohne ihn zu schädigen oder zu bevorzugen. Seit die Luftschiffahrt aufgekommen ist, streiten die Leute sich über ihre Rechte in den Lüften. Aber keiner hat recht, denn es gibt noch keine Gesetze der Lüfte, noch keinen Äro-Kodex. Die Luftschiffahrt ist noch neu. Und da der Kellner ein »ganz neuer Mensch« ist, so stehen wir auch ratlos vor seinen juristischen Rechten. – Ich will mir darüber nicht den Kopf zerbrechen. Das überlasse ich anderen. Aber ich will von den menschlichen Rechten des Kellners sprechen, die Ihnen, Herr Professor, ebenso wie mir und der ganzen Welt (einschließlich der Wirte) bekannt sind, die aber jämmerlich vernachlässigt werden. Die Menschen sind entsetzliche, gedankenlose Pedanten. Warum werden die menschlichen Rechte des Kellners nicht geachtet? Weil er keine juristischen hat? Weil sie nicht schwarz auf weiß stehen? Und darum ist der arme Ganymed auch der Stiefsohn des mildtätigen Bonifaz.

Gerade dieser Mensch, an den so viele gerechte und ungerechte Anforderungen gestellt werden, der allwissend, allriechend, allfühlend sein soll, der vierundzwanzig Stunden im Tage jung, gesund, frisch, munter, höflich, gewandt, freundlich, lächelnd, sprungbereit, stets bei der Hand sein soll, – gerade dieser Mensch, der die wichtigste Person im Geschäfte ist, er wird vernachlässigt, verachtet, umhergestoßen, beschimpft, verhöhnt, gekränkt, in Unwissenheit, im Stich, ohne Recht gelassen, wo und wie man nur eben kann. Jeder und alle trampeln auf ihm herum. Die Gäste, die Vorgesetzten, das kaufmännische Personal, die Köche, die Detektive, die Kontrolleure, die Stewards, ja selbst die Silber- und Schüsselwascher. Vom ersten Direktor bis zur zänkischen Linnenmamsell unter dem Dache und der »kalten« Mamsell in den untersten Regionen, alle wollen sie über den geplagten Kellner »etwas zu sagen« haben. Alle wollen sie ihn kommandieren. Und er, der aalglatte, gewandte Jüngling, schlüpft und hüpft, schlängelt und drängelt sich überall hindurch, nimmt alles Unrecht schweigend in sich auf. –

Die Arbeit des Kellners ist hart. Seine Arbeitsstunden sind lang. Der Kellner kennt keinen Sonntag, keinen Feiertag. Er arbeitet tief bis in die Nacht hinein. Und an allen Tagen des Jahres. Wir kennen, Herr Professor, die nächtlichen Sitzungen, die sich so furchtbar in die Länge ziehen. Der Kellner wacht. Das Geschäft zwingt ihn, je nach Bedarf seine Arbeitsstunden bis in den grauen Morgen hinein zu verlängern. Er wird nicht vom Posten abgelöst. Er bekommt keine Extravergütung für die Überstunden, kein

Äquivalent für den verlorenen Schlaf, für die untergrabene Gesundheit. Die Ironie des Schicksals will, daß er gerade dann, wenn andere Menschen sich freuen und lustig sind, an Sonn- und Feiertagen und festlichen Gelegenheiten, am härtesten und am längsten arbeiten muß.

Das Geschäft zwingt den Kellner, im Hause zu essen. – Wie meinen Sie? Bequem? – Gewiß, für – das Geschäft. Es braucht seinem Angestellten deshalb keine freie Stunde zur Mahlzeit zu gewähren. Drei Mahlzeiten im Tage, das sind drei Stunden Verlust für das Haus. – Außerdem hat das Haus den Angestellten jederzeit in erreichbarer Nähe, er ist nötigenfalls sofort bei der Hand, er kann immer bei der Mahlzeit gestört werden. Das ist wirklich sehr bequem – für das Haus.

Was? – Diese Mahlzeiten sind frei? – Sie kosten den Angestellten nichts? – Ja, so sieht's beinahe aus. – Nein, Herr Professor, Sie dürfen nicht glauben, daß die Mahlzeiten, welche der Kellner im Hause genießt, eine Art von Geschenk oder Gnadenbrot seien. Er muß schwer dafür bezahlen. Das werde ich Ihnen sehr bald ausrechnen. Es ist sehr einfach. – Der Kellner wird also gezwungen, eine unverlangte Kost zu genießen und dafür zu bezahlen, eine Kost, die selten, sehr selten gut genannt werden kann, die in den meisten Fällen schlecht, sehr schlecht, manchmal gar direkt ungenießbar ist und tief unter dem Niveau des berüchtigten Kasernenmenüs steht. Es ist ganz natürlich. Die Häupter der Häuser bekümmern sich nicht um das Essen des Personals, die Summe – wenn eine dafür veranschlagt wird – verschwindet oft ganz oder teilweise in unergründlichen, mysteriösen Tiefen, und gewissenlose Köche bereiten von den Speiseresten der Gäste das Mahl für die Angestellten. Den Rest können Sie sich denken. Für die Angestellten und namentlich für den geduldigen Kellner ist bekanntlich alles gut genug.

In den meisten Fällen zwingt das Geschäft auch den Kellner, im Hause zu wohnen. Hier sind natürlich die gleichen Gründe geltend wie die zur obligatorischen Verpflegung. Und die gleichen Vorteile – für das Haus. Man hat den Angestellten immer unter Kontrolle, er ist stets da. Jeden Augenblick ist er zur Verfügung. Und für diesen liebenswürdigen Dienst, den der Kellner dem Hause damit tut, indem er stets und immerwährend, vierundzwanzig Stunden lang im Tag, vorhanden ist, darf er das Haus gleichfalls gut bezahlen. Daß er bei dieser obligatorischen Einquartierung nicht auf der Beletage des Hauses untergebracht wird, ist auch selbstverständlich. Wieviel der Kellner für diese Quartiere bezahlt und welchen Einfluß sie auf die körperliche und geistige Gesundheit und Moral der Insassen haben, werden wir auch noch sehen.

Dies ist – kurz zusammengefaßt – die Stellung des Kellners in der Hotelindustrie. Was ist aber die Bezahlung für die Wunderwerke der Geduld und technischen Könnens, die man von ihm verlangt? – Wir wissen's alle, und die ganze Welt weiß es. Der moderne Kellner ist, wie gesagt, für die Legislaturen der verschiedenen Länder eine neue Erscheinung. Er ist auch noch nicht offiziell mit ganz entschiedenen Forderungen an die gesetzgebenden Körper herangetreten. Der moderne Kellner vegetiert in allen zivilisierten Ländern der Erde. Mit den Herren Legislatoren dieser Länder ist er unoffiziell sehr gut bekannt und sogar bei ihnen beliebt. Seine Rechte als Mensch jedoch, das Dasein, welches er fristet, haben die Herren Abgeordneten, M. P.s, Deputierten, Senatoren und wie sie alle heißen, bei der guten Flasche vor und nach der Sitzung des Hauses und über den guten Braten hinweg niemals bemerkt oder immer und immer wieder vergessen. Nur hie und da erinnerte man sich des Kellners, namentlich in dem gewissenhaften Deutschland, wo bekanntlich nichts unbeachtet bleibt und wo nichts und niemand ist, von dem oder worüber noch kein Buch geschrieben worden wäre.*) Aber auch in Deutschland wurde nicht viel erreicht, und die Zustände im Berufe des Kellners sind auf der ganzen Welt ungefähr die gleichen.

*) Mit Ausnahme des vorliegenden Buches. (Nachträgl. Anm. d. Verf.)

Können Sie mir, Herr Professor, einen Beruf, ein Gewerbe, einen Stand auf der ganzen weiten Erde nennen, der so sehr an Sklaverei erinnert wie das Dasein des Kellners?

Nein, Sie können es nicht, sehen Sie! – Das ist die Stellung des Kellners in der Hotelindustrie. Das ist die menschenunwürdige Sklaverei; das ist die Unterdrückung. Das ist der Augiasstall, der gereinigt werden muß und der nur vom Kellner selbst gereinigt werden kann. Das ist das Bretterhaus des Kellners. Und dieser jammervolle Notbehelf wirft natürlich seine dunklen Schatten auf das Leben und auf das junge Gemüt des Kellners selbst und gestaltet seine Lebensanschauungen, seinen Charakter und folglich sein ganzes Leben in den allermeisten Fällen zu etwas Fragmentarischem, etwas Provisorischem. Es ist eben nur ein Lattenhaus. Der Kellner kennt keine Heimat, kein Heim, keinen Sonntag, keinen Feiertag, keinen Feierabend. In seinem Lattenhause lebt er von heute auf morgen. Er hofft von heute auf morgen. Er arbeitet von heute auf morgen. Er verdient von heute auf morgen. Er ist ganz auf sich selbst angewiesen. Und hat kein Vorbild, keinen Halt. Für seine Arbeit gibt es keine Regeln. Seine Arbeit ist eine große Kunst. Sie ist die große Kunst des Lebens und der Anpassung. Als Kind wird er in dies Chaos gesteckt, versagt er in seiner Kunst, so ist es sein jämmerlicher Untergang. Bittet er um Unterricht in dieser Kunst, so zuckt man mit den Achseln und bedauert. Er muß sie »von selber« verstehen. Das große Leben paukt sie ihm ein. Eine solche Spannung hat ihre Rückwirkung. Wird der junge Mann für einige Stunden aus seiner Sklaverei befreit oder läßt die Spannung während einer freiwilligen oder unfreiwilligen Stellenlosigkeit nach, so bricht in ihm – jung, wie er ist und immer sein soll – das verborgene gefährliche Element hervor, das ihn einem zu frühen geschäftlichen, körperlichen, gesellschaftlichen und geistigen Tode entgegenreißt.

Ist es nicht der Mühe wert, Herr Professor, den genauen Ursachen solchen Elendes gründlich auf die Spur zu gehen? – Bitte – ich betone ausdrücklich: Ich würde keinen Augenblick meiner kostbaren Zeit dazu verschwenden, wenn ich in dieser dunklen Masse nur alte Trümmer, nur einen elenden Schutthaufen sähe, aber ich glaube fest, ja, ich weiß es bestimmt, daß wir auf der Suche nach den Ursachen nichts Totes, nichts Abgestorbenes, nichts Verfaultes, sondern den großen Wirrwarr eines hastig, gedankenlos aufeinander gestapelten, unendlich reichen Materials finden werden, also etwas nach Leben und nach Dasein Ringendes, etwas Werdendes. – Wo solches ist, da ist keine Arbeit vergebens, denn da ist Hoffnung!

Ah, dort kommen auch schon unsere Damen. – Ein Glück, daß Sie kommen, gnädige Frau. Ich habe Sie zwar zum Diner eingeladen, habe aber noch gar nichts bestellt. Ich leide nämlich ganz schrecklich! – Ja, ja, meine Damen, Nahrungssorgen. Sie müssen mir beistehen; ich flehe Sie an. – Ach, das ist es gerade! Man hat alles in Hülle und Fülle! Man hat zuviel. Es gibt nämlich zweierlei Nahrungssorgen. Eine, wenn man zu wenig oder gar keine Nahrung zur Verfügung hat, die zweite, wenn man vor lauter Gerichten nicht weiß, was man nehmen soll. Die zweite Sorge ist die weitaus schrecklichere. Sehen Sie sich nur das volle Menü an! Tatsächlich ratlos stehe ich davor. Und wir müssen doch essen! – Mein armer Kellner hat sich schon vergeblich um mich bemüht. Der *Maître d'Hôtel* ist in hellster Verzweiflung. Er hat mir soundso viel vorgeschlagen, alles nichts – seine kulinarische Enzyklopädie ist erschöpft. – Darum bitte, meine Damen, helfen Sie mir aus der Not. – Freilich müssen wir dann etwas warten. Wir müssen den Leuten Zeit geben, sich unserer Bestellung anzunehmen. Aber das ist gerade schön. Denn wenn wir warten müssen, sind wir sicher, daß unser Mahl frisch hergestellt wird. – Ich danke für Speisen, welche stundenlang vor dem Genuß zubereitet sind. Ich will sie frisch vom Feuer haben. – Sonderbar! Die meisten Hotelgäste denken anders darüber. Sie wollen gewöhnlich die feinsten, schwierigsten Sachen in kürzester Zeit auf dem Tische sehen. Das ist höchst unvernünftig und ungerecht. Aber dies kommt nur daher, weil die Leute nicht mit der Herstellung der Sachen, welche sie bestellen, vertraut sind. Sie haben absolut keine Idee vom Essen. Ist es nicht merkwürdig, daß die Menschen über die wichtigste Funktion in ihrem Leben so wenig unterrichtet sind! Und so wenig darüber nachdenken! Und so vertrauend in dieser Hinsicht sind! Ich glaube, nicht ein Prozent aller Menschen in diesem Saal haben jemals ernstlich betrachtet, w a s sie essen, woher ihre Mahlzeit kommt. Sie wissen nur, daß der Kellner sie aus der Küche holt. Das ist alles. Von den damit verbundenen Schwierigkeiten und Arbeit aber hat das große Publikum nicht die geringste

Ahnung. Es sollte sich daher mehr für die Hotelküchen interessieren, aus denen es seine Speisen bezieht. Allen Ernstes, gnädige Frau! Jede Küche sollte dem Publikum zugänglich sein. Die Wirte sollten es eine Spezialität machen, sollten stolz darauf sein, ihre Gäste durch die Räume führen zu können, woher die guten Dinge stammen. Das Publikum würde dabei profitieren und desgleichen die Speisen, der Wirt und seine Angestellten. Die Gäste würden einen Einblick bekommen in die Schwierigkeiten, die sie dem Wirt durch ihre Mahlzeit auferlegen. Sie würden dann auch in ihren Anforderungen an die Angestellten gerechter und vernünftiger werden. – In Lokalen, wo man nicht allzuviel auf Propretät hält und dadurch die Gesundheit des Publikums gefährdet, würden häufige Kücheninspektionen der Gäste geradezu wunderbar wirken.

Die Hauptschwierigkeit der Gastwirtsarbeit besteht darin, daß er höchst empfindliche, kostbare und leicht verderbliche Waren handhabt, daß jede einzelne unserer Bestellungen besonders zubereitet und serviert werden muß, und daß oft wegen der kleinsten Kleinigkeit ein ungeheurer Apparat von menschlichem und mechanischem Material in Bewegung gesetzt werden muß, um die Sache kunstgerecht auszuführen. Die zusammengesetzte Gastronomie, die Arbeit des Wirtes und des Kellners, ist daher eine Kunst, die unendlich viel Anstrengung, Aufmerksamkeit und Geschicklichkeit verlangt. Und sie besitzt auch alle Erkennungszeichen einer wirklichen Kunst. Eins der ersten und am schmerzlichsten ins Auge der Seele stechenden Zeichen ist die Undankbarkeit des Genießenden. Je mehr die Menschen genießen, um so mehr nehmen sie Besitz vom Gegenstand ihres Genusses und vergessen dabei auf die undankbarste Weise denjenigen, der ihnen den Genuß bereitet. Eine wahre Kunst hat die Fähigkeit, den Genießenden auf Wolken zu heben und mit sich fortzureißen, so daß er alles um sich her vergißt und nur sich allein sieht, fühlt und genießt. So reicht man oft an jene unerkennbare, gefährliche, schwindelnde Spitze höchster Genußfähigkeit heran, wo der nicht ganz starke und selbstbewußte Mensch gewöhnlich taumelt und in den Abgrund verachtenswertester Niedrigkeit zurücksinkt. Physischer und ästhetischer Fraß und Völlerei sind daher ihrem Wesen nach vollständig gleich. Und ich kann mir darum auch kaum etwas Roheres, Gemeineres und Verächtlicheres vorstellen, als eine hastige, gedankenlose Fresserei, wo die guten Gaben der Erde zwischen zwei plumpen, breiten Kiefern zermalmt und einen dunklen Schlund hinuntergewürgt werden. Selbst die einfachste Mahlzeit kann mit Ruhe und feinem Verständnis gegessen werden. So soll es sein. Die Natur revoltiert, wenn es nicht geschieht. – Kann man nicht auch ein einfaches, gutes Buch mit Verstand und Andacht lesen? – Wer es tut, wird Nahrung für seine Seele daraus schöpfen. Wer es verschlingt, dem gehen die Säfte und Kräfte des Kunstwerks verloren. Ich will nicht über den Nährwert menschlicher Werke disputieren. Das Leben selbst enthält mehr Nährwert. Denn die menschlichen Kunstwerke entstehen aus dem Leben. Sie sind kleine, schwache Tropfen aus der Quelle des Lebens. Aber unsere Zivilisation verlangt nach künstlerisch zubereiteten Produkten der Natur. Ob das nun Liebesszenen oder Schweinekoteletts sind, bleibt sich gleich. Der Kochkünstler stutzt sein Kotelett hübsch sauber zurecht, schneidet alles Überflüssige weg. Desgleichen behandelt ein Künstler das Leben. Beide machen uns die Rohmaterialien genießbar. Ich möchte wirklich kein rohes Stück Fleisch genießen noch einer prosaischen Liebesszene beiwohnen, während geschmackvoll zubereitet, solche Dinge unschätzbar sind. Wir sind verwöhnt. Wir wünschen auch Saucen, kräftige, warme Suppen und niedliche Süßspeisen. –

Der feine, moderne Wirt ist ein kulinarischer Impressario. Er ist der einzige legitime Kollege jener Kunstgrößen, die ihr Material aus der Quelle des Lebens schöpfen und ihre Kunst daran versuchen, um die verwöhnten raffinierten Forderungen der modernen Menschen zu befriedigen. Man soll den Mann, der seine Kunst, sein Geschäft versteht, hochschätzen. Man soll seine Kunst ehren. Und dies kann man nicht besser, als indem man sie gründlich k e n n t, gerecht kritisiert und zu beurteilen versteht. Die meisten unserer Zeitgenossen haben aber leider keine Zeit und kein Verständnis weder für Essen noch für sonstige Kunst. Daher die vielen schrecklichen Fälle von geistiger und körperlicher Dyspepsie in unseren Tagen.

Dyspepsie der Zeitgenossen ist ein großes Kapitel in der Leidensgeschichte des armen Kellners. Das ästhetische Barbaren- und Protzentum unserer Zeit, welches die Mittel hat, sich die bestmöglichsten kulinarischen und künstlerischen Genüsse zu verschaffen (weil solches zum guten Ton gehört), kennt keine Grenzen. Roh und ohne Verstand verschlingen diese bedauernswerten Leute alles, was auf dem Markte erscheint. Das Resultat ist ein entsetzliches. Sie treiben durch ihre Unkenntnis und Verschwendung die Preise in die Höhe, ihre Sucht nach Außergewöhnlichem, nach Neuheiten, nach Ausschließlichem beeinflußt die Produktion in ganz sündhafter Weise: das wirklich Gute, das Bescheidene wird erstickt. Schließlich werden sie überfüllt und der besten Dinge überdrüssig. Sie schmähen die armen Wirte, beschimpfen die Kochkünstler, malträtieren die Kellner auf die schrecklichste Weise. Sie tyrannisieren die armen Künstler und Literaten, nennen sie hirnverbrannte Idioten, nachdem sie diese armen Teufel selber gezwungen haben, ihnen allerhand süßliches und unverdauliches Zeug vorzusetzen. Warum soll man einen Theaterdirektor schmähen, wenn er seinem Publikum ein unsittliches, albernes, idiotisches Stück darbietet? – Es ist doch immer das liebe Volk, das solche Dinge verlangt. – Das sind die Blasierten, die Überfüllten, die Magenkranken. Sie sind die Unglücklichsten auf der Oberfläche der Erde. – Der geistig rührige und körperlich gesunde Mensch (d. h. der normale, der leider so seltene) wird bald durch Übung und Erfahrung und namentlich durch energisches Training seines Geruchsinnes fähig sein, schlechte Koch- und sonstige Künste schon von weitem zu schnüffeln. Er wird sich fern halten: sein Geruchsinn wird ihm riesig viel Zeit, Geld und Enttäuschung ersparen. Daher empfehle ich jedem, den Markt der Genüsse genau zu studieren und sich wenig, aber nur das Beste herauszusuchen, damit er für alle Zeiten rasch und sicher unterscheiden kann und keine Zeit- und Geldverluste an unwürdigen Produkten erleidet. Im schauerlichen Kuddelmuddel unserer Tage ist dies wirklich notwendig.

So? Sie meinen also allen Ernstes, daß ein Kellner nicht viel gelernt zu haben braucht, um seinen Beruf auszuüben?! Diese Ansicht ist leicht zu entschuldigen, denn sie ist so naheliegend und ganz allgemein verbreitet. Gewiß, Herr Professor. In den erstklassigen Hotels treffen Sie meistens nur gutgeschulte Leute an. Aber hie und da treffen Sie doch einen, der sein Geschäft nicht versteht. Ich wünsche Ihnen wirklich nicht, daß Sie jemals seine Bekanntschaft machen, wenn Sie einen guten Appetit haben. – Für den guten Kellner ist doch vor allen Dingen eine gründliche Fachkenntnis von unbedingter Notwendigkeit. – Fachkenntnis in der Hotelindustrie heißt viel. Dort ist a l l e s »Fach«. Das ganze Leben, Lebenskunst, Menschenkenntnis, Sprachkenntnisse, Haushaltung, Sparsamkeit, Freigiebigkeit, Luxus, Kunst, a l l e s ist dort »Fach«. Sie können die Fähigkeiten, die von unserem Kellner verlangt werden, nur übersehen, wenn man sie ihrer Mannigfaltigkeit nach einteilt. Die Kenntnis der Speisen umfaßt die Rohmaterialien und deren Zubereitung in der Küche. – Wie kann der Kellner als Verkäufer etwas anbieten und empfehlen, wenn er nicht weiß, woraus die Ware besteht und wie sie zubereitet ist. Haben Sie nicht gesehen, Herr Professor, wie entsetzlich ignorant die Mehrzahl der Kundschaft darin ist? Nur aus diesem Grunde ist es möglich, daß es noch viele ignorante Kellner gibt und daß sich viele Menschen in sein Feld hineindrängen können, die keine Berechtigung dazu haben, weil sie den Beruf nicht von Grund auf erlernt haben. Die Ignoranz des Volkes hält das geistige Niveau des einzelnen Menschen unten. Wo keine kunstsinnigen Menschen sind, gibt es keine große Kunst, wo kein Kläger ist, ist kein Richter. Die anspruchslosen biederen Gemüter der Besucher eines bürgerlichen Bierrestaurants geben sich mit der bescheidenen Erscheinung eines Schuhmachers zufrieden, der aus Abenteuerlust oder aus sonstigen Gründen sich als Kellner produziert. Der feine junge Mann, der uns hier in diesem großen internationalen Hotel bedient, würde dort sehr deplaciert sein, er würde trotz all seiner Kenntnisse unmöglich arbeiten können.

In der klassischen, französischen Küche gibt es eine unendliche Menge von Gerichten, Platten, Saucen, Garnituren usw., deren Namen jedem anständigen Kellner durchaus geläufig sein müssen. Er muß, genau wie der

Koch, die besonderen Eigenschaften aller Rohmaterialien kennen, die uns die Natur zur Nahrung in so überaus reichem Maße zur Verfügung stellt, und er muß fähig sein, ein gutes Urteil darüber abzugeben. Er muß auch ungefähr oder ganz genau wissen, wieviel Zeit die Herstellung aller dieser Gerichte in Anspruch nimmt. Jede Minute ist er einer verfänglichen Frage von Seiten der Gäste ausgesetzt. Der Kellner muß sie beantworten können. Die gründliche Kenntnis der klassischen Küche erspart ihm daher viel Zeit, Mühe und Unannehmlichkeiten. Nehmen Sie nur einmal an, Herr Professor, in welch schreckliches Dilemma der arme Mensch geraten kann, wenn Sie sich bei der Bestellung eines Diners nach der Beschaffenheit der guten Dinge erkundigen, wenn der unwissende Kellner Ihnen Erklärungen gibt, die sich später als falsch herausstellen! Sie verweigern natürlich die nicht gewünschten Speisen. Zufällig mögen es gerade Sachen sein, die Sie in Ihrer tiefsten Seele verabscheuen. Ihr schöner Appetit ist verdorben. Der Herr Direktor wird gerufen. Die Speisen sind zubereitet und nicht mehr zu gebrauchen. Der Kellner muß den Schaden tragen, wenn ihm gar nicht noch Schlimmeres zustößt. Das Haus verliert vielleicht Ihre Kundschaft durch die scheinbare Kleinigkeit. Es ist schier unmöglich für einen jungen Mann, alle die tausend fremdländischen Ausdrücke und Namen zu wissen, womit er zu tun hat, und in oft ganz bewundernswerter Weise zieht sich der gewandte Jüngling aus der Affäre, wenn ein Gast allzuviel wissen will. – Ein neugieriger Gast übernimmt oft ein großes Risiko. Es ist nicht ratsam, zu viel wissen zu wollen. Dem gewandten Kellner gegenüber zieht der ahnungslose Gast gewöhnlich den kürzeren. Es gibt gewissenlose Kellnernaturen, die ihre häufig verzeihliche Unkenntnis eines pompösen Gerichtes hinter einer geschickten Notlüge verbergen. Wenn Sie, Herr Professor, zum Beispiel sich für ein Filet à la Soundso interessieren und eine nähere Definition des mysteriösen Namens wünschen, die Ihnen der Kellner zufällig nicht geben kann, so erfindet er oft statt der Wahrheit eine wunderbare Kombination von appetitlichen Dingen, die er, falls sie Ihren Beifall gefunden hat, kaltblütig und rücksichtslos in der Küche ausführen läßt. Natürlich werden Sie durch den gewissenlosen Menschen falsch unterrichtet. Sie prägen sich vielleicht den schönen Namen auf der Karte für das lügerische Produkt des phantasiereichen Jünglings ein, wollen bei anderen Gelegenheiten mit Ihren kulinarischen Kenntnissen glänzen, – was wir alle gerne tun, – und sind dann plötzlich auf die schmählichste Weise blamiert, wenn Sie einen auf dem kulinarischen Pegasus sattelfesteren Gegner vor sich haben. – Der ganz feine Kellner, Herr Professor, aber ist eine mephistophelische Natur. Er belügt nötigenfalls den forschenden, wißbegierigen Gast zwar auch, aber ersinnt in höhnisch-*versteckter Weise ihm die gewünschte Lösung des Mysteriums auf Französisch. Andächtig, aufmerksam wird der Gast lauschen, er wird sich bemühen, zu verstehen, aber er wird nicht verstehen. Beifällig jedoch wird er nicken, wird ein paarmal »Oui, oui« stottern, und ermattet, besiegt hat er mit seiner Zustimmung sein Los besiegelt. Er ist rettungslos verloren. Er hat sich heimlich willenlos, bedingungslos seinem geschmeidigen Gegner ergeben. Er simuliert, er gibt den Anschein, als ob er den welschen Redefluß verstanden habe, und sein feiner Betrüger durchschaut ihn lächelnd. Denn Küchenfranzösisch zu verstehen ist für den uneingeweihten, harmlosen Amateurphilologen eine Unmöglichkeit. Zitternd, verwirrt bestellt er, ohne zu ahnen, was da kommen soll. Aber er bekommt, was er bestellt hat. So ehrlich und gnädig ist sein sieghafter Gegner. Doch dies alles sind gefährliche Spielchen. Unter den Gästen können sich leicht Gourmets befinden, die in alle Küchengeheimnisse eingeweiht sind, und die Episode endet mit dem schmachvollen peinlichen Zusammenbruch des verführerischen Lügengebäudes, mag es noch so geschickt und phantasiereich aufgebaut sein.

Wie die Speisen, so kennt der gute Kellner auch genau die tausend Getränke, die er feilbietet. Er kennt die Eigenschaften der verschiedenen Weine, die Qualität der Jahrgänge, die richtige Temperatur, er wählt das passende Glas dazu. Speisenkenner gibt's entsetzlich wenig. Weinkenner sind dahingegen schon zahlreicher vertreten. Und wehe! mit diesen Herren ist nicht zu spaßen. Das weiß der Kellner. Darum verwendet er äußerste Sorgfalt bei einem edlen Burgunder, einem alten Bordeaux, feinen alten Südweinen und Vintage-Champagner. Er weiß die edlen Tropfen zu behandeln. Er hütet sich, den gerechten Zorn des englischen Lords durch falsches Ausschenken des Bieres zu erregen.

Gewiß, ich weiß auch, daß Sie glauben, nur Ihr wissenschaftlicher Beruf erfordere scharfes Denken. Dem ist aber nicht so. Wenn irgend jemand in seinem Geschäft denken muß, so ist es der Kellner. Wenn sich irgendwo das Sprichwort »was man nicht im Kopf hat, muß man in den Beinen haben« bewahrheitet, so ist es hier. Sie glauben kaum, welches Gedächtnis unser Kellner besitzt. Erst wenn Sie seine Tätigkeit hinter den Kulissen betrachten, werden Sie erfahren, welche Kunstfertigkeit, welche Wissenschaft das feine Service ist, wie unendlich viel Übung, Gewandtheit, Geschicklichkeit und vor allem Gedächtnis es erfordert. Es ist schwer, eine feste Regel für die Tätigkeit des Kellners zu geben, da sich das Service je nach dem Charakter des Hauses richtet. Ich kann Ihnen aber wirklich nicht raten, in einem Hause lange zu bleiben, wo Sie anhaltend schlecht bedient werden, mag das Essen oder das Haus in anderer Hinsicht noch so gut erscheinen. Im Service zeigt sich allein die Meisterschaft des Wirtes. Durch die große Dehnbarkeit des Begriffes »Service« aber, durch die vielen Abstufungen in der Gastwirtsindustrie sowie durch die vielen Individuen, die in allen Nüancen auftauchen und vorgeben, Kellner zu sein oder es sind, ohne Talent für ihren Beruf zu haben, kann wirklich nur der erfahrene Gourmet sagen und schätzen, was gutes Service ist. – Ich halte zum Beispiel unseren Kellner für eine Perle, für einen äußerst seltenen Menschen. Sein Beruf ist eine ewige Steeplechase. Nur ein eigenst trainiertes Tier von feiner Rasse kann da gewinnen. Er scheint all die tausend Hindernisse spielend zu überwinden. Und er macht gar kein Aufsehens davon. Hinter unsern Rücken spielt sich ein heroisches Ringen ab, und wir, wir amüsieren uns und merken nichts. Unser Mann ist unbezahlbar. – Trauen Sie daher um Gottes willen keinem Menschen und namentlich keinem Kellner, der seine Geschicklichkeit allzusehr und zu auffallend ins gute Licht stellt. Unter den Kellnern gibt's Jünglinge, die überreinlich sind. Sie wischen sich den perlenden Schweiß der Stirn mit ihrer sauberen Serviette ab, um dann gleich darauf mit demselben Linnen vor dem Gaste ganz unnötigerweise über den reinen Teller zu fahren, nur um ihm zu zeigen, daß alles schön sauber ist. Ich glaube aber nicht, daß wir hier in dem erstklassigen Hause ein derartiges sauberes Exemplar von einem Kellner antreffen. Die Leute hier sind alle gut instruiert, keine unnötige Schaustellung von ihren Tugenden und Vorzügen zu machen und die feine Reserve zu beobachten, die sich für jeden gebildeten Menschen schickt. Das Haus gibt solche Regeln weniger aus ästhetischen als aus praktischen Gründen aus. Allzu feine, auffallende Manieren eines Angestellten könnten die der Gäste oft in sehr ungünstiges Licht stellen. Es ist dringend ratsam, derartige Komplikationen zu vermeiden. – Ich habe auch erfahren, daß sich viele Neulinge auf gesellschaftlichem Gebiete, um mit den zahlreichen ungeschriebenen menschlichen Verkehrsvorschriften vertraut zu werden, sich die geschmeidige Person des Kellners insgeheim als Vorbild nehmen, und sehr zu seinem Vorteil. Im Interesse der Menschheit ist es daher erforderlich, daß der Kellner als wichtiger erzieherischer Faktor von keinerlei unmanierlichen Angewohnheiten behaftet sei. In den bürgerlichen Gasthäusern und Massenbetrieben zweiten Ranges läßt die Bedienung, d. h. die Person des Kellners, viel zu wünschen übrig. Dort sieht man viel von der vorhin erwähnten Reinlichkeit und wunderbare Vorstellungen von Jongleur- und Balancierkunststückchen mit Schüsseln und Platten. Der Gast des bürgerlichen Hauses legt nicht viel Bedeutung der guten Bedienung bei. Er erhebt keinen Anspruch auf anständiges Service. Sehr mit Unrecht. Gerade dort sollten die Gäste und die Leitung des Hauses darauf dringen: gerade dort sollten sich die Kellner der besten Leistungen befleißigen, um zu zeigen, daß nicht die orchideengeschmückten Säulenhallen mit der rauschenden Musik alleiniges Anrecht auf menschenwürdige Manieren haben.

Wir müssen die Schwierigkeiten des Kellnerberufes berücksichtigen, wie wir persönliche ekelhafte Manieren verdammen müssen. Wir dürfen den Kellner nicht bei einem unglücklichen Zufall schmähen: wir dürfen keine Dienerei von ihm verlangen. Denn für das Service, wie auch für alles gibt es schließlich eine Grenze. Manche Menschen würden allerdings sich am allerliebsten wie Säuglinge füttern lassen, sich ihr Essen von ihrem Kellner vorkauen lassen, wenn dies halbwegs zum guten Ton gehörte. Selbst am königlich preußischen Hofe scheint in bezug auf Service manches mangelhaft zu sein. Was? Sie glauben das nicht? – Freilich, ich habe noch nicht die Ehre gehabt, zur königlichen Tafel geladen gewesen zu sein, aber wenn ich etwas behaupte, so habe ich meistens glaubwürdige Belege dafür. – Sie erinnern sich doch, Herr Doktor, des berühmten Bildes von Menzel, das die Hofballszene oder so etwas Ähnliches darstellt. – Nun wohl. – Nicht nur vom künstlerischen Standpunkt aus ist das Bild interessant, sondern auch vom allgemein menschlichen. Wer sich dieses Ballsouper – sagen wir – mit den Augen eines Kellners betrachtet, wird allerhand für das Service höchst bemerkenswerte Dinge entdecken. In den lichtstrahlenden Sälen des Schlosses wimmelt es von hohen und höchsten Herrschaften. Es ist Tanzpause, und jeder holt sich seine Ration von dem Büfett im Hintergrunde. Dasselbe ist nicht sichtbar, so sehr ist es von Menschen umlagert. Die hohen Herrschaften müssen sich alle selber bedienen. Man sieht es an ihren Haltungen und Gesichtern. Jawohl, gnädige Frau, auch eine ganze Menge hoher Damen in prachtvollen Kleidern, deren Mannigfaltigkeit und Farbenfeinheit das Herz eines jeden Damenschneiders entzücken sollte. Denken Sie sich! Und jede hat einen Teller mit Speisen auf ihrem Schoß! Und nicht einmal eine Serviette bei der Hand! Ist das nicht shocking!? – Die herrlichen Toiletten laufen große Gefahr, befleckt zu werden. – Was meinen Sie? Vergessen? Nein, ich glaube nicht, daß Adolf Menzel so leicht etwas vergißt. – Die Kavaliere selbst müssen Kellner spielen und sich um ihre Damen bemühen, ihnen Wein und Speisen reichen und die gebrauchten Teller abnehmen. Im Vordergrunde links, wenn ich mich gut erinnere, steht eine Gruppe von drei Herren, ein Hofprediger, ein General und ein Diplomat. Der Diplomat nimmt eine höchst komische Stellung ein. Er hat seinen Hut zwischen die Knie geklemmt und ißt von einem Teller, den er höchst umständlich und unbequem in der Luft halten muß. Auf dem Rande des Tellers balanciert sogar ein Weinglas. Der Herr Prediger befindet sich in nicht minder unbequemer Lage. Mit der Linken hält er seinen Teller in der Luft und versucht mit der Rechten, etwas darauf zu zerschneiden. Das ist ja fast unausführbar. – Die Seitentische und Kamingesimse sind mit Bergen von schmutzigem Geschirr beladen. Es herrscht die größte Unordnung. Auf dem Kamin allein kann man sieben geleerte Champagner- und Rotweingläser zählen. Ich wette, im Ballsaal unseres Hotels würde dergleichen nicht geduldet. – Auf einem herrlichen goldenen Stuhle mit rotem Plüschsitz liegen gebrauchte Teller, Gläser und Bestecke. Ein galanter Ulanenoffizier, der sich eben zu einer Dame in Rot niederbeugt, dreht den Sachen auf dem Stuhl die Kehrseite zu und wird sich im nächsten Augenblick in Gegenwart seiner Angebeteten in die Sauce hineinsetzen, wenn er nicht aufpaßt. Aber wer paßt denn in Gegenwart von schönen Damen auf Sauce auf!? – Ein wohlbeleibter Admiral hat eben seine Portion gegessen und versucht, sein Geschirr auf den schon voll geladenen Seitentisch niederzustellen. Er schneidet dabei ein sehr verdrießliches Gesicht, was wir ihm bei einem solchen Service auch nicht verdenken können. – Wie gesagt, überall in dem bunten Gewühl müht man sich mit Speisen und Getränken ab. Im Hintergrunde reckt sich verzweifelt ein Arm hoch über die Häupter der Gäste hinaus. Die Hand hält krampfhaft einen vollbeladenen Teller fest, der sich sehr verdächtig nach vorne neigt. Es sieht ganz aus, als ob der Träger den vor ihm stehenden würdigen Glatzkopf mit der Sauce taufen wollte. – Sehen Sie, meine Freunde, das würde ich nicht als gutes »Service« bezeichnen. – O ja, ich glaube ganz bestimmt, daß der Maler Menzel das Service am königlichen Hofe sehr gut gekannt hat. Menzel hatte wunderbar gute Augen. Er interessierte sich für alles, was um ihn herum vorging. Und er war häufig zur Hoftafel geladen. Ich habe ihn aber trotzdem oder gerade darum stark im Verdacht, daß er zugunsten seines köstlichen Humors den Mangel an gutem Service in der Ballszene ein wenig übertrieben hat. –

Um seiner internationalen Kundschaft entgegenkommen zu können, werden von unserem Kellner gute Sprachkenntnisse als eine Selbstverständlichkeit vorausgesetzt. Überall verlangt man, daß er wenigstens der drei Hauptsprachen mächtig ist. Beherrscht er diese, so gehört die ganze Welt ihm. Wohin er auch kommen mag, überall wird er Stellung finden. Ein guter Kellner begnügt sich nicht damit, wenn er in fremden Sprachen etwas radebrechen oder sich mit einigen Phrasen verständlich machen kann. Die meisten können sich daher mit ihren Gästen aus fremden Ländern sehr geläufig unterhalten, einzelne beherrschen verschiedene Sprachen durch viele Übung in ganz ausgezeichneter Weise. Der junge Kellner, nachdem er ausgelernt hat, versäumt keine Zeit, ins Ausland zu gehen und sich die nötigen Sprachkenntnisse zu erwerben. Das ist natürlich meistens die einzige, aber auch die beste Methode, die ihm zu Gebote steht. Einige grammatikalische Vorkenntnisse wirken allerdings gewöhnlich Wunder. Aber man erlernt die Sprache auch ohne Lehrer, wenn man muß. Karl Schurz, der große Deutsch-Amerikaner, erzählt in seinen Memoiren sehr lehrreich, wie er, der Flüchtling mit Familie, arm, ohne Freunde, ohne ein Wort Englisch zu können, in Amerika landete, seinen Lebensunterhalt erwerben mußte und sich ohne Lehrer seine erstaunliche Meisterschaft der englischen Sprache aneignete. Er brachte es damit bis zum General und Staatsmann und war einer der besten und beliebtesten Redner in der englischen Sprache. Das ganze Geheimnis der Schurzschen Methode war, daß er eifrig Zeitungen las und kein einziges Wort entwischen ließ, dessen Sinn ihm unbekannt war. Er schlug beharrlich in seinem Wörterbuch nach, bis er es gefunden und verstanden hatte.

Wenn wir von dem sprechen, das unser Kellner kennen und wissen muß, so darf ich Sitten und Gebräuche nicht vergessen. Für einen Menschen, der mit den Herren aller Länder und deren Untertanen zusammenkommt, gleichviel, in welcher Stellung oder Lebenslage, ist es wertvoll, ja oft unbedingt notwendig, daß er die betreffenden Sitten und Gebräuche dieser Menschen kennt, wenn er mit ihnen erfolgreich geschäftlich oder gesellschaftlich verkehren will. – Was ist Heimweh? Nur die Wirkung einer Veränderung der Sitten. Was ist das Geheimnis des Erfolges oder des Unterganges so vieler Menschen in der Fremde, im Auslande? Doch nur die Fähigkeit oder Unfähigkeit, die betreffende Sprache möglichst geläufig zu handhaben und vor allem sich in das Wesen der neuen Umgebung hineinzuarbeiten und es zu studieren. Sprache, Ausdrücke, Phrasen, Manieren, Sitten, die in Berlin vielleicht als Etikette und Eleganz bewundert werden, sind zum Beispiel in Paris unverstanden, wirkungslos, ja oft geradezu verhaßt und beleidigend. Was man in London tut, denkt, spricht, ißt, für *smart* hält, gilt vielleicht in Rom nicht. Wenn ich als Deutscher zum Beispiel eine höfliche Phrase, ein Kompliment in englisch oder französisch ausdrückte, wie ich es mir in Deutsch denke, so würde ich Gefahr laufen, mich unsterblich zu blamieren. Daher wundert sich mancher, daß er im Auslande kein Glück hat und verhaßt ist oder belächelt wird. In Europa erkundige ich mich höflich beim Herrn Gemahl nach dem Befinden der gnädigen Frau. Ein vornehmer Orientale, der noch Europens übertünchte Höflichkeit nicht kannte, wollte mich einmal für eine derartige Frechheit schinden lassen. In Deutschland esse ich zum Frühstück gekochte Eier aus der Schale, in Amerika lasse ich mir die Eier vom Kellner aufbrechen und in einem Wasserglase zubereiten. Sowohl in Europa wie auch in Amerika halte ich sehr viel darauf, daß die Eier, die mir vorgesetzt werden, möglichst jung sind. Als ich China bereiste und Gast eines hohen Würdenträgers war, mußte ich Eier, die schon zwei Jahre alt waren, zu den größten Delikatessen rechnen, um nicht meinen Gastgeber zu beleidigen! – Wenn ich die Ehre habe, gnädiges Fräulein, Sie auf einer deutschen Großstadtstraße zu begleiten, so lasse ich Sie nicht gerne zu meiner Linken gehen. Würden wir dagegen zusammen auf der Fünften Avenue in New York promenieren, so würde ich stets an der Außenseite des Trottoirs auf dem Rinnstein hin und her balancieren müssen, um Sie mit meinem Körper gegen den Schmutz und die Gefahren des Verkehrs zu decken. So gibt es in allen Ländern zahllose ungeschriebene Gesetze der Lebensweise und des Umgangs mit Menschen. Die Unkenntnis derselben schützt – wie bei den geschriebenen – nicht vor Strafe. Ein kleiner Verstoß dagegen kann oft viele direkte oder indirekte böse Folgen nach sich ziehen. Denn es ist unglaublich, wie feinfühlig selbst oder gerade die dickhäutigsten Menschen in bezug auf ihre Sitten und Gebräuche sind und wie leicht sie sich darin kränken lassen. Unser Kellner weiß Bescheid. Er bringt dem Amerikaner einen Teelöffel mit der Orange, ohne aufgefordert zu werden. Er schenkt ihm das frostige Eiswasser ein, das er mir nicht anzubieten wagt. – Er weiß, daß ich Trauben, Äpfel, Ananas, Nüsse und andere köstliche Früchte gerne genieße, wie sie gewachsen sind. Seinem Gaste aus dem Yankeelande mischt er stillschweigend diese Dinge mit Essig und Öl und Pfeffer und Salz an. Er findet nichts komisch, nichts fremd, nichts lächerlich. Er ist geschmeidig, und nach der einfachen Regel der Höflichkeit paßt er sich den Dingen an, wie sie sind. – Unser Kellner redet seine Gäste mit dem ihnen gebührenden Titel an. Er weiß meistens sehr genau, die richtige Anrede zu gebrauchen. Von exotischen und zivilisierten Majestäten und Hoheiten herab bis zu den ganz gewöhnlichen Baronen und Exzellenzen und Räten. Der Gothaer Almanach und die Rangliste sind ihm ein Vademekum und Handpostille. – Natürlich, das ist sein Geschäft! – Er tituliert seine Leute, wie ein Stiefelwichser Schuhe schmiert. Je mehr, je besser.

Unser Kellner ist auch mit allen Tagesereignissen auf dem laufenden. Er ist ein eifriger Zeitungsleser, er kennt die Schönheiten und Sehenswürdigkeiten seiner Stadt, die Vergnügungen und Theater usw., und kann in dieser Hinsicht seinen Gästen jede gewünschte Auskunft erteilen. Ja, meine Freunde, könnte ich Sie nur davon überzeugen, daß ein guter Kellner ungefähr alles wissen muß. Seine Gäste verlangen es. Je mehr Fragen er beantworten kann, um so besser ist's für ihn. Er wird niemals auf eine Frage sagen »ich weiß es nicht«: er wird niemals eine Bitte abschlagen, sondern sich vorher erst erkundigen. – Wie, Sie glauben nicht, daß unser Kellner auch musikalisch ist? – Ich möchte wetten, daß er etwas von Musik versteht, denn das gehört auch zu seinem Geschäft, zu seiner universellen Ausbildung. Denn wie er alles kennt, was das Geschäft, also er, der Verkäufer, feilbietet, so ist er auch mit den Dingen vertraut, die zwar nicht unmittelbar in den Bereich seiner Tätigkeit fallen, die aber immerhin enge damit verknüpft sind und sich ihm ungerufen aufdrängen. – Bitte, sehen Sie sich doch nur unseren Tisch an, meine Herrschaften. Winkt nicht hier ganz dicht neben dem kulinarischen Programm auch noch ein anderes zierliches Kärtchen, das musikalische Menü?! – Ist es nicht zugleich das schönste Dokument für die Genußfähigkeit des zwanzigsten Jahrhunderts? Ja, diese ist wunderbar stark entwickelt. Ich als wohlerzogener Sohn meiner Zeit muß offen gestehen, daß ich das kunstvollste Diner, den besten Wein und Wagner-, Strauß- oder Debussy-Musik gleichzeitig einnehmen kann, ohne daß – wie Sie sehen – unsere geistreichen Gespräche über das Verhältnis der Gastronomie zu den bildenden Künsten, über ein kompliziertes Kellnerdasein oder irgendein beliebiges Thema und selbst in Gegenwart unserer Damen nachteilig beeinträchtigt würden. Das sind Leistungen, wenn man auf frühere Zeiten zurückblickt. Früher begnügte man sich mit einem oder zwei dieser vielen guten Dinge. – Ein gewandter und tüchtiger Börsianer bringt sogar bei Austern und Vintage-Champagner und unter den Klängen des Pilgermarsches aus »Tannhäuser« noch obendrein ein äußerst profitables Geschäftchen ins Geleise. Namentlich, wenn die Musik so rührend ist, daß sie den Zuhörer aller Weltlichkeiten entrückt, wenn der Wein sehr gut ist und wenn der Kellner den Auftrag hat, die entstandene Leere im Glase des Gastes so zartfühlend als beharrlich auszugleichen. Gewöhnlich ist der Vertrag beim Braten dann schon ziemlich sicher, beim Dessert besiegelt. In der Tat, das ist eine vielseitige Genußfähigkeit, deren sich ein antiker Genußmensch nicht hätte rühmen können. –

Sehen Sie, meine Freunde, wenn nun das Orchester auf Wunsch irgendeines musikverständigen Gastes oder aus irgendeinem anderen Grunde irgend etwas intoniert, das auf dem zierlichen Kärtchen nicht verzeichnet ist, so werden vielleicht viele Gäste, die gerade die nächste Nummer als ihr Leib- und Magenstück sehnsüchtig erwartet hatten, plötzlich bei ihrem Hummer oder was sie sonst gerade vor sich haben, anhalten, die Ohren spitzen, enttäuscht aufschauen, sich den Mund mit der Serviette wischen und sich fragend oder indigniert umschauen. Und wenn sich ein Gast auf diese Weise umschaut, so wird sein Kellner sofort und mit verbindlichem Lächeln herantreten und sich nach der Ursache der plötzlichen Störung erkundigen. – Denken wir uns nur in eine solche Lage hinein. Die Situation ist kritisch. Ich hatte Ihnen vielleicht erst kurz zuvor alle Feinheiten des erwarteten Stückes erläutert, es war vielleicht zufällig das Bravourstück unseres vorzüglichen Kapellmeisters, wir waren alle gespannt und auf den Genuß vorbereitet – da sieht man sich plötzlich durch die Hinterlist der Umstände im Stich gelassen. – Noch schlimmer wird es, wenn zufällig niemand von uns das unerwartete Stück kennt, wenn jeder in hellster Verzweiflung auf der Suche nach dem Titel beim besten Willen »gerade nicht darauf kommen« kann. Was ja hin und wieder vorkommt, obgleich jeder wohlerzogene Mensch so viel Konzerte und Opern besucht haben muß, daß er nötigenfalls die Hauptarien wenigstens mit den Lippen zu flöten imstande ist. – In einem solchen Dilemma, wo mich mein Gedächtnis hintergeht, würde ich im Interesse der Kunst keinen Augenblick zögern, die Kenntnisse und Dienste des hilfsbereiten Kellners in Anspruch zu nehmen. Und der allwissende und allriechende junge Mann wird mir sofort bescheiden, unauffällig und diskret mitteilen können, was ich wissen will. – – Sie glauben, er müßte sich wohl zuerst beim Kapellmeister erkundigen? – O nein! Ich wollte wirklich, ich könnte unseren Kellner nur einmal auf die Probe stellen. Denn, sehen Sie, er hat nicht immer Zeit, sich seinen Weg durch das himmlische Gedränge entschuldigend, schlängelnd zu bahnen und den Kapellmeister oben auf dem Balkon zu konsultieren. Und wehe, wenn er die gewünschte Auskunft aus Unwissenheit ablehnen müßte! Der Oberkellner würde sehr bald zu hören bekommen, daß seine Leute ungebildete, rohe Menschen seien. – Ich wette, daß unser Kellner sogar die allerneuesten Schlager kennt. – Das tut jeder, meinen Sie? – Ich glaube dagegen, daß nur die allerwenigsten Menschen diese Produkte kennen. – Denn wenn ich sage »kennt«, dann meine ich, daß er sie durch und durch kennt, daß er aus dem »Schlager« heraus hört, wie die Missa eines Palestrinas verstümmelt und zerhackt wird, daß er aus dem Geschmetter und Gezirpe vernimmt, wie das

Tempo eines Largos bis zur Unkenntlichkeit beschleunigt und mit Benzinnervosität durchsetzt wurde, damit daraus all die bewundernswerten Dinge entstehen, die sich so großer Beliebtheit erfreuen, die jeder überall summt, pfeift und brummt, wenn er nicht gerade an Verdauungsstörungen leidet und sich so dank diesen Störungen ein stillschweigendes Verdienst um die Menschheit erwirbt.

Da große und kleine Oper, alte und moderne Musik, »Schlager« und »Gebete von Jungfrauen«, »Ave Marien« und »Lustige Witwen« wie ein buntes Schallragout in tönender Fülle das Arbeitslokal des Kellners durchwogen, so ist eine Fähigkeit zur Unterscheidung von guten und schlechten Schallwellen im Interesse seiner Selbsterhaltung und geistiger Gesundheit erforderlich. Und dafür sorgt der Kellner, wenn er existieren will. – – Ah, das kommt ja wie gerufen! – Sehen Sie, hier auf dem Programm ist ein Adagio in F-moll von Schumann angesagt! – Was spielt aber das Orchester soeben? – Ich werde den Kellner fragen – er weiß es! –

Kellner, können Sie mir sagen, was da eben gespielt wird? – Aha, ganz richtig. Aus Peléas und Mélisandc. Ich danke Ihnen.

Haben Sie gehört? Was sagte ich?! Der Mensch ist ein wandelndes Konversationslexikon! ...

# IV.

Sie haben also auf Ihrer Amerikareise beobachtet, wie die verschiedensten Nationen der Erde politisch und sozial verhältnismäßig einträchtig zusammen leben können. Man braucht aber doch gar nicht so weit zu laufen, um diese internationale Harmonie zwischen vernünftigen, friedlichen Menschen betrachten zu können. Sehen Sie sich hier nur um. Welch ein sonderbares Gemisch von Menschen. Wie solidarisch arbeiten diese internationalen Kellner nebeneinander! Da gibt es keine Reibereien wegen der Nationalität oder Politik. Rassenfragen kommen hier nicht in Betracht. – Haben Sie schon jemals die Schar der internationalen Jünglinge auf ihre Nationalität hin geprüft? Nicht? – Dem ruhigen, aufmerksamen Beobachter müßten dabei doch allerhand ernste Gedanken aufkommen. – Ich habe oft darüber nachgeforscht und gefunden, daß Deutschland bei weitem das größte Kontingent an Jünglingen stellt, die als Kellner in die Welt hinauswandern und schließlich ihre Heimat ganz und gar in der lauwarmen, farblosen, kosmopolitischen Pürée verlieren und vergessen. Dann folgen vielleicht Österreich, Italien, Frankreich und Skandinavien mit entsprechender Anzahl. Es ist bemerkenswert, daß man den stolzen Briten sehr selten als Kellner antrifft. Selbst in seiner Heimat nicht. Sein Nachbar, der Ire, tritt in der Rolle als Ganymed schon etwas häufiger auf, aber diesen Inselbewohnern geht jedes besondere Talent für die gewandte Kunst der Kellnerei ab. Ein geborener Amerikaner, ein waschechter, vollblütiger, freier Yankee ist als Kellner im großen ganzen einfach undenkbar. – Was geht nun daraus hervor? – Können Sie nicht ganz charakteristische Züge der einzelnen Nationen daraus erkennen? – Sie beliebten einmal zu sagen, daß die Kellner alle servile Naturen wären oder sein müßten. – Hm, das wäre für die Germanensöhne, die so zahlreich im Kellnerfrack auftauchen, und für die ganze deutsche Nation nicht besonders schmeichelhaft. – Ich suche jedoch den Grund, wie gesagt, in anderen Umständen. – Nein, der Kellner soll und muß keine servile Natur sein, um seinen Beruf auszuüben. Die weitgehende Toleranz der Deutschen gegen Ausländer, ihre bekannte Vorliebe für das Fremde, ihre Wanderlust, das alles bewegt den jungen Deutschen mehr als die Söhne anderer Nationen, sich dem Kellnerstande zu widmen. Außerdem befähigt ihn noch ein ethnologisch und politisch genugsam bekannter Umstand ganz außerordentlich zu diesem Berufe: ich meine die große Dosis von Gemütlichkeit und himmlischer Geduld, die der deutsche Michel noch immer besitzt. Gemütlichkeit ist deutsch. Es ist ein deutsches Wort. Es läßt sich nicht übersetzen; man kann es in einer anderen Sprache nur ganz umständlich umschreiben. Gemütlichkeit ist aber das große Geheimnis, das ein Hotel, ein Gasthaus, ein Restaurant oder irgendeinen menschlichen Bau überhaupt anziehend macht. Außerdem spricht noch ein anderer wichtiger

Faktor im Werdegang des Kellners mit: die Fähigkeit, Sprachen zu erlernen. Diese Fähigkeit besitzt der Deutsche in etwas größerem Maße als sein französischer oder englischer Nachbar, obgleich der Deutsche sich immer wieder durch einen abscheulichen Akzent und seine urdeutsche Denkweise verrät. Unter den Romanen erlernen die Italiener fremde Sprachen verhältnismäßig leicht. Das Übergewicht dieser Nationen im Kellnerstande ist zweifellos in diesen Umständen zu suchen. So hat jede Nation ihre Eigenheiten. Anglosachsen machen dank ihres Pferdeverstandes ganz ausgezeichnete Stallknechte, Jockeys, Grooms, Lakaien, Butlers, dank ihrer Suprematie in Herrenmoden ganz vorzügliche Valets – Gebiete, auf denen ihnen der Deutsche und jeder Kontinentale überhaupt sehr weit nachsteht.

Ob ich noch mehr von dem Kellner zu erzählen weiß? – Aber ich habe ja kaum erst angefangen! – Das Wichtigste habe ich mit echtem dramatischen Instinkt noch gar nicht hervortreten lassen. Und das wäre? – Oh, nur zu wissen, was für ein Mensch sich aus ihm durch seine eigenartige Tätigkeit entwickelt. Zu sehen, wie sein Inneres beschaffen ist, wie es darin aussieht, was wir daraus lernen können oder was interessant für uns ist. Das Dasein bedenkt unsern jungen Freund mit sehr wenig guten Gaben, aber dafür schenkt es ihm eine seiner besten: Welt- und Menschenkenntnis. »Es schenkt« ist etwas optimistisch. Ich sollte sagen: das Dasein prügelt ihm diese Kenntnis ein. Immer und immer wieder wird das Leben dem Unwissenden mit schweren Streichen diejenige Weisheit einbleuen, die es von ihm verlangt. Aber am Ende ist es doch ein wunderbares Geschenk! Ob der Mensch nun weise dadurch geworden ist, oder ob er sich als ein Vernichteter, als ein töricht Grollender, als ein Ankläger des Lebens in die Dunkelheit zurückziehen muß, ist einerlei. Das schöne Geschenk bleibt.

So ist ein guter Kellner schon in jungen Jahren oft ein vollendeter Menschenkenner. Er ist das Feingefühl und die Diskretion selber. Denn das große Leben führt ihn unter die Menschen. Er hat sie zu behandeln wie der Knecht seine Viehherden, wie der Schmied sein Eisen; er hat sich mit den Menschen abzufinden wie der Bergmann mit giftigen Gasen und schlagenden Wettern, wie der Soldat mit pfeifenden Kugeln. Die sorgende Natur rüstet ihre Geschöpfe je nach den Verhältnissen aus. Raubtiere und Raubvögel haben gelernt, selbst bei Nacht ihre Augen zu gebrauchen. Tiefseetiere in ewiger Meeresdunkelheit sind mit natürlichen Laternen ausgerüstet. Das Wild, zum Schutz gegen den Jäger, hat einen wunderbaren Spürsinn erworben. Früher war das anders. Als die Menschen noch nicht so zahlreich waren und dem Wilde mit weittragenden Waffen nachstellten, waren die Tiere dumm, zahm, vertraulich. Die alten Leute im Westen von Amerika können davon noch manches Stücklein erzählen. Die Tiere der Prärie fürchteten anfangs die unbekannten Menschen nicht, die in ihre friedliche Heimat eindrangen, bis sie merkten, daß die bösen Eindringlinge

Schießgewehre hatten. Die Indianer, die den Kolumbus begrüßten, waren freundlich, bis sie die Herren Spanier kennen lernten. Als die Indianer in der Gegend von Boston vor drei Jahrhunderten den ersten Besuch aus Europa erhielten, traten sie bereitwilligst ihr Land an die Eindringlinge ab, da sie glaubten, daß die Hütten und Felder, die sich die Puritaner bauten, Eigentum eines jeden Menschen und der ganzen Gemeinde seien. Sie konnten daher gar nicht begreifen, daß die frommen Bleichgesichter die fraglichen Häuser und Grundstücke ganz für sich allein in Anspruch nahmen. So mußten die schlichten, biederen Rothäute mit ihren unvergleichlich schönen kommunistischen Ideen die Erkenntnis von der Habgier und den Rechtsbegriffen der bleichen Puritaner erst löffelweise hinunterschlucken und endlich gar im Namen der Zivilisation langsam, Mann für Mann, vor den frommen Leuten mit den dicken Bibeln und Flinten zurückweichen, wobei es natürlich Mordbrennen, Blut und zerschundene Köpfe die Menge gab.

So paßt sich also jedes Ding und Wesen den obwaltenden Verhältnissen an – oder es weicht. Es ist sonderbar, zu beobachten, daß Geschöpfe mit ausgeprägt individuellen Charakteren sich schlecht anpassen und lieber weichen. Der moderne Mensch aber scheint dies nicht zu tun. Er beugt sich gern. So entwickelt sich auch das Gemüt des Kellners vom Kinderzustand auf in das, was ihm zu seiner Verteidigung, zu seinem Vorteil und zur Selbsterhaltung am geeignetsten erscheint. Dieser Vorgang ist ohne Zweifel ein großer Kampf. Die Kenntnis der feindlichen Situation, der Stärke und Schwäche ist bei einem Kampfe die Hauptsache. Und darum kennt der Kellner seine Menschen. Von dieser Kenntnis hängt seine ganze Existenz ab. Da er aber früh als Knabe und meistens ohne Anleitung in den großen Wirrwarr gestoßen wird, wo der Andrang der Ereignisse und Anblicke so stark ist, daß es des Mutes eines erfahrenen Mannes bedarf, um die Lage zu erkennen, das Gute daraus zu sondern und zu verwerten, so nimmt der Entwicklungsgang unseres jungen Freundes selten den richtigen Lauf. Man kann leider sagen, daß er sich in den meisten Fällen total verirrt, weil es an der Anleitung und Belehrung fehlt, und die Erkenntnis kommt meistens erst zu spät.

Daher kommt es, daß bei den Schwächeren der Grundzug des Charakters hündische Furcht und dienerisches Kriechen vor dem Reichtum und dem äußerlichen Glanze ist, was ihnen gerechterweise die Verachtung ihrer Mitmenschen einbringt und dem ganzen Stande unberechenbaren Schaden zufügt. Anderen dienen zur Erreichung ihrer Zwecke, zur Erhaltung ihres Daseins, listige, kleinliche Unehrlichkeiten, allerhand abgefeimte Schliche und Wege, die ein gesunder Mensch verabscheuen muß. Zufällig bietet auch noch ihr Beruf zu derartigem Treiben unendlich viel Gelegenheiten. Bei wieder anderen, zwar ehrlichen, selbstbewußten, aber beschränkten Naturen wird ein aufrührerisches Element und heimlicher Haß gegen den Reichtum geweckt und gefördert, bis sie schließlich total ihres Berufes überdrüssig werden und ihr Leben als ein verfehltes betrachten. Und so geht es weiter. In allen Nuancen und Schattierungen. Ein jeder nimmt mehr oder weniger Untugenden, Irrtümer, Erlebnisse, Erinnerungen, Eindrücke aus seiner großen, tobenden Umgebung in seinem jungen Herzen auf und wird sein Lebtag lang daran zu schleppen haben. Nicht jeder besitzt die Kraft, sich wieder zu erheben, nachdem ihm das Leben die Augen geöffnet und ihm hohnlachend ins Angesicht geschlagen hat, als es seine Jugendhoffnungen vernichtete. Er kann sich nicht mehr losreißen, er kann nicht mehr von vorn beginnen, er ist ein Sklave der Zeit geworden. Und gebrochen schleicht er sich dahin, siech, zertreten, er schämt sich der Wunden, die ihm geschlagen wurden, er sucht sie zu verbergen, er gebärdet sich wie ein feiges Tier. Er ist ein Anblick der Verachtung für alle, die ihn nicht kennen.

Gewiß, Sie haben recht, es ist seine eigene Schuld, wenn ein Mensch zugrunde geht. Aber haben wir, seine Umgebung, nichts damit zu tun? Tragen wir nicht einen Teil der Schuld? – Sie glauben nicht, daß die Umgebung hier einen besonderen Einfluß auf das Gemüt eines jungen Menschen hat? Und hier geht ja alles so gesittet und fein zu! Doch wir wollen eine Stichprobe machen. Ich greife ganz willkürlich in das volle Speisesaalleben hinein. Sie müssen verzeihen, wenn ich bei dem Impromptu-Inventar nicht die richtige Reihenfolge einhalten kann. Sehen Sie nur! Sie sind, wie sie kommen, ohne Maß, ohne Regel, in unendlicher Variation, in jeder Schattierung, in allen Bildungs-, Gesellschafts- und Geschäftsgraden. In allen Charakteren. Sie sind die Deputationen, die Repräsentanten aller Stufen des Lebens. Und hier gerade, wo wie an keinem anderen Orte das innige, unzertrennliche Verhältnis der Menschen zueinander, zu den Geschöpfen der Erde und zum Boden selbst so stark betont und bejaht wird, hier ist der einzelne ein Namenloser, ein Machtloser. Und seine Stimme ist nur eine leere Nummer im Rate der treibenden Lebensmächte. Doch sie wird von ihm verlangt. Er muß sie werfen. Und so kommen sie: edel, gütig, klug, dumm, weise und töricht, reichbegabt und einfältig, Lebenskünstler und Idioten, Menschenfreunde und Menschenhasser.

Sehen Sie dort in der Ecke die speisende Familie. Wehe, wenn die Lampenschirmchen über den Kerzen mit der Farbe der Blumen nicht übereinstimmten oder die gleichfarbigen Bändchen am Menü vergessen wären. Die Leutchen würden unglücklich sein, wenn sie frische Veilchen auf dem Tische hätten und man brächte ihnen noch kandierte. Der alte Herr schweigt. Er schläft beinahe. Die eine Dame strahlt. Ich würde daran erkennen, daß sie die Mutter der beiden andern ist, wenn sie mir nicht persönlich bekannt wäre. Sie hat eine heiße Leidenschaft für Jan Toroop, Edvard Grieg und *toasted Educator Crackers*. Die Neuheit, welche ohne ihr

Wissen der *Maître d'hôtel* ihrer Rivalin ersann, kostete dem Armen beinahe seine Stelle. Heute hat sie Eingeladene. Reizende Schwiegersöhne *in spe*, was weiß ich. Ich schließe das aus den Lilien auf dem Tisch. Und aus dem Umstand, daß sie das Diner selber austeilt. Sie will heute absolut als liebende Mutter, als sorgende Hausfrau erscheinen. Oder ob sie dem Kellner grollt und das Trinkgeld sparen will? Der blonde Herr, der so schüchtern tut, erhält aller Konvention zuwider ein besonders gutes Stück *sole au vin blanc.* Und recht viel liebevolle Sauce dazu. Wie reizend! Alles schon *en famille*! – Das geschminkte, juwelenbeladene Weib als Mutter! Als essenverteilende Hausfrau! Das sieht genau so aus, wie die Dämchen, die Mätressen, die Intrigantinnen, die Teufelinnen der Rokokozeit, welche sich mit Vorliebe als sanfte Schäferinnen kleideten. – Die Menschen, die sich Gesellschaft nennen, sind klein im Großen, aber groß im Kleinen, barbarisch im Feingefühl, ästhetisch im Vandalismus. Sie sind Künstler der Bagatelle, Priesterinnen des Firlefanz, Anbeter des Trivialen, Koryphäen der Kleinigkeit. – Sie schätzen ihre Mitmenschen, sie verachten sie. Sie sind körperlich gesund oder krank, seelisch frisch oder matt. Sie sind mit allem zufrieden, oder es ist ihnen nichts gut genug.

Greifen Sie nur hinein, und Sie werden verstehen, was ich sagen will! Greifen Sie nur! Glänzende Hallen – sinnverwirrendes Stimmengemisch – himmlisches Gedränge – Seide und Gold – zirpende, girrende Geigen – weiche, flötende Stimmen – hoffärtiges Gelächter – schluchzende Klarinetten – ohrenbetäubendes Gesumme – süßes, geheimnisvolles Kichern – Lorgnetten – Programme – offenes, volles Lachen – Elektrizität – Tellergeklapper – dürre und gemästete Körper – Wagnerakkorde – Menüs – brummende Männerstimmen – hastiges Geflüster – flehende, weinende Cellos – Lackschuhe – Silberrasseln – goldene Zwicker – Banknoten – Gläserklang – Kellnerschweiß – Monokels – duftende Haare – Hummergeruch – Mähnen – Neurastheniker – Rosen – Kleingeld – warme, parfümierte Frauenleiber – Fräcke – Tabaksdunst – raschelnde Seidenröcke – Weinaroma – Haare, gewachsen auf Köpfchen junger Bauerndirnen, zu hohen Preisen erstanden, mit Diamantenkämmen zusammengehalten – Küchenatmosphäre – italienische Melodien – Palmen – zierliche Füßchen – gemästete Seelen – Orchideen – Hochstapler – Menschengerüche jeder Art – Glatzköpfe – schwammige Busen, mit Brillanten bedeckt – junge Männer, stolz mit und ohne Grund – frech blitzende Broschen – wilde Augen – fettes Wohlbehagen – bekrönte Monogramme – junge, fesche Weiber mit Schlangenleibern – leere Augen – Schwindler – Schmunzeln – Nelken – herrliche Waden – Künstliches und Echtes – korpulente alte Damen, schnaufend und pustend – wollüstige Augen – Kauwerkzeuge in Aktion – Plüschsessel – Königinnen – welke, kalte Finger – aufdringliches, raffiniertes Parfüm – Perlen – Opernmäntel – kühne, alles dominierende Blicke – selbstbewußte Faltenhemden – blöde Augen – hungrige Ungeduld – Tugend, fertig und nach Maß gemacht – Schecks – Künstler – herrliche, weiße Schultern – Fürsten – sanft schimmernde Perlenschnüre – Stoiker – müde, tote Augen – Protzen – echte und unechte Lockenfülle – zappelnde Schlottergreise mit pergamentenen Gesichtern – brennende Augen – fette, rote, wollüstige Tatzen – echte und unechte Adelige – Spitzen, vor etlichen Jahrhunderten geklöppelt, früheres Eigentum verarmter Prinzessinnen – heiße Augen – wohlbeleibte Bonvivants mit krebsroten gedunsenen Gesichtern, feisten Genicken, in die der weiße, enge Kragen tief einschneidet – Rechnungen, Additionen – nur Additionen – suchende Augen – Likörgeruch – Diebe – Klarinetten – Flüche – schlanke, weiße, edle Hände – keinen Gott, nur Nippesgötzen – Bonbons – kecke, feste Brüstchen – Trinkgeld – Pracht – Aufwand – Armut – Lüge – Geiz – Widerspruch – Licht – Verschwendung – Angst – Schatten – Hohn – das eherne, unbewegliche Gesicht des Lebens – starre Augen – ganz fernes dämonisches Gelächter – Kinderstimmen – Hoffnung – Frühling – und durch das Ganze hetzt der Kontrabaß: Schrumm! schrumm! schrumm! – – Was ist die Summe? – – – –

Stumm, schwitzend, hastend, besorgt, gehetzt drangt sich unser Mann durch das Gewühl. Manch nagender Ärger, manche gottlose Verwünschung gegen sich und andere werden hinuntergewürgt. Und alles bestürmt und beladet seinen jungen Geist. Es verwirrt, entmannt, vernichtet alle ursprüngliche Frische. Die Stimme für die Urne des Lebens wird verlangt, aber die Kraft des Urteils wird gebrochen. Der Stimmzettel flattert blank, wertlos, leer in die Dunkelheit hinein. – – –

In einigen Tagen, Herr Professor, wird ein Bekannter von mir, ein Kommerzienrat, hier eintreffen. Er hat sich soeben angemeldet. – Ja, ein äußerst intelligenter Mensch, ein fortschrittlicher Großindustrieller. Es wird mir ein Vergnügen sein, Sie mit dem Herrn bekannt zu machen. – Wie, Sie gedenken so früh schon abzureisen? Das kommt ja wirklich ganz unerwartet.

Ich fürchte doch nicht, daß etwas Schlimmes vorgefallen ist. – So, Sie haben nur Ihren Plan geändert. Nun, jedenfalls bedauere ich unendlich, Ihre werte Tischgesellschaft verlieren zu müssen. Unsere unterhaltenden Gespräche – hm – – – – – – – – – – – – – – – – – – Ja, nicht wahr, gnädige Frau, Sie hätten gar nicht geglaubt, daß man so viel von den Kellnern erzählen kann. Und wie interessant das alles ist! – So erwerben sich diese Menschen im Laufe der Jahre einen ungeheuren Scharfblick, eine unheimliche, geradezu gefährliche Menschenkenntnis – von unserem Standpunkt aus gesprochen. Denn es kann uns doch nicht ganz einerlei sein, was ein anderer über uns denkt, selbst wenn er ein Kellner ist. Können Sie sich aber in die Gedankenwelt unseres jungen Mannes wirklich hineinleben? – Oh, es ist sehr leicht, ihn zu schmähen, wenn wir mit seinen Diensten wirklich einmal unzufrieden sein dürfen. Der beständige Anblick des Reichtums und der

Verschwendung muß ganz notwendigerweise einen gerechten Haß und Zorn in dem Herzen des Armen gegen sein Schicksal aufwühlen und hat einen entschiedenen Einfluß auf seine Denkungsart. Er, der Proletarier im Frack, hat immerwährend das qualvolle Bild in Wirklichkeit vor seinen Augen, das den schreierischen, struppigen Feinden des Reichtums nur als eine Utopie vorschwebt, da ihnen die parfümgeschwängerte Atmosphäre eines luxuriösen Hauses vollständig fern liegt und sie dieselbe nicht beurteilen können. Weil sie dieselben nicht kennen, schreien sie. Anders aber der Kellner. Denn das Leben ist gerechter gegen ihn. Die unbarmherzigen, grausamen Kontraste seines Daseins mögen wohl manchmal die Flammen des Neides und des Hasses wecken und schüren, aber gerade in solchen bösen Augenblicken kommt ihm das Leben zu Hilfe. Herrliche, mannigfaltige Erfahrungen lassen ihn dann tiefe Blicke hinter die Szenerie des Glanzes und des Reichtums tun und bringen eine wunderbare Reaktion in seinem Herzen hervor. Er sieht alsdann, daß Glanz und Reichtum nicht das Glück der Menschen bedingen, und daß die, die sie nicht besitzen, ihren Neid daran verschwenden. So wird er ruhig und schreit nicht. – Er muß durch diese Kämpfe gehen, um ruhig zu werden. Und die beständige Wiederholung der Dinge, die unaufhörliche Prozession dieser scheinbar kleinen Ereignisse festigt seine Lebensanschauung, übt seinen Blick. Ein Mensch, der sich Mühe gibt, seine Mitmenschen zu beobachten und zu studieren, wird darüber sehr bald sein eigenes Leid vergessen. Er wird sein Unglück als ein vermeintliches erkennen, er wird über die Irrtümer seiner Jugend hinauskommen. Zwar nicht jeder Mensch ist mit der ganzen wunderbaren Kraft zur Auferstehung erfüllt, aber ein Teil davon schlummert in jedem menschlichen Herzen, ein großer Wille ist erforderlich, um den göttlichen Funken zu wecken.

Leider kann ich nicht behaupten, daß die Kellner alle den tieferen Sinn der Menschenbeobachtung erfassen und Nutzen für ihr geistiges Leben daraus ziehen. Dieser unschätzbare, wunderbare Wert geht nicht nur den Kellnern, sondern fast allen Menschen auf ewig verloren. Das Menschenstudium des Kellners hat daher vorwiegend einen irdischen, praktischen Zweck. Es wird vor allem sein Gedächtnis üben, dessen er so dringend in seiner Tätigkeit bedarf. Ein Kellner, der ein Menschenkenner ist, wird es leicht finden, sich in die kleinen, stupiden Eigenheiten seiner Gäste hineinzufinden, er wird sie freundlich berücksichtigen, seine Gäste entzücken und sich selber manches Ungemach ersparen. Für das Haus ist ein solcher Mensch selbstverständlich geradezu unbezahlbar. Mit der wachsenden Menschenkenntnis wird er sich die Gesichter und die Namen seiner Gäste einprägen können, so daß er sie noch nach Jahren auf den ersten Blick wiedererkennt. In dieser einfachen, praktischen Tatsache liegt das ganze Geheimnis des großen Erfolges von so unendlich vielen, tüchtigen Hotelmännern, die vom armen Pikkolo an emporgewachsen sind. Durch seine Menschenkenntnis zieht der Hotelmann unwiderstehlich alle guten Elemente unter seinen Gästen an sich und schreckt das lichtscheue Gesindel gleichzeitig ab. Denn wenn zum Beispiel ein Gast nach Monaten oder Jahren sich gleich wiedererkannt sieht und freundlich aufgenommen wird, so kann er sich zum allerwenigsten sehr geschmeichelt fühlen, wenn er nicht gar eine Art von Glücksgefühl empfindet, Menschen um sich zu haben, die sich in so großem Maße für seine Person interessieren und dieselbe nicht vergessen, nachdem sie für ihr Interesse bezahlt wurden. Er wird darin ein Zeichen aufrichtiger Dankbarkeit erblicken, das seine eigene Dankbarkeit herausfordert. Sind jedoch die Motive seines Kommens unlautere, so wird der Gast vor dem ihn erkennenden und durchschauenden scharfen Auge Grauen empfinden und sich andere Gefilde für sein fragwürdiges Leben und Treiben suchen.

Ist es nicht unheimlich, so durchschaut zu werden? – Doch wir, wir guten Menschen haben nichts zu fürchten. Immerhin aber ist es ein erhebendes Gefühl, zu wissen, daß unsere Zeitgenossen eine förmliche Jagd auf uns machen. Daß unsere friedlichen, ahnungslosen Gemüter immerwährend belauert sind. – Sie können nicht verstehen, wie und warum die Leute eine solche infame Wissenschaft betreiben, wer sie dazu nötigt? – Ei, wir selber, wir, die Gäste. – In keinem Geschäfte, an keinem Orte, zu keiner Gelegenheit lassen die Menschen ihre Charaktere, ihre Gutmütigkeit, ihre Verhältnisse, ihre Laster, ihren Hochmut, ihre Dummheit, ihre Stupidität, ihre niederste Gemeinheit, ja alle ihre geheimsten Gedanken, ihr tiefstes Innere so zutage treten, wie an der Tafel – wie beim Wein. Die Alten hingen nicht umsonst bei einem Gastmahl die Rosen über ihre Häupter. – Ich sagte Ihnen bereits, daß der Genießende im Akte des Genusses eine Art von selbstsüchtiger Bestie ist, für die keine Umgebung mehr existiert. Er vergißt alles rings um sich her, sieht, fühlt und genießt nur sich allein. – Wenn die Menschen noch den Mut besäßen, sich ihre Schwächen aus freien Stücken gegenseitig anzuvertrauen. Dann wäre das Verhältnis zueinander noch ein relativ würdiges und zu entschuldigendes. – Aber sie sind nicht vertrauend! Im Gegenteil! – Und wenn sie sich preisgeben, wenn sie sich bloßlegen, so ist das eine unverantwortliche, tierische, erniedrigende Faulheit der Seele. Das ist alles. Es ist eine beleidigende, unverzeihliche Voraussetzung ihrerseits, gleichartige Wesen vor sich zu haben, eine unbewußte Nivellierung anderer Gemüter herab zur eigenen Niedrigkeit. Der Ausbund aller brutalen Roheit ist natürlich dasjenige Individuum, welches die sklavenhafte Stellung anderer wissentlich benutzt, um absolute Unterwerfung unter seine eigenen Gewohnheiten zu fordern. Von diesen Minotauren will ich gar nicht reden.

Jawohl, gnädige Frau! Mit einer rührenden Unvorsichtigkeit – nein, ekelhaften Selbstverständlichkeit geben sich die Menschen preis. Mit einer rücksichtslosen Frechheit erwarten wir von einem wildfremden Menschen, daß er uns bedient, daß er unsere Eigenheiten kennt, daß er sich unseren Fehlern und Bequemlichkeiten anschließen, ihnen schmeicheln und sich damit zufrieden geben soll. Wir sehen in ihm nicht den durch Reibung mit allerhand Menschen geschliffenen Weltmann, den feinfühlenden Lebenskünstler; wir erwarten nur gute Bedienung von ihm. Nichts mehr und nichts weniger. Vollkommen gerecht! – Nach juristischen Begriffen, wohlverstanden. Indessen, wir werden – wie gesagt – bestraft. Wir können nicht verhindern, daß der kluge, ruhige Mensch unsere Ahnungslosigkeit durchschaut, und wir fallen dadurch, daß wir uns ihm so rücksichtslos preisgeben, ganz unter seine Gewalt. Er ist zwar unser Kellner, wir aber sind seine Unterworfenen.

Die wirkliche Gefahr lauert immer da am ersten, wo wir sie am wenigsten vermuten. Denn sonst wäre sie eine schlechte Gefahr. Nur in ganz lichten Momenten warnt uns ein von Widerspruch gedämpfter Aufschrei aus der untersten Tiefe der Seele, treibt beschämend das Blut in die Wangen, und wir ahnen dumpf, daß etwas nicht ganz richtig ist. Gewöhnlich aber schwimmen wir sorglos, fröhlich und munter im dunklen Meer unseres Unbewußtseins umher. Es ist doch eigentlich geradezu jämmerlich, von einem wildfremden Menschen, hinter dem wir gar nichts vermuten, schmählich durchschaut zu werden. Wenn wir wüßten, was die Leute, die uns bedienen, unwillkürlich von uns denken – und mit Recht von uns denken – so würde jeder Appetit vergehen, so hätten wir keine freudige Stunde mehr. Lakaien und Diener sind gewöhnlich verkappte, harmlose Anarchisten, wenn sie nicht gerade ihren Beruf verfehlt haben, d. h. wenn sie nicht wissen, daß sie solche sind. Jeder »treue Diener« hat als Mensch seinen Beruf gänzlich verfehlt. Er kann nichts als ein Idiot sein. Es gibt daher keine »treuen« Diener. Das Gebiet ist unerforschlich tief. Wir müssen unser Bestes daraus machen. – Unsere Ahnungslosigkeit ist einesteils unser Glück. Wie könnten wir noch fröhlich unser gutes Diner genießen, wenn wir wüßten, was hinter unserm Rücken vorgeht! –

Wenn zwei astronomische Welten zusammenkommen, so gibt es ein Unglück. Wenn zwei wirkliche Menschen zusammenkommen, gleichfalls. Wir sind als Geschöpfe so entsetzlich isoliert, daß eigentlich jeder Versuch zur innerlichen Annäherung an einen anderen Menschen aus einer grenzenlosen, weichtierartigen Naivität zu stammen scheint. Nur hie und da – in den gottvollen lichten Momentchen – vernehmen wir etwas von uns selber und somit zugleich das herzzerreißende Schluchzen einer anderen, fremden, ebenso einsamen Welt, und beide stehen wir da, sehnsüchtig, hilflos, ohnmächtig, uns selber überlassen. Doch – wie gesagt – das sind Gott sei Dank nur Momente. Und sehr seltene obendrein. Aber aus diesem und keinem anderen Grunde müssen wir unsere Mitmenschen achten und ihre Existenz anerkennen.

Guglielmo Ferrero sagt an einer Stelle ganz großartig:

> »Es ist kein Zufall oder die unerklärliche Kaprice einiger alter Schriftsteller, daß wir so viele kleine Angaben über die Entwicklung des Luxus und die Veränderung der Lebensweise im alten Rom besitzen, daß zum Beispiel zwischen den Beschreibungen der großen Kriege, der diplomatischen Errungenschaften, der politischen und ökonomischen Katastrophen uns das Datum angegeben wird, wann die Kunst des Geflügelmästens in Italien eingeführt wurde. Diese kleinen Tatsachen sind der Majestät der römischen Geschichte nicht so unwürdig, wie man anfangs annehmen möchte. Alles ist in dem großen Dasein einer Nation vereinigt, nichts ist ohne Wichtigkeit. Die kleinste, persönlichste Handlung tief verborgen in der Abgeschlossenheit des Heims, die niemand sieht, niemand kennt, hat einen unmittelbaren oder fernliegenden Einfluß auf das alltägliche Leben der Nation. Diese kleinen, bedeutungslosen Geschehnisse sind mit den Kriegen, den Revolutionen, den gewaltigen politischen und sozialen Ereignissen, über die die Menschen erstaunen, durch ein Band verbunden, welches zwar den meisten Leuten unsichtbar, aber nichtsdestoweniger unzerreißbar ist. – – Wie klarer und tiefer würden die Ursachen so vieler anscheinend mysteriöser Ereignisse in der Geschichte erkannt werden, von wie vielen Perioden würde man den Geist der Zeit besser verstehen, wenn wir nur Aufzeichnungen über die Privatverhältnisse der Familien besäßen, welche die regierenden Klassen bilden! Jede Tat, die wir in der Stille unseres Heims begehen, hat eine Rückwirkung auf unsere Umgebung. Mit jeder unserer Handlungen nehmen wir eine Verantwortlichkeit gegen die Nation und Nachkommenschaft auf, welche sich früher oder später in Ereignissen bestätigt.«

Demnach sollten die Wirte sich ein unsterbliches Verdienst um die Geschichte erwerben, indem sie akurate, gewissenhafte und schonungslose Tagebücher von all dem führen, was sie sehen. Aber das ist nicht nötig. Wenn sie nur b e h e r z i g e n, was sie sehen, so haben sie ihre Pflicht der Menschheit gegenüber vollauf getan. Denn sie und vor allem ihre Gehilfen, die Kellner, haben die großartigsten Gelegenheiten, die Menschen und ihre intimsten Handlungen aus nächster Nähe zu betrachten. Kein Geschäft, kein Beruf, kein Gewerbe ist so vorzüglich zu solchen Studien geeignet, als wie die Gastwirtsindustrie. Und daß die Menschen selber gegen derartige Studien nichts einzuwenden haben, erwähnte ich bereits. Die große Verachtung, die sie vor dem Wirt im allgemeinen und dem Kellner im besonderen haben, wird ihnen – wie ich bewies – selber zum Verderben. Man soll daher keinen Menschen für zu gering und zu dumm halten, als daß man sich ihm rückhaltslos preisgeben könnte.

Sie fragen nun, warum diese unbarmherzigen Menschen fast alle »Dienerseelen« seien oder Ignoranz und Unterwürfigkeit heuchelten? – Wenn das der Fall wäre, so müßte der mildtätige Bonifaz und seine freundliche Familie das verächtlichste Geschlecht auf Erden sein. Aber dem ist nicht so. Sie sind auch nur Menschen wie wir. Die außerordentlichen Schwierigkeiten des Services, die Ansprüche, die wir stellen, die Geräuschlosigkeit, mit der alles hergehen soll, die Vorsicht, mit der man zu Werke gehen muß, das alles wirkt sehr auf das Wesen ein, das alles macht ihn schüchtern, zurückhaltend, das alles gibt seiner Person den Anschein eines Zauderers, verwandelt ihn in den Mann der Unentschlossenheit, ein Bild, das jeder verachten muß, der es nicht kennt. Alle diese vielen kleinen äußeren Umstände machen den Menschen zu einem feinfühligen Wesen. Nicht nur als solches fürchtet der Kellner einen Fauxpas oder eine Blamage über alles, sondern ein kleines Unglück kann ihm auch oft seine Stelle kosten. Es ist wunderbar, zu beobachten, wie die Wirte oft die Existenz eines Angestellten opfern, um eine kleine, gemeine Laune eines Gastes zu befriedigen. Sollten Sie nicht ängstlich werden, wenn Ihr Dasein durch jede kleine Kleinigkeit gefährdet ist? Wer wird wohl den kürzeren ziehen bei einem jämmerlichen, lächerlichen Disput zwischen Gast und Kellner? Die meisten Kellner und Wirte haben noch nicht gelernt, den Forderungen ihrer Kundschaft entgegenzukommen und entgegenzutreten. Daher ist es Tatsache, daß eine Dienerseele als Kellner ziemlich erfolgreich sein kann, während ein halbwegs selbstbewußter junger Mann die größten Qualen auszustehen hat. Eine Dienerseele schnüffelt sich auf ganz bewundernswerte Weise instinktiv seine verwandten Kreaturen aus der großen Menge heraus. Sie wittern ein schleimiges Verhältnis und sind zu haben. Sie sagen mit Freuden ja. Wir sollen von unserem Kellner keine Dienerei verlangen. Wir erniedrigen uns dadurch selber. Ein wirklicher Mensch duldet keine Herrschaft, keine Autorität über sich und keine Dienerei unter sich. – Hier wird die Lebenskunst unseres jungen Mannes besonders erprobt. Und wenn der selbstbewußte Kellner – wie es sich für jeden Menschen schickt – sein Rößlein ein wenig im Zaum hält und den Stolz nicht mit der Vernunft durchgehen läßt, so übertrifft er an geschäftlichen Leistungen, an Tüchtigkeit und Erfolg jede Dienerseele bei weitem.

Das meiste Unglück auf der Welt wird bekanntlich durch die Tatsache angerichtet, daß jeder Mensch seiner eigenen Person viel zu viel Wichtigkeit zuschreibt, wie bescheiden er selbst sein mag. Bescheidenheit ist nichts als eine vornehme Art von Wichtigtuerei. Mit etwas Selbstverachtung aber und

Hochachtung vor anderen kommt man erstaunlich weit. – Das weiß der gute Kellner besser wie wir alle.

Ja, meine Freunde, Sie glauben nicht, wie mitleidig und feinfühlig ein guter Kellner ist. Auf den ersten Bück merkt er, wie Sie aufgelegt sind, und empfiehlt Ihnen je nach Ihrer Gemütserregung die nötigen Speisen, den erforderlichen Trost in Form eines Getränkes. Er besitzt das Auge eines Arztes. Ja, noch mehr tut er. Er nimmt Anteil an Ihrem Leide, an Ihrer Freude, ohne daß dieses Mitgefühl direkt auf seine Trinkgeldabsichten zurückzuführen ist. Es ist der gute Geist der alten Gastfreundschaft, der in den Leuten weiterlebt. Es ist des Kellners Natur, sich dem Gaste anzupassen, wie sich der Dichter dem Volke anpassen muß, wenn er zu ihm sprechen will. – Einem Börsenmakler sieht der freundliche, lächelnde Ganymed die Haussen und Baissen an der Nase ab. Nach einigem Zögern versucht er dann vorsichtig darauf anzuspielen und nötigenfalls zu gratulieren oder seinen Schmerz auszudrücken. Ein Kellner vermag den größten Mutzkopf und Brummbär zu trösten, wenn dieser nicht gerade ein unheilbarer Hypochonder ist, in dem das letzte Fünkchen Liebe für die schöne Erde und für Humor erloschen ist. Als Belohnung für eine solche Wohltat gibt der Börsianer häufig seinem liebenswürdigen Ganymed einen »Tip«, einen guten Rat in bezug auf die Börsengeheimnisse, woraufhin der Kellner nicht selten mit einer kleinen Einlage gut abschneidet.

Dem Kellner ist es ein wahres Vergnügen, einem freundlichen, wohlgesinnten Gaste aufzuwarten, und wer als solcher eine Unterhaltung wünscht oder sucht, wird im Kellner einen interessanten Causeur finden, wenn es die Zeit gestattet. Ein guter Kellner wird nie die Unterhaltung aus eigener Initiative suchen. Sein Taktgefühl und die einfachsten Regeln der Höflichkeit sagen ihm auch genau, wie weit eine Konversation gehen kann. Höflichkeit ist gerade das Gegenteil von Dienerei. Wer einem unbekannten Menschen höflich begegnet, hat demselben gegenüber immer etwas voraus. Schmierige Vertraulichkeit mit unbekannten oder wenig bekannten Menschen ist ungefähr das Widerlichste, was sich ein feinfühliger Mensch denken kann, und sie entstammt nur einer tierischen Borniertheit. Wer solchen Passionen nachhängt, muß oft sehr erniedrigende Erfahrungen machen. – Das alles sieht und weiß der Kellner besser wie wir alle, denn er lernt es unter dem großen Gewühl der Menschen.

In einzelnen Fällen wächst das Verhältnis zwischen Gast und Kellner auch zu einer schönen Familiarität und Freundschaft heran. Reiche, vornehme Leute, vielleicht alt und kinderlos, gewinnen oft ein wirkliches Vertrauen zu einem jungen, frischen Menschen, besonders wenn sich dieser in freier, schöner Weise ihrer annimmt und im Interesse des Hauses und seinem eigenen den Aufenthalt der Gäste genußreich zu gestalten versucht. Mag das Leben und die Lage der Gäste noch so beneidenswert aussehen, es hat immer seine großen und kleinen Häkchen, die das Dasein versauern. Und gerade solche Leute empfinden etwas ihnen Zugefügtes, das sie, streng genommen, nicht fordern können und worauf sie keinen Anspruch haben, als eine angenehme Überraschung und wissen es zu würdigen. Warum sollte unter solchen Umständen nicht ein wirklich kordiales Verhältnis zwischen Hoch und Gering aufkeimen können?

Aber unser modernes Leben, unsere geschäftlichen Ansichten ersticken doch in den meisten Fällen jede schönere Regung in den Herzen der Menschen. Und das größte Merkmal im Verkehr der Menschen untereinander ist nicht das Wohlwollen, die Güte und die Liebe, es ist auch nicht die Gemeinheit, die Sklaverei, der Haß oder die Sucht, sich gegenseitig zu schädigen, nein, es ist nur eines: die Gleichgültigkeit, die Indifferenz. Sie ist wirklich aus dem Trubel unseres modernen Erwerbslebens geboren und ist die niederste Stufe aller menschlichen Herzensregungen. Jeder wurschtelt für sich selber und bekümmert sich nicht um den anderen. Einer solch niederen Gesinnungsart sind nicht einmal die wildesten Völker der Erde fähig. Der Fremde, der zu ihnen kommt, wird entweder als Gast in den Hütten aufgenommen, mit allen Mitteln wie ein Heiliger geschützt und gepflegt, oder er wird totgeschlagen und aufgefressen. Beides sind Zeichen der Hochachtung. Ein Barbar wird niemals gleichgültig an einem anderen vorübergehen.

Ein Mann, der so zwischen den Feuern steht wie unser junger Freund, muß eine himmlische Geduld und Nachsicht mit den Schwächen und Fehlern der Menschheit haben. Der Gemeinheit gegenüber verhält er sich am besten ruhig, vornehm, ablehnend und schweigend. In den meisten Fällen wird er damit seinen rüpelhaften Gegner entwaffnen und zu Tode schweigen. Er muß bedenken, daß er Grobheit und Gemeinheit niemals besser als mit unendlicher schweigsamer Verachtung strafen kann. Er schont damit seine wertvolle Gesundheit und steht im Verhältnis zu seinem Angreifer wie der Mond zum Hunde, der ihn anheult. Und da die Gemeinheit der Menschen mit dem Geschäfte des Kellners verbunden ist wie der Geruch mit der Leimsiederei, so können Sie sich, meine Freunde, leicht vorstellen, was für ein vornehmer Mensch unser Kellner ist.

Ich erkläre mich aber wirklich nicht damit einverstanden, daß der Kellner geschäftlich ein vornehmer, schüchterner Märtyrer menschlicher Gemeinheit sei. Er sollte auftreten, wie es unser Inneres verlangt. Er sollte nicht jede Gemeinheit, jede Beleidigung, jede Frechheit dankend einstecken. Nein, bewahre! Er sollte sich wehren, als Mensch, als moderner Mensch wehren. Wir haben kein Verständnis für Heilige. Wir lachen darüber. Demgemäß sollte auch der Kellner auftreten. Das würde seiner Gesundheit sehr förderlich sein, deren er dringend für seine langen Arbeitsstunden bedarf. Bei unvermeidlichen Konflikten sollte sich der Kellner sein

Gegenüber ansehen und keine Rücksicht auf gemanikürte Hände oder Monokel nehmen. Er sollte es abschätzen. Hält er es für genügend zurechnungsfähig, daß eine derbe Lektion nicht ganz wirkungs- und spurlos an dem leeren Gehirn vorüberstreift, so soll er die notwendige Lektion gründlich erteilen. Wenige, aber kräftige Worte und nur Wahrheit, das genügt schon. Bei einem derartigen Renkontre sollte jeder Prinzipal, der nur ein klein wenig auf sich, sein Haus und seine Leute hält, den Angestellten unterstützen. Er wird dabei die Meinung eines jeden rechtlich denkenden Mannes auf seiner Seite haben. Wird dem Angestellten Unterstützung verweigert, so ist es Pflicht seiner Kollegen, solidarisch aufzutreten. Universelle Organisation und tatkräftiger Rechtsbeistand kämen dann sehr zur Geltung. Dies bezieht sich natürlich auf Fälle, wo die Person oder die Ehre des Kellners beleidigt wird. Bei gewöhnlichen geschäftlichen Differenzen zwischen Gast und Kellner entledigt sich der letztere der Sache am einfachsten, indem er sie dem Vorgesetzten übergibt und nicht eigenmächtig handelt.

Man sollte daher sagen, meine Freunde, daß, wenn ein Kellner oder irgendein anderer Mensch irgendeines Berufes ein Menschenkenner, ein tüchtiger Fachmann, ein bescheidener, höflicher Mann der Welt, ein angenehmer Gesellschafter ist, und wenn er das Gefühl der Pflicht, der Verantwortlichkeit und Zugehörigkeit zur menschlichen Gesellschaft in seiner Brust trägt, so würde er sich damit selbst die Hochachtung der gemeinsten seiner Mitmenschen erzwingen. Aber unserm Kellner wird dies schwer, sehr, sehr schwer gemacht. – Und so sehen Sie ein, daß ein Mann in einer derartigen Stellung einer wirklich großen Philosophie bedarf, um stark zu bleiben, sich aufrecht zu erhalten und nicht unterzugehen. Wem aber ist die Philosophie gegeben? – In jedem neuen Menschen, der uns entgegentritt, begegnen wir einer neuen kleinen Welt, auf welche unsere vorherigen Erfahrungen nur wenig, oft gar keine Anwendung findet. Zur Erkenntnis solcher Wahrheiten, die uns über alles Unheil der Erde hinwegzutragen vermögen, gehört ein gutes, geübtes Auge, das frei von den Kleinlichkeiten der Umgebung weit hinausschaut. Dieses Auge besitzen nur wenige. Indessen die meisten werden von der Notwendigkeit hinweggeschwemmt und lassen sich tragen. Doch das Leben versagt ihnen nie seine Hilfe ganz. So werden sie vorsichtig, feinfühlig, gewitzigt, forschen, strecken die Fühler aus ins Dunkle und sind auf der Hut. Die Verirrungen und Verwirrungen unserer Zivilisation verlangen dies. Sie bilden uns zu Diplomaten und Politikern heran. Diplomaten sind Leute, die in den schwierigsten Stellungen des Geistes und des Körpers Dinge verrichten können, die jeder aufrecht stehende Mensch in natürlicher Lage ebensogut und noch besser ausführen kann. Das Menschengeschlecht hat wirklich noch nicht die Kunststückchen seiner Vorfahren in den Lianen des Urwaldes verlernt. Ja, es scheint, daß, je mehr die Zivilisation fortschreitet, um so mehr wir deren wieder bedürfen,

d. h. daß wir zurückschreiten. Der beste Beweis dafür ist die Entwicklung des modernen Kellners. Ist es nicht geradezu bewundernswürdig, wie er sich durch die Schlinggewächse unserer Zivilisation hindurchschlängelt? Als pure Naturerscheinung genommen, für den Forscher freilich hat es wenig Reiz, weil verständlich. Wie alles andere, wenn man mit den Gesetzen der Entwicklung vertraut ist.

Es ist bemerkenswert, daß der Kellner – ein sehr moderner Arbeiter – trotz seiner Stellung zum Kapitalismus eher zum ganz achtbaren Philosophen und sozialen Trapezkünstler als zum Sozialdemokraten heranwächst. Bedenkt er, daß die glücklichen, fremden Menschen, denen er so nahe tritt, an seinem Unglück nicht direkt schuld sind? Läßt er es ihnen aus diesem Grunde nicht fühlen? Nimmt er darum keine drohende Haltung an? Welch formidablen Feind hätte die Gesellschaft nicht in ihm?! – Doch sein Wesen ist stets – ohne gefährliche Hintergedanken – gleich freundlich. Seine Züge versteinern sich so allmählich zu einem stereotypen Lächeln, einem traurigen Gemisch von Entsagung, geschickter Verstellungskunst, verhohlenem Leid und obligatorischer Heuchelei – ein Ausdruck, von der Zeit ins Antlitz des Großstadtmenschen gegraben, der ihm mit in den Tod folgt. –

Apropos, Herr Doktor, ich glaube auch nicht, daß der Kellner ein großer Theaterschwärmer ist. – Wieso? Nun, nach all dem, was er tagtäglich und nachtnächtlich zu sehen bekommt und anhören muß, dürften die Handlungen auf den Brettern, die die Welt bedeuten, meistens doch recht fade und verlogen erscheinen. – – – – – – – – – – – – – – – – – – – – – – – – – – –

Kellner, ich nehme meinen Kaffee im Palmengarten. – Nein, nur für mich allein; meine Gäste haben sich empfohlen. – Wer ist dort? Ein Herr, der mich eben begrüßen will! – Seine Karte! Zeigen Sie her. Wohnt der Herr auch im Hotel? Ah, heute angekommen. – Natürlich! Sagen Sie ihm, ich sei mit dem größten Vergnügen bereit. –

»Marcus Tottenham Wootslebury, 15 Regent Street.« – Mein Schneider aus London! Was mag er im Schilde führen! Ich bin ihm doch nichts mehr schuldig! –

Ah! *How do you do, Mr. Wootslebury?!* – So, Sie haben mich im Speisesaal gesehen und bis zum Schluß des Diners gewartet, um mir guten Tag zu sagen? Das ist aber liebenswürdig von Ihnen! – Stören? Bewahre! Meine Gäste hatten's eilig. Sie wollten noch ins Theater. Ganz unzeremonielles Abendessen, wissen Sie. – Nehmen Sie auch Kaffee? Wie, keine Fine Champagne? – Aber doch eine Perfecto? – Ja, danke, mit der letzten Garderobe bin ich sehr zufrieden. Alles sitzt wunderbar. – Und was gibt's sonst Neues zu sehen auf Regent Street und Bond Street? – So, einige revolutionäre Abänderungen am Morning Coat! – Das ist ja ungeheuer wichtig! Ja, ja, aber sagen Sie mir! Ist denn das wirklich wahr? Seit vorvorgestern trägt man die Falten der Beinkleider an der Seite! Ich konnte es nicht für möglich halten, als ich das Kabeltelegramm erhielt! – Hier ist es noch nicht eingeführt. Die Leute sind hinter der Zeit zurück. – Welch ein Glück, daß ich Sie treffe, mein lieber Mr. Wootslebury! Da muß ich doch gleich meinen Valet instruieren. – Hm, ja, herrlicher Abend heute. – Schönes Wetter überhaupt die ganze Zeit. –

Müde? Ja, ich bin etwas müde. Ich habe einen anstrengenden Tag gehabt. Schon um elf Uhr früh aufgestanden, Bad genommen, anziehen lassen, Lunch im Klub, zur Rezeption bei der Mrs. Van der Gold Augustus Crackerjack anziehen lassen, zum Polo anziehen lassen und zum Diner anziehen lassen. – Nein, für heute ist's genug! – Ich habe alles abgesagt. –

Und sagen Sie mal, lieber Mr. Wootslebury, finden Sie nicht auch, daß diese Kellner hier eigentlich verdammt schick in Kluft sind! – Ja, ich verstehe wohl, was Sie meinen. Aber das will ich Ihnen erklären. Wenn diese Kerle genau so aussehen würden wie unsereins, wo sollte denn das hinaus!? Darum müssen sich die Leute schon etwas einschränken. Das sind geschäftliche Vorschriften. Aber das Exterieur ist für den Kellner genau so wichtig wie für uns. Denn es gilt als eine von der Menschheit seit urdenklichen Zeiten festgesetzte Regel, seinen äußerlichen Menschen in möglichst gutem Licht zu zeigen. Man mag darüber denken wie man will, es bleibt Tatsache, daß derjenige, der aus Weltverachtung, Exzentrizität, Nachlässigkeit oder Dummheit gegen diese erste Regel der Gesellschaft verstößt, allerhand unangenehme Folgen zu tragen hat. Ja, die Regel vom schönen Außenmenschen gilt vor allem auch für die Kellner. Die Leute, die gut essen und trinken und hohe Preise dafür bezahlen können, wollen sich nicht durch allerhand Jammergestalten den Appetit verderben lassen. Und sie haben recht! – Warum sollten sie! – Nicht wahr, das finden Sie auch. – Denken Sie sich, ich hörte einmal einen Gast am Tisch nebenan sich über das Aussehen des Kellners beschweren. Er ließ den Oberkellner rufen und sagte ihm in Gegenwart des Kellners:

»Geben Sie mir einen anderen Kellner. Ich kann das Gesicht des Menschen nicht leiden!«

Und er bekam einen anderen. – Der erste entfernte sich schweigend. – Das nenne ich Geschmack und Energie! – Die Wirte und ihre Angestellten müssen sich das täglich bieten lassen, bis sie gelernt haben, wie ein Mensch ausschauen soll. Ein gutes Diner, wie jeder andere Sinnengenuß, ist eine Befriedigung, eine Betäubung eines gewissen Bedürfnisses, eine Art Illusion, ein schönes Selbstbelügen, eine angenehme Narkose, ein süßer Traum, wobei – ihn möglichst vollkommen zu gestalten – alle äußeren Umstände mitwirken müssen. Das luxuriöse Milieu eines modernen Speisesaals, die kostbare Ausstattung, Gobelins, orientalische Teppiche, Blumen, Palmen, Marmor, Musik, Lichter, anständige, feine Kellner, das alles muß dazu beitragen.

Man braucht aber doch wirklich gar kein sensitiver Sinnenmensch zu sein, um sich von dem zweifelhaften Äußern eines in unsere Nähe kommenden Menschen abgestoßen zu fühlen. Ja, nicht wahr! Jedes irgendwie verdächtig aussehende Individuum erweckt eine gewisse Unruhe und Unbehaglichkeit in der Brust seiner Mitmenschen. Dies unangenehme Gefühl kann je nach dem Grade der Empfindlichkeit einerseits und den Umständen und nach der Beschaffenheit des Äußern andererseits bis zur Unerträglichkeit gesteigert werden. Einen solchen Fall hatte ich zweifellos vor mir. Der betreffende Gast konnte sich nicht einmal mit dem Gesichte seines Kellners abfinden. Gegen seine Kleidung hätte kein Mensch etwas anhaben können, denn ich verkehre in keinen Häusern, wo etwas Derartiges stattfinden könnte. Sie sehen, für den Gast war das Aussehen des Mannes nur eine Augenblicksfrage, für den Kellner eine Lebensfrage. Aber in einem Speisesaal gehört ein derartig gespanntes Verhältnis zwischen zwei Menschen in verschiedenen Lebensstellungen tatsächlich nicht zu den Freuden des Daseins. Daher wurde der Kellner entlassen. Denn gerade hier, wenn das Verhältnis nicht makellos harmonisch ist, d. h. wenn der Gast den Kellner nicht gerne sieht, so kann es von verderblicher Wirkung sein. Der Gast verliert gewöhnlich seinen Hunger, das Haus Einkünfte und der unangenehme Kellner seine Stellung.

Ja, Mr. Wootslebury, es ist etwas Eigenartiges, daß die Gäste von möglichst distinguiert aussehenden Leuten aufgewartet sein wollen. Warum? Ich denke mir die Sache folgendermaßen: Je besser und intelligenter ein Mensch ist, der uns vollständig zur Verfügung steht, um so besser und intelligenter müssen wir uns doch wohl selber fühlen. Nicht wahr? – Hähäh! – Ganz richtig! – Man entdeckt auf einmal Werte in sich, die uns selber bis dato unbekannt waren. Das sind höchst angenehme Gefühle. Und als Gratiszugaben zu einem guten Essen sind sie höchst willkommen, der Verdauung äußerst förderlich. – Nein, das haben wir nicht erst herausgefunden. Das wußte man schon zu den ältesten Zeiten. Warum mußten denn bei den großen Essen im Mittelalter die Herren Reichsfürsten die Majestät höchst eigenhändig servieren? – Vom Lakai auf dem Bock schließt man doch erst auf den Herrn in dem Wagen. An der Uniform erkennt man doch erst den Geschmack der Leute, nicht wahr? – Und auf dem geistigen Gebiete ist's genau so. Die meisten Herrscher zogen doch nur ihre zeitgenössischen Geistes- und andere Größen an ihre Höfe heran, um sich selber mit den Blüten der Nation zu garnieren, da sie die Leere ihres eigenen Daseins dumpf empfanden. In ganz vereinzelten Fällen, wo keine Selbstverherrlichung das Motiv ist, sich mit großen Geistern zu umgeben, wuchsen die Beziehungen zwischen Fürst und Protegé zu inniger Freundschaft aus. Sonst aber ist das Verhältnis ein unerquickliches. Protzentum, Heuchelei, Kriecherei und sonstige Unannehmlichkeiten. Haben Sie jemals das Leben des Herrn Geheimrats Goethe gelesen, Mr. Wootslebury? –

Es ist eine schwierige Aufgabe für den Kellner, als eleganter Mensch aufzutreten, ohne jedoch den Gästen ähnlich zu sehen, zumal er auch noch aus gewissen anderen praktischen Gründen Juwelen, Uhrketten, Ringe, die auf allzu deftigen Wohlstand des Eigentümers schließen lassen könnten, sowie andere Distinktionen des Gentlemans unsichtbar tragen muß. Man soll die Menschen nicht unnötigerweise aufreizen. – Gerade aber, weil die Kellner genötigt sind, in einfacher Eleganz aufzutreten, hat man sie immer und immer wieder mit Kavalieren verwechselt. Viele praktische Wirte ziehen sich nun aus dem Dilemma, indem sie ihren Leuten ein paar goldene Knöpfe an den Frack annähen. Aber glauben Sie nicht, daß dies das Aussehen des Kellners zu sehr beeinträchtigt? Es erinnert doch zu sehr an die Uniform. Ja, sehen Sie! Uniform ohne Schnurrbart und Waffen! Was ist das für eine Kombination! – Warum man den jungen Leuten nicht gestattet, Schnurrbärte zu tragen? Ja, das ist auch noch ein Rätsel von den vielen im Leben des Kellners. Gehört das glatte Gesicht zur Uniform? – Soll der Mann jünger erscheinen? Will man durch Verbannung des Zeichens männlicher Würde das Selbstbewußtsein demütigen oder heben? – Ich weiß es nicht. Der Kellner soll keine wohlriechenden Parfüms gebrauchen, noch soll er sein Haupthaar salben, und wie er dennoch als zivilisierter Mensch erscheinen kann, ist mir gleichfalls rätselhaft. Sein Frack – mit oder ohne Goldknöpfe – ist das interessanteste Kleidungsstück, das ich kenne. Nur halte ich es etwas zu malerisch und daher zu unpraktisch, um darin täglich Fußreisen von dreißig bis vierzig Kilometern zu machen. – Wieso? – Nun, wenn wir bei einem anständigen Diner mit dem Horsd'œuvre anfangen und mit dem Nachtisch aufhören, so wird unser Mann inzwischen so oft hin und her, treppauf und treppab in die Küche, Keller und überall hin Laufschritt gemacht haben, daß sich daraus eine gute Strecke zusammensetzt. Hat er mehrere Partien zu befriedigen, die sich alle zahlreichen verschiedenen Genüssen hingeben, so zieht sich sein Weg ziemlich in die Länge. Bei einem starken Verkehr und zu allen Mahlzeiten des Tages wächst es ins Unglaubliche. – Nein, daran läßt sich nichts verbessern. Er wird immer seine Stiegen und Strecken zu laufen haben, er wird seine Kilometer zu Fuß machen müssen, denn es ist für ihn notwendig, sich mit dem Koch persönlich in Verbindung zu setzen, die fertigen Sachen eigenhändig in Empfang zu nehmen. Wenn seine Küche nun noch etwas weit vom Speisesaal entfernt liegt, was aus vielen Gründen gewöhnlich der Fall ist, und wenn sein Gedächtnis etwas unzuverlässig ist, so entwickelt sich aus dem Kellner ein Dauerläufer, der manchen Marathonrenner beschämen könnte.

Denken Sie sich, Mr. Wootslebury, diese Entweihung des Frackes! Der Frack, der Inbegriff aller Eleganz, der einfache, schöne, geschmeidige Rock des Gentleman! Das Symbol der lässigen Ruhe! Was wird aus ihm, wenn der Sturm des Lebens hindurchsaust, wenn die Schöße ratlos und verzweifelt im Winde flattern! – Der Kellnerfrack, nein, das ist nichts! – Das Malerische, Derbe, Urkräftige, Trotzige, das dem blauen Kittel des rußigen Arbeiters anhaftet, fehlt der Kleidung des Kellners – eines modernen Arbeiters – leider gänzlich. Hat der Kellner nicht die Berechtigung, auch zu denjenigen Menschen gezählt zu werden, die in schwerer Arbeit des Körpers und zugleich mit großer geistiger Anstrengung das tägliche Brot erkämpfen müssen und dabei die elende Hülle ihres Körpers mit sauerm Schweiße durchtränken!? Der Frack! – Was wird er auf dem Rücken des arbeitenden, schweißtriefenden Kellners? – Können Sie mir das nicht sagen, Mr. Wootslebury? – Ja, ja, ich versichere Ihnen! – Eine der vielen Tragikomödien unseres heutigen Lebens! ...

# V.

*»Business is Business«*

Es liegt etwas sehr Schönes in dem Gedanken, den Menschen Heime und Unterkunft zu bereiten, ihnen Speise und Trank zu reichen.

Aber dann kommt das Geschäft. Wirklich, ich habe lange auf den Augenblick gewartet, um mit einem hervorragenden Geschäftsmann ein Wörtchen über Geschäft zu sprechen und seine Ansichten zu hören. Darum ist unsere heutige Konversation auch so interessant für mich. – Natürlich, ich verstehe Ihren Standpunkt als Großindustrieller vollkommen. Sie müssen mir aber erlauben, daß ich vom menschlichen Gesichtspunkt aus, auf dem ich stehe, mancherlei gegen moderne Geschäftsmethoden einzuwenden habe. Das sind die Widersprüche, aus denen unser Dasein zusammengesetzt ist. Aber ein Zug tritt schön hervor: wir alle versuchen unser Bestes, und gleich stark in uns allen wühlt der Drang nach Tätigkeit und Arbeit, gleichviel, wie oder ob derselbe zum Ausbruch kommt. Er ist da. – Ob als Künstler, als Gelehrter, als Kaufmann oder Handwerker, jeder tut, was in seinen Kräften steht, jeder ist gleich stolz auf seine Arbeit – von seinem Standpunkt aus. Und mit Recht. – Aber jedes Geschäft – oder Arbeit – oder Kunst – wie man will, ist eine Art Kleinigkeitskrämerei. Ein Geschäftsmann, ein Künstler, ein Staatsmann, ja schließlich jeder Mensch, welcher Kleinigkeiten übersieht oder ignoriert, wird dafür bestraft – in manchen Fällen ruiniert. Kleinigkeiten scheinen die Welt und das große Leben auszumachen, so lächerlich es klingt. – Goethe mußte sich als Staatsminister um lederne Gendarmeriehosen und allerhand sonstigen Kram bekümmern. Und er tat es. Oft sogar mit wirklichem Vergnügen. Er, der Olympier!

Dann ist das Geschäft als solches aber auch etwas mehr, es ist ganz Unerbittlichkeit. So unerbitterlich wie jede fortlaufende Handlung, wie ein Drama, wie das Ticktack der Uhr, das ein Endziel, einen Abschluß hat. Sonst ist es kein Geschäft.

Was sagen Sie aber nun zu einem modernen Riesenhotel, Sie, der Inhaber von großen Industrien, von ausgedehnten Geschäften? Ich meine von Ihrem, vom geschäftlichen Standpunkt aus. – Ist das moderne Riesenhotel nicht eine ganz großartige Industrie? – Und sonderbar! So interessant und weitverzweigt das Hotelwesen als Geschäft ist, so miserabel ist der Wirt als Geschäftsmann. – Wieso? – Ei, seine Tätigkeit, sein Geschäft bringt dies selber mit sich. Und ein schlechter Geschäftsmann ist gewöhnlich auch ein schlechter Prinzipal und Arbeitsgeber. Auch dies bestätigt sich beim Wirt. – Ja, Sie haben sich vielleicht noch nicht genügend für die geschäftliche Seite der Hotelindustrie interessiert, und darum klingt Ihnen meine Behauptung neu und fremd. Aber sie beruht auf Tatsache. – Gewiß, ich weiß, im Sinne des bürgerlichen Gesetzbuches ist der Wirt ein Kaufmann. Aber darauf gebe ich nichts, gar nichts. Ich bekümmere mich nicht um leere Phrasen und Namen. Nun wohl! Ich habe Ihnen gesagt, daß etwas mehr Schönes in dem Gedanken liege, den der Wirt aufgreift und zu seinem Geschäft macht. Nicht jeder Geschäftsmann kann behaupten, daß er durch seinen Beruf den Mitmenschen Wohltaten und Freude bereiten kann. Und gewiß hat kein Geschäft einen mehr idealen Hintergrund, als das des Wirtes.

Ein Wirt, der nichts mehr wäre als ein strikter Geschäftsmann, müßte eine abschreckende Gestalt für seine Kundschaft sein. Wenigstens für seine moderne, so anspruchsvolle Kundschaft. Daher ist der Wirt mehr Mensch als Geschäftsmann. Schlechte Kaufleute sind oft sehr gute Menschen. – Bitte, ich weiß, was Sie sagen wollen! Ich will gewiß nicht behaupten, daß alle gewiegten Geschäftsmänner schlechte Menschen und alle geschäftlichen Stümper gute menschliche Exemplare seien. Es gibt Mittelwege. Aber trotzdem! Ich glaube nicht an Gefühl, an Edelmut, an Freigiebigkeit bei einem geschäftlichen Vorgang. Das menschliche Herz hat keine Stimme in der Geschäftswelt. Edelmut läßt sich mit unserem kommerziellen Leben noch nicht vereinbaren. Es ist das Privilegium des Schönen, lächerlich zu werden, wenn der Alltag spricht.

Der Wirt ist sich seiner zwiefachen Stellung sehr wohl und schmerzlich bewußt. Sagen Sie ihm, daß sein Geschäft genau das gleiche sei, was jedes andere Geschäft ist, so wird er freudig zustimmen. Wenn man ihm aber sagt, daß er und seine Angestellten deshalb genau so auftreten sollten, wie es andere Geschäftsleute tun, so wird die freudige Miene verschwinden und eine besorgte an ihre Stelle treten. Er wird sagen, daß dies unmöglich sei. Er wird Ihnen eine ganze Reihe von Gründen hierfür angeben, und doch keinen einzigen, der stichhaltig und greifbar wäre. – Nein, nein, er kann den Gästen gegenüber nicht so auftreten, wie es andere Geschäftsleute ihren Kunden gegenüber tun. – Das ist nun einmal so und nicht anders. Der Wirt wird Ihnen sagen, daß er höflicher, zuvorkommender, nachsichtiger, freigiebiger, williger, fügsamer sein muß als irgendein anderer Geschäftsmann, daß er sogar nötigenfalls sich bücken und Kratzfüße machen muß. Die Gäste verlangen dies nun einmal so, die Konkurrenz ist nun einmal so groß usw. Der arme Mensch wird sich vor Qualen winden und drehen, aber keine richtige Lösung seiner eigenartigen Situation finden können.

Ich kenne kaum einen Betrieb, dem mehr Gefahren von innen und von außen drohen, wie der Hotelindustrie. Ungünstiges Wetter und Verkehrsstörungen können großen Schaden anrichten. Eine Epidemie, ja ein einziger Todesfall oder eine ansteckende Krankheit können den Betrieb vollständig lähmen. Selbstmorde, Skandale gehören nicht zu Annehmlichkeiten. Dem Hause kann jederzeit durch verleumderische

Untergrabung des guten Rufes und des Renommees unermeßlichen Schaden beigefügt werden. Schwindler, Hochstapler, Gauner, Diebe treiben hier unausgesetzt ihr Unwesen. Infolge der großen Haftpflicht der Wirte droht eine beständige Gefahr in Prozessen aller Art. Die Sorge um das Eigentum und die Sicherheit der Gäste ist beileibe keine geringe. Vor allem aber ist die Ungnade hochgestellter, einflußreicher Leute am meisten zu fürchten. Einflußreiche Damen der hohen Gesellschaft namentlich sind große Faktoren in der Prosperität oder dem Ruin eines Hauses. Die verheerende oder wohltätige Wirkung, welche ein einzelnes weibliches Wesen durch ihre Zungenfertigkeit im Klub, in der Gesellschaft, bei ihren Freundinnen und selbst bei den Männern in einem Hotel hervorrufen kann, ist oft ganz unglaublich groß. – Von den eigentlichen Betriebsgefahren, den inneren, wie die Verderblichkeit der Waren, Gewissenlosigkeit und Unredlichkeit der Angestellten, Feuersgefahr usw. will ich gar nicht reden. Es sind nur einige von den vielen Sorgen, die das Gemüt des modernen Hoteliers als Geschäftsmann belasten. Seine Hauptsorge aber ist: er will seinen Gästen ein Heim bereiten.

Ein wahrhaft heroischer Versuch! Ein herkulisches Unternehmen für einen Geschäftsmann! Aber was ist das Ende? – So wird der Hotelier durch seine Sisyphusarbeit geschäftlich schwach statt stark. Er wird ängstlich, enttäuscht, entmutigt, er kann seiner Kundschaft nicht als Kaufmann entgegentreten. – Er wird stets einem unverschämten Gaste, einem chronischen Nörgler, der – weil er die Hoteliers und ihre Schwächen kennt – prinzipiell überall wegen hoher Preise, schlechten Essens, miserabler Bedienung usw. aufmuckt, sofort weitgehende Privilegien einräumen und einen Rabatt gewähren. Zum Protest gegen derartige, sehr häufig vorkommende Unverschämtheit erkühnt sich der Wirt höchstens zur Zeit der Hochsaison, wo drei oder vier andere, weniger unverfrorene Wanderer mit Bergen von Gepäck der Unterkunft harren und die fraglichen Preise gerne zahlen wollen, da sie schon an verschiedenen anderen gastlichen Portalen bedauernd zurückgewiesen wurden. Die übertriebene Hochachtung und Devotion vor seiner Kundschaft blendet den Durchschnittshotelier in dem Maße, daß er die größten Grobheiten übersieht oder schweigend einsteckt, ja daß er sich von einem internationalen Hochstapler, der nur halbwegs geschickt auftritt, oft ins Bockshorn jagen und betrügen läßt.

Mich dünkt, es hat sich der muffige Geruch des Interieurs wackeliger Karossen und Kaleschen selbst bis in die modernsten Hotels verschleppt. Den Geist, der die Hotelindustrie als Geschäft bedrückt, könnte ich nur – um ihn ganz genau zu definieren – »Postkutschengeist« nennen. Und wie eine vererbte Krankheit oder Angewohnheit schleicht er sich durch die ganze große Familie des mildtätigen Bonifaz hindurch. So angemessen, gemütlich und zutraulich dieser liebe alte Postkutschengeist vor fünfzig oder hundert

Jahren noch gewesen sein mag, die heutige Zeit hat keinen Gebrauch mehr für ihn. Das Dröhnen der stählernen Räder und Schienen, das gewaltige Fauchen der Lokomotiven, das dumpfe Stampfen der Schiffsmaschinen haben ihn, den Alten, vertrieben. – Wir bedauern dies unendlich. Wir betrauern ihn, wie wir uns über das Ableben eines alten Urgroßvaters oder Großonkels grämen, dessen Erbe wir, die Jungen, die Lebenden, antreten. – Aber dann schnell in die Erde mit ihm! Gott hab' ihn selig! Und zurück ins Leben! – Zeit ist Geld! – Und in unserer Zeit lautet der Kriegsruf: »*Business is Business!*«

Der moderne Hotelier wird alles, alles aufbieten, seinen reisenden Gästen Schutz, Obdach, Sicherheit, gutes Essen, gutes Trinken, freundliche Bedienung zu geben. Er wird sein Haus so bequem, so luxuriös, so behaglich und vollkommen ausstatten, wie es in seiner Macht steht. – Ja, wie gesagt – er wird das Menschenunmögliche versuchen: er wird den müden Reisenden so aufnehmen, daß dieser unter dem Dache des Hotels sein eigenes zurückgelassenes Heim vergißt. Gelingt dies jemals einem Hotelier, so ist er ein Künstler, ein großer Wohltäter der Menschheit, der stolz auf sein Lebenswerk sein kann.

Es ist jedoch eine Tatsache, daß das moderne Hotel das Heim der Menschen langsam verdrängt. – Beachten Sie nur, wie die Hoteliers dies unbewußt ahnen. Oder sollten die bösen Menschen es wirklich schon wissen!? – Jedenfalls aber, um den Übergang möglichst sanft zu gestalten, um die bittere Pille, die die Menschheit schlucken werden muß, süß zu machen, preisen sie ihre Häuser instinktiv – oder mit teuflisch schlauer Berechnung – als »Heime« an. Sie machen die verzweifeltsten Anstrengungen, sie sparen keine Mittel, ihre Lokale einem Heime ähnlich zu machen.

Aber ich bezweifle, ob es jemals einem Hotelier bisher gelungen ist, dem Reisenden das ferne Heim zu ersetzen. – Denn das Hotel ist und bleibt doch immer ein Geschäftshaus, und es kann doch auch nur als solches betrachtet und betrieben werden. Nach unseren bisherigen Begriffen war das Heim aber kein Geschäftshaus, sondern eine Art Heiligtum, eine geweihte Stätte. Der moderne Hotelier sollte dies bedenken, und wenn er rechnen kann, wird er es bedenken. Er würde sich dann auch nicht aufreiben auf der Suche nach etwas Unerreichbarem, nach dem Ersatz des Heims, sondern er würde dann nur danach trachten, sein Haus zu einem wirklichen Geschäftshaus zu gestalten.

Eine sehr traurige, trostlose Botschaft für das liebe Publikum! Der eine Hotelier, um sie ihm offen zu verkünden, müßte ein viel größerer Heros sein als alle seine heimebauenden Kollegen zusammengenommen. Aber da das liebe Publikum nur immer seine eigenen Interessen im Auge hat, und da die

Hotels zur Selbsterhaltung auch bald anfangen müssen, das gleiche zu tun, so wird wohl jemand unter ihnen die Botschaft in nächster Zeit öffentlich verkünden müssen. Aber es braucht keine Kriegserklärung zu sein. Man kann es zum sanften Appell an die Vernunft des lieben Publikums machen.

Der Hotelier wird heute noch eingestehen müssen, daß er seinen Gästen kein wirkliches Heim bieten kann, sondern nur ein vorübergehendes Obdach – gegen Bezahlung. Was man Geschäft nennt ... Darum soll das Publikum auch eigentlich nicht mit Millionen unsinniger Forderungen und Erwartungen kommen und aus dem Ärmsten einen Neurastheniker machen. Wenn dies geschieht, so ist es nichts als die gerechte Strafe für die eigentlich geradezu unglaubliche Gemütsroheit, ein Geschäftslokal als heimähnlich oder heimersetzend anzupreisen. Mögen die Hoteliers durch Konkurrenz zu solch waghalsigem Tun angetrieben werden, es ist unverzeihlich, roh, – noch verfrüht. Das moderne Hotel kann in sich selbst eine kleine Stadt sein, es kann ein Kunst-, Musik-, Theaterpalast sein – ein Heim nach unseren Begriffen ist es noch nicht. Für unsere Enkel vielleicht, – wer weiß? – Freilich, freilich, es gibt heute schon genügend Menschen, welche große Hotels zu ihrem beständigen Aufenthaltsort machen und jahraus und jahrein darinnen vegetieren. Aber es gibt auch Menschen, denen der Begriff »Heim« fremd ist. Es gibt Menschen, deren Leben so entsetzlich öde, inhaltslos und leer ist, deren Inneres so verwüstet ist, daß sie allerhand künstlicher und mechanischer Mittel bedürfen, um sich über ihre Herzensöde hinwegzutrösten. Doch diese Menschen kommen für uns nicht in Betracht. – Frauen allerdings, Herr Kommerzienrat, ach, die Frauen, sage ich Ihnen, so weit sie angefangen haben, die Krise der Umwandlung, die Metamorphose des Heims zu erkennen, sie begrüßen die neue Ära mit einer frenetischen Begeisterung ... pst! – huh! da kommen unsere Damen gerade aus dem Garten – – sollten wir nicht lieber ein anderes Thema ...? Nicht? – Nun, ich werde versuchen, sie bald wieder fortzubringen. –

– – – – – Häh, ich schaue so glücklich drein, gnädige Frau? – Ja, ich fühle ein großes Dichtwerk in mir reifen. – Interessant, nicht wahr? – Wie meinen Sie ...? Ein titanisches Drama? – Ah, Sie halten viel zu wenig von mir! – Nein, nein! Ich fühle mich berufen, bald einen Nekrolog auf die Hausfrau zu singen. Vielleicht noch etwas verfrüht, aber immerhin ... – Selbstverständlich, gnädige Frau! Die Männer sind daran schuld. – Sonst niemand! Bevor ich aber in die Saiten greife und mein Lamento anstimme, will ich dem schlimmsten Feinde der Hausfrau, dem siegreich vordringenden Kochkünstler männlichen Geschlechts noch einen kräftigen Hieb versetzen, ja, ihn gar zurückzuschlagen versuchen, obgleich ich als Mann – persönlich – gegen den liebenswürdigen Menschen nichts einzuwenden habe. – Dieser herrliche Achilleus des Herdes hat nämlich eine sehr verwundbare Ferse: seine souveräne Verachtung für Hausmannskost. Wenn er nicht weise genug ist, noch einiges von der Hausfrau zu lernen, bevor er ihr ganz das Handwerk legt, so ist es um ihn geschehen. – Der Kochkünstler mag ein Philosoph, ein Träumer sein, was er hervorbringt und ersinnt, kann hohe Vollendung, Kunst oder Maschinenarbeit sein, die mit Präzision und Verve der Berufsmäßigkeit entsteht oder aus dem wunderbaren Reichtum und dem Fleiße eines erfinderischen Genies geboren wird. Seine Leistungen weisen aber nicht die Spuren jener liebevollen Hand auf, die den Gerichten einer guten Hausfrau anhaften. Warum ist diese häusliche Handarbeit mit allen ihren Mängeln und Ungeschliffenheiten in ihrer Einfachheit und Anspruchslosigkeit uns Menschen so wertvoll, so teuer? Vollkommenes ist uns noch fremd, denn wir selber sind noch nicht vollkommen. Die vollendete Arbeit mag unsere Bewunderung hervorrufen, sie hat aber einen befremdenden Eindruck auf uns: wir können sie eben nicht von Herzen lieben.

Hausmannskost, so nahrhaft, so einfach sie ist, in diesem Hotel ist sie noch nicht zu finden! Was die liebe, einfache Hausfrau, die biedere, ungebildete Köchin oft zu leisten vermag, den berühmtesten kulinarischen Größen ist's ein Rätsel. – Ich würde mit einer einzigen Bestellung auf einen kräftigen, deftigen Pfannekuchen mit Speck oder einen wunderlieblichen »Armen Ritter« unten das ganze Regiment von Kochkünstlern in Aufregung und Verzweiflung versetzen können. Vor einem Heringssalat aus Pellkartoffeln stehen die weisen Schüler des Lukullus und Brillat-Savarins, die schöpferischen Genies einer klassischen Küche, die Chemie, Physik und Anatomie studiert haben, genau so verblüfft da, wie ein Kollegium von Professoren der Psychologie, die vielleicht die verzwickten Liebesgefühle der Prinzessin Salome und des Propheten Jokanaan haarscharf erklären können, aber einen Fall von unglücklicher Liebe zwischen einem Hausknecht und einem Kammerkätzchen staunend angaffen und ratlos – aber ganz absolut hilf-, wort-, rat-, taten- und hoffnungslos davorstehen. Höchstens lächeln können sie und die Achseln zucken. Die Kochkünstler sowohl wie die Professoren. Das ist aber auch alles. Jedoch lächeln und achselzucken kann jedermann und besonders, wenn er sich sonst nicht zu helfen weiß.

Sind es wohl besondere Geheimnisse, Zaubersprüche und Beschwörungsformeln, die die Hausfrau bei der Zubereitung ihrer Gerichte anwendet, deren magische Gewalt dem Sohne in der Fremde grausames Heimweh bereitet, deren Duft allein schon den flatterhaften Ehemann mit unsichtbaren Fäden ans Haus fesselt? – Nein, gnädige Frau, so viel Wunderglauben besitze ich leider nicht. – Ich kann mir nicht einreden, daß die traute Liebe der Gattin und Mutter genug physische Kraft besitzt, um fürsorglich und beeinflussend über den dampfenden Kochtöpfen zu schweben und das Gedeihen des Inhalts zum Heile der Familienverdauungsorgane zu beschützen und zu segnen. – Wie so vieles

Transzendentale von ruchlosen atheistischen Menschen wissenschaftlich ausgelegt werden kann, und da ich zur Beseitigung jedes Wunderglaubens nach Kräften beitragen will, so bin ich daher roh genug, die Wunder der häuslichen Küche physiologisch zu erklären. – Die Hausfrau bereitet vor allem die Speisen nicht zu lange vor. Sie kommen direkt vom Feuer auf den Tisch. Sie sind daher frei von dem metallischen Geschmack vieler Hotelspeisen, die stundenlang zubereitet warten müssen, bis sie serviert werden können. Während dieser Wartezeit zersetzen sich auf chemischem Wege kleine Metallteilchen, die, ohne schädlich zu sein, gewissen Speisen einen unangenehmen Geschmack mitteilen. – Nichtsdestoweniger gibt es Sachen, die aufgewärmt geradezu gottvoll sind. Durch den wiederholten Prozeß des Kochens wird oft ein gewisser, erster, halbroher Zustand beseitigt, die Speisen werden garer, zuträglicher und verdaulicher, wenn ihre ursprüngliche Kraft sorgfältigerweise erspart wird. Die Hausfrau, die oft aus Sparsamkeitsrücksichten gezwungen ist, Reste aufzuwärmen, hat dies entdeckt und weiß es wohl zu benutzen. Der Kochkünstler dagegen schaudert meistens vor aufgewärmten Speisen zurück. Durch weise Haushaltung an Sparsamkeit gewöhnt, verwendet die Hausfrau allerhand Reste und Überbleibsel von Suppen, Saucen, Knochen und dergleichen, kocht alles wieder auf und erzielt dadurch in ihren Gerichten jenen unbestimmbaren Grad von Kraft und Nahrhaftigkeit, welche jede sparsame, haushälterische Wirtschaft in allen Lebenslagen erreicht – das große, dem Verschwender ewig verborgen bleibende Geheimnis des Wohlstandes und der Gesittung. – Der Kochkünstler ist gewöhnlich ein Verschwender, wie alle Genies Verschwender sind. In der Enge muß das Genie zugrunde gehen. Aber die ganze Ausbeutung seiner Kräfte und Mittel kennzeichnet den weisen Künstler, den tüchtigen Handwerker. So viel kann der Koch von der Hausfrau lernen. – – Ja, meine Damen, ich schaudere bei dem Gedanken, daß das Heim der Menschen auf dem Aussterbeetat stehen soll! – Das moderne Heim ist nur noch ein Schatten von dem früheren. Und was wird die Zukunft uns als Ersatz bieten? – Nun, etwas Ähnliches wie ein Hotel muß es doch wohl werden, wenn die Frauen keinen anderen Rat wissen. – Wie meinen Sie, ich sei ein Weiberfeind? – Oh, welche ungerechte Anschuldigung! Welche Verleumdung! – – – – –

Da fließen sie hin, die Holden! – Zornig, entrüstet, schmollend, weil ich ihnen schmeichelte! – Wer kennt das Gemüt der Frauen!? – Wäre ich grob gegen sie gewesen, so lägen sie mir jetzt am Halse. Doch dem Himmel Dank! Nun können wir vom Geschäft weiter sprechen.

Vernünftige Männer wie wir, Herr Kommerzienrat, welche so hohe Preise zahlen, daß ein patriarchalisches Verhältnis zwischen ihnen und dem Hotelier schwerlich aufkeimen kann, werden daher vorläufig noch nicht die Torheit begehen und ein Hotel mit einem Heim vergleichen oder erwarten, daß es ihnen ein solches biete. Aber ein Geschäftshaus sehen wir im Hotel, ah, und was für ein Geschäftshaus! Welch ein Leben und Treiben! Interessant, nutzbringend sowohl für den Besucher wie auch für den Unternehmer und den Angestellten. Vielseitig, anregend wie kaum ein anderes. Und aus diesem Grunde verlangen wir vom Hotelier und seinen Angestellten nur striktes geschäftliches Auftreten und nichts mehr. – Würden Sie als Kaufmann bei einem Auftrage etwas mehr leisten, als Ihr Kontrakt Sie verpflichtet!? – Nein, sehen Sie. Jede überflüssige Leistung ist verdächtig. Nicht nur im geschäftlichen, sondern auch im privaten Leben. Als kleiner Junge besorgte ich oft gerne Einkäufe für meine Mutter. Ich tat's viel lieber als zur Schule gehen, denn ich vibrierte damals schon vor Verlangen, mich ins große Leben stürzen zu können. Aber ich habe niemals unserm Metzger getraut, wenn er zu gut gewogen hatte und mir gar noch ein Stück Wurst obendrein gab. Es schien mir nie ganz geheuer. Und unser Metzgermeister war doch so ein ehrenwerter Geschäftsmann! – Zu viel geben ist meiner Ansicht nach nicht gut. Ein Mann, der von sich selber und der Güte seiner Ware überzeugt ist, wird dies nie tun. Er wird nie zu wenig, aber auch nie zu viel geben. Freilich, zur Zeit der Postkutsche pflegten unsere Großväter einer Ruhe, die leider gänzlich aus unserem heutigen Geschäftsleben verschwunden ist. Sie hatten geschäftliche Ansichten, Prinzipien, Methoden, die heute nicht mehr gelten. Die Angestellten sind nicht mehr die aus der »guten, alten Zeit«. Ich kann daher auch nicht einsehen, warum sich im Hotel – ein ganz modernes Geschäft – der Geist der Postkutschenära erhalten sollte. Ich kann nicht einsehen, warum der moderne Hotelier von seinem Kellner verlangt, daß er sich total für das Wohl seiner Gäste aufreiben soll. Ein Gast, der im Hotel einen Kellner vielleicht von der Höhe eines Grandseigneurs herab als seinen Leibeigenen ansieht, wird es nicht wagen, in einem Laden den geringsten Verkäufer durch die aristokratische Brille zu betrachten. Nein, er wird geduldig warten, bis die Reihe an ihn kommt. – Anders hier! – Wehe, wenn hier jemand auf die geringste Kleinigkeit warten muß! – Sie dürfen sich in solchem Falle den Generaldirektor des Hotels kommen lassen. Sie können das ganze Haus in Aufregung versetzen. Unter einer Flut von devotesten Entschuldigungen werden Sie getröstet und besänftigt werden. Es gibt menschliche Wesen, die nichts zu tun haben, vornehme Tagediebe und Müßiggänger, die derartigen Unfug als eine Spezialität betreiben. Solche Leute machen es sich zum Prinzip, möglichst viel Aufsehen mit ihrer Person zu erregen und die armen Angestellten durch ihren Anblick allein schon in allertiefste Ehrfurcht zu versetzen. Dies hat einen doppelten Wert. Es ist ein wunderbarer Nervenkitzel, und zugleich ist der finanzielle Vorteil unverkennbar. Durch ihre Frechheit glauben sie den Kellner dermaßen einschüchtern zu können, daß dieser schon pränumerando auf das Trinkgeld verzichtet und sich mit der hohen Ehre begnügt, einem feinen Gaste aufwarten zu dürfen. Solche

Spezimina des *Homo sapien* sind nicht glücklich, wenn bei ihrem Erscheinen auf dem Plane nicht zwei oder drei Assistenzdirektoren, sechs Oberkellner und eine Schar von niedereren Kreaturen sie umtänzeln. – Oh, ich sage Ihnen, Herr Kommerzienrat, die Damen! – Damen gibt es, die oft ganz Hervorragendes, wahrhaft Großes in solchen Theaterszenen leisten. Besonders wenn sie Gesellschaft haben und wenn sich unter den Eingeladenen ihre Feindinnen und Rivalinnen befinden. – Hierin sind Damen unerreichbar. Leutnants, Dichter, Korpsstudenten, Sänger, Musiker männlichen Geschlechts, die sich auch zuweilen auf diesem Gebiete versuchen, fallen neben den Damen kläglich ab. Nichtsdestoweniger kann durch ein arrogantes Monokel, eine pompöse Uniform, Säbelgerassel, Sporengeklirr und sonstiger Maskerade und Requisiten für Komische Oper und Possen, durch klingende Titel und fliegende Mähnen eine gelinde künstliche Panik zwischen den Angestellten heraufbeschworen werden.

Leute gibt es, Hypochonder, chronische Nörgler, halbe und ganze Idioten, denen der Hotelier und seine Angestellten nichts recht machen kann, denen nichts zu gut und nichts gut genug ist, denen entweder alles zu teuer oder alles zu billig ist. Der arme Kellner hat seine Last mit solchen Menschen. Er darf nichts auf ihre Exzentrizität erwidern, er darf nicht einmal darüber lächeln, er darf sie nicht einmal sich selber bedienen lassen. – Feine Leute, die eigenen Willen, Gewohnheiten und Eigenheiten besitzen, haben auch ihre Butlers und Kammerdiener, die auf die Kinkerlitzchen trainiert sind. Für den Durchschnittshotelgast – und schließlich auch für jeden Sterblichen – gibt es keine größeren Kontagien als hochnoble, exotische Passionen, deren Bazillen sich beim ersten Anblick in das Nervensystem des empfänglichen Opfers einarbeiten und dort verheerend wirken. Die Krankheiten sind natürlich harmlos, wenn genügend Mittel vorhanden sind, um das beständige Jucken, welches sie verursachen, zu befriedigen und zu stillen. Gewöhnlich werden aber nur verhältnismäßig Mittellose oder Geizhälse angefallen, die nicht imstande sind, sich genügend Dienerschaft anzulegen, die für ihre exzentrischen Gelüste Sorge tragen. Auch werden solche armen Leute oft durch die damit verbundenen Kosten so gemein und niederträchtig, daß selbst der simpelste, friedlichste Diener es bei ihnen nicht aushalten kann. Diesen Menschen kommt der Hotelangestellte ganz wie gerufen. Was dem Ärmsten in solchen Fällen blüht, kann ich gar nicht sagen. Ein alter, aber immer noch wirksamer Trick der Menschen, die für ihre kleinen und großen Gelüstchen, denen sie frönen, nicht bezahlen wollen, ist, die Angestellten mit einer leicht verschleierten Andeutung auf ein opulentes Trinkgeld von Anfang an zu ködern und sie schließlich hinters Licht zu führen. Erkennen sie aber mit dem ihnen eigenen Schnüffelsinn, daß der Angestellte sie vorher durchschaut oder alle Hoffnungen auf den versprochenen Obolus aufgegeben hat und nun anfängt, sie als *quantité négligeable* zu behandeln, dann bricht die ganze Wut und Gemeinheit in den armen Gemütern los. Nicht selten bewirken sie dann unter Drohungen, das Haus zu boykottieren, die Entlassung des Angestellten und heimsen so durch die Befriedigung des niederen Rachegefühls in ihren schwarzen Herzen kostenlos eine neue Freude ein. – Es ist erschreckend und entmutigend, wie häufig man diesen Typus, diese Blüten der Menschheit in den großen Hotels beobachten kann und wie sie von den Hoteliers auf Kosten der Angestellten gefördert, ja geradezu gezüchtet und gemästet werden.

Eine schöne, entzückende Frau darf nicht glauben, ein Hotel sei ihre exklusive Domäne, wo sie ihre Augen und Brillanten spazieren führen kann. Salonlöwen, Literaturtiger, Kunsthyänen, die Wochen-, Tages- und Stundengrößen dürften das Parkett des Saales nicht für sich allein in Anspruch nehmen, wenn sie siegesbewußt einherschreiten, nachdem sie vielleicht für fünfzig Pfennig oder eine Mark »diniert« haben. – Ja, ich versichere Ihnen, Herr Kommerzienrat, man kann riesig billig essen, wenn es sein muß, und das furchtbare Gesicht des Lebens schimmert auch durch die glänzende Sphäre des Saales und den feinen Duft der Zigaretten. – Und lauschen Sie nur einmal aufmerksam, Sie können alsdann ganz bestimmt einen feinen, höhnischen Ton aus der brausenden Musik heraushören, der wie von einem lachenden Teufel stammt. Schauen Sie nur einmal hinter die Kulissen!

Man könnte daher namentlich dem jüngeren Kellner nicht eindringlich genug eine geradezu atheistische Respektlosigkeit vor der vagen, götzenhaften Größe der Durchschnittszelebrität predigen und anempfehlen. Die alten Kellner lernen sie zwar mit der Zeit, aber erst nach vielen Qualen und Enttäuschungen. Es gibt Kellner, die sich diesen ruhigen Blick bald aneignen, und sie werden nie enttäuscht, wohl aber hie und da einmal angenehm überrascht, und sie haben eine um so größere Verehrung für wirkliche Menschenwürde und erkennen dieselbe. – Was ein kleines Kunststückchen ist, da sie so vereinzelt und unauffällig auftritt.

Die einfachsten, im Verkehr der Menschen untereinander geltenden Regeln der Höflichkeit sollten doch auch einer strikt geschäftlichen Hotelführung genügen. – Warum müssen dieselben aber hier übertrieben werden? – Selbstverständlich, derjenige, welcher etwas feilzubieten hat, muß sich möglichst den Forderungen seiner Kundschaft anpassen. Da er Konkurrenz hat, muß er auch mit in den Wettbewerb eintreten. Der Wettbewerb aber ist's gerade, der dem Geschäfte zugleich eine interessante und gefährliche Seite verleiht. – Für den Käufer, der die reiche Auswahl hat, bietet sich darin auch eine Gefahr. In je reicherem Maße eine Ware vorhanden ist, um so geringer wird sie im Wert und um so mehr muß sie angepriesen werden. Der Käufer, der Vielumworbene, der überall Willkommene, ist in einem solchen Falle zu leicht verführt, die Stellung eines Despoten anzunehmen. Und je mehr und unwürdiger sich die Verkäufer um die Gunst des Gewaltigen bewerben, um so mehr muß er in seiner absolutistischen Stellung bestärkt werden. Da das Menschenmaterial heutzutage im allgemeinen sehr billig ist, so ist es auch notwendigerweise verächtlich. Im Mittelalter wurde dies noch oft und unverhohlen ausgedrückt. Doch man hat es in der modernen Geschäftswelt zur Regel gemacht, derartige fromme, alte Gesinnungen hübsch für sich zu behalten und sie keinem Menschen, sei er noch so gering und billig, direkt fühlen zu lassen. Nur im Hotelgeschäfte, scheint es, darf sie sich noch ungestraft zeigen. Ich habe nicht Fälle im Auge, wo jemand unter dem Einflusse von geistigen Getränken Handlungen begeht, für die er nicht verantwortlich gemacht werden kann, sondern ich meine das gewohnheitsmäßige Auftreten der Kundschaft gegenüber den Angestellten im Hotelgewerbe im allgemeinen und den Kellnern gegenüber im besonderen. Und läßt ein Angestellter bei einer passenden Gelegenheit einem gerechten Zorne Lauf, so erwartet ihn ein unbarmherziges, von Vorurteilen eingenommenes Gericht.

Betrachten Sie nur die grenzenlose Freigiebigkeit der Wirte. Ihre glänzenden Räume stehen jedem anständig gekleideten Menschen offen. Sei er, wer er will. Und mit einer ungenierten Selbstverständlichkeit nehmen wir von allem Besitz, was uns das Hotel bietet. Komfort, Luxus, Musik, Umgebung. Die Aktien eines Fremden, der in einem vornehmen Hotel lebt, steigen ums Hundertfache, sobald es den Leuten bekannt wird, mit denen er geschäftlich oder gesellschaftlich in Verkehr tritt. Für ein paar Groschen kann ein Gast die ungeteilte Aufmerksamkeit eines Heeres von Angestellten in Anspruch nehmen. Und er tut es. – In welchem anderen Geschäfte finden Sie eine Parallele hierfür? Nirgendwo, in keinem anderen Geschäftshause, bei keiner anderen Gelegenheit glaubt der liebe Käufer seine Dummheit, seine Leidenschaften, ja oft tierische Gemeinheit so ungestraft zur Schau tragen zu können wie im Gastwirtsgewerbe. Nirgendwo im Leben wird er sich soviel anmaßen, geiziger, herrischer und protzenhafter sein als gerade hier. – Warum? – Das ist eine Frage, die sich schwer beantworten läßt. Es scheint, als ob die luxuriöse Atmosphäre, das Bewußtsein des zu Gebote stehenden großen Betriebes in vielen schwachen Köpfen eine gelinde Form von Cäsarenwahnsinn weckt. Manch ein armseliges Herrchen glaubt sich hier zu den größten Anmaßungen berechtigt, weil er fünf Mark für ein Zimmer bezahlt oder oft auch schuldig bleibt. Für die Vorteile, die ihm durch das Prestige und den Nimbus, mit welchem seine Wenigkeit umgeben wird, erwachsen, weiß er meistens keinen Dank. Er bedenkt nicht, daß ein Kellner häufig durch seine Reisen und Tätigkeit mehr Kenntnisse und Bildung besitzt als er, der Gast. Aber er hat eben das Recht, den Angestellten anzufahren, wenn er sich dazu veranlaßt glaubt. Spießbürger im Sonntagsröckchen, schnodderiges Fatzkentum, alle kommen sie, wenn sie ein gutes Geschäftchen gemacht haben, und »leisten sich« etwas. Solche Leute können gewöhnlich weder essen, noch verstehen sie, sich unter Menschen zu benehmen. Sie wissen nicht, wie ein Essen bestellt wird, noch wissen sie, was sie bestellen. Der arme Kellner hat viel unter solchem Dilettantismus zu leiden. Er aber, der geduldige, freundliche, gewandte, trinkgeldheischende Jüngling, alles läßt er lächelnd oder schweigend über sich ergehen. Ihm steht nicht das Recht einer Erklärung oder Verteidigung zu. – Würden Sie nicht den geringsten Ihrer Angestellten gegen Flegeleien und Ungerechtigkeit verteidigen? – Nun wohl! – Der Wirt tut es nicht. – Nennen Sie dies geschäftliche Führung? – Ich auch nicht.

Die beispiellose Zuvorkommenheit, Freundlichkeit, Devotion des Wirtes im allgemeinen hat einen sehr schlechten Einfluß auf das Publikum selber. Jeder Gast, mehr oder weniger, sucht diese Eigenschaften des Wirtes zu seinem Vorteil auszubeuten. Viele beanspruchen besondere Aufmerksamkeiten und Privilegien, Dienste, Besorgungen, die zu verlangen sie ohne Bezahlung nicht berechtigt sind. Es ist unglaublich, welche Forderungen oft den Wirt bestürmen. Eine Gefälligkeit, die nicht erwiesen wird oder aus gewissen Gründen abgelehnt werden muß, kommt dem Wirt oft teuer zu stehen. Viele Gäste versuchen den Wirt zu prellen, wo sie auch nur können. Die außerordentlichen Schwierigkeiten, die mit der Zusammenstellung vieler Hotelrechnungen verknüpft sind, das komplizierte Buchhaltungssystem, das für die verschiedenen Zweige des Hauses nötig ist, sind Quellen manchen Übels. Man spricht so viel davon, daß die Gäste in den meisten Hotels übervorteilt werden, ich glaube indessen bestimmt, daß das Gegenteil die Wahrheit ist. Fast auf jeder Hotelrechnung wird in der Eile, mit der sie oft zusammengestellt werden muß, etwas vergessen, woraus dem Hause oder dem betreffenden Angestellten ein direkter Schaden erwächst. Bei dem weitgehenden Kredit, den der Wirt oft wochenlang geben muß, bei der unendlichen Menge von Kleinigkeiten, die er zu berechnen hat, ist selbst das gewissenhafteste System nicht unfehlbar, und Irrtümer, die vorkommen, fallen gewöhnlich zum Schaden des Wirtes aus. Die meisten Gäste wissen wunderbar genau, was sie verzehrt haben, und entdecken gewöhnlich beim Studium der Rechnung die fehlenden Posten sofort. Aber ich wette, nur ganz wenige sind ehrlich genug, den Irrtum zu berichtigen, denn die Versuchung ist zu groß. Sie stehen reisefertig, und sobald sie im Coupé sitzen, sind sie vor jeder weiteren Forderung geborgen und können sich ins Fäustchen lachen. Wehe aber, sollten sie bei Durchsicht ihrer Rechnung wirklich etwas finden, das sie zu einer Entrüstung berechtigt. – Ich glaube, jeder halbwegs vernünftige Buchhalter hütet sich peinlichst zwecks Vermeidung solcher Szenen, das Konto des Gastes irrtümlich oder wissentlich überflüssigerweise zu belasten. Zweifellos gibt es auch eine Menge Gäste, die durch irgendeine geschickte künstliche Aufregung das Gehirn des vielgeplagten, anämischen Zahlenmenschen am Schalter zu verwirren suchen, damit er sich zu ihrem Vorteile verrechne. Hochstapler ziehen von Haus zu Haus und wissen genau, wie sie die unendliche, himmlische Geduld des Wirtes und seiner Angestellten ausbeuten können. Es ist ein allgemein beliebter Sport, der Hotelkasse schlechte Schecks und faule »Wertpapiere« statt Bezahlung aufzunötigen. Ein durchaus guter Scheck verursacht schon eine Menge Arbeit und Unannehmlichkeiten, wenn der Gast, der damit bezahlen will, dem Wirt nicht bekannt ist. – Geduldig muß der unbekannte Scheckinhaber die kritischen Blicke des Bankbeamten an sich auf und ab spazieren lassen, doch würde er es nie gestatten, daß ein Wirt ihn in gleicher Weise beäugle. Der brave Bonifaz zögert keinen Augenblick: er beanstandet keinen Scheck in Gegenwart seines Gastes, lächelnd reicht er die Feder zum Indossement. Aristokraten, Studenten, Offiziere vom General bis zum Kadetten abwärts haben wunderbar zarte Gemüter. Den kleinsten Zweifel an ihrer Person pflegen sie furchtbar übel zu nehmen. Welch ein Glück, daß sie die Kellner und Wirte nicht für satisfaktionsfähig halten! Der Duelle gäbe es kein Ende. Ein Glück, daß die Hotelmenschen so geschmeidig sind! Viel Blutvergießen wird dadurch verhütet. Ein Glück, daß sie so wunderbar geduldig sind! Viele hungrige, hochgestellte Persönlichkeiten haben daher etwas Gutes zu essen und zu trinken.

Ein Geschäft, sei es, was es sei, kann, um auf die Dauer erfolgreich und nutzbringend zu sein, nur auf einer streng geschäftlichen Grundlage geführt werden. Wie der Hotelier anmaßende Forderungen sanft aber entschieden ablehnen muß, so muß er den berechtigten unbedingt nachkommen. Unter dem gegenwärtigen Trinkgeldsystem jedoch ist es für den Hotelier und in noch größerem Maße für den Kellner schwierig, strikt geschäftlich vorzugehen. – Einen recht frappanten Fall, der dies gut illustriert, erlebte ich vor einigen Tagen. – Ich wurde eines Morgens von einem widerlichen Küchengeruch in meinem Appartement angeekelt, und als ich den Zimmerkellner nach der Ursache der Düfte fragte, beichtete er mir folgendes. Neben mir hatte sich eine knickerige Familie eingenistet, die den Kellner veranlaßte, sie mit allerhand Kleinigkeiten wie heißes Wasser, Zucker, Essig, Öl, Spiritus usw. zu versorgen. Diese Dinge konnte der Mann sich leicht, ohne von der Kontrolle belästigt zu werden, aus der Küche verschaffen. Ferner verlangten seine Gäste von ihm Tassen, Gläser, Bestecke, Teller, Servietten – gleichfalls kostenlos. Das alles sah und hörte sich recht harmlos an. In Wirklichkeit aber gebrauchten die Gäste diese Dinge, um sich von einigen mitgebrachten Würstchen und was es sonst noch gewesen sein mag, auf ihrem Zimmer ein frugales Mahl zu bereiten. – Was sagen Sie dazu, Herr Kommerzienrat? Kann so etwas in einem erstklassigen Hotel vorkommen? – Dem Kellner gegenüber schützten die Gäste Appetitlosigkeit vor, es sei so umständlich, sich hinunter in den Speisesaal begeben zu müssen usw. usw., und dem Wirt brachten sie mit ihrem Spirituslämpchen das ganze Haus in Gefahr. Sie verdarben die Möbel, Tischdecken, Teppiche und Wäsche, und mit dem geradezu unerträglichen

Gestank ihrer Kochereien verpesteten sie mir die Luft. Erst als ich mich darüber beschwerte, wurde der Unfug eingestellt, und die sparsamen Leute entrüsteten sich höchlichst, als ihnen die Benutzung der Utensilien in Rechnung gebracht wurde.

Durch diesen Fall aufmerksam geworden, interessierte ich mich mehr für derartige Streiflichter des Glanzes. Mein freundlicher Zimmerkellner erzählte bereitwilligst. Ihm schien das alles nichts Neues. So erfuhr ich denn auch, wie in den feinsten Hotels manche sparsame Dame der höchsten Gesellschaft im Badezimmer ihres Appartements eigenhändig ihre Leibwäsche besorgt und die zarten Röckchen und Höschen und was es sonst noch sein mag mit einem elektrischen Plätteisen bügelt. Aus alledem entnahm ich die mir hauptsächlich wertvolle Lehre, daß, sofern das Eigentum des Nächsten – hier das des Hoteliers – in Betracht kommt, die Mehrzahl der Zeitgenossen von einer unglaublichen Pietätlosigkeit beseelt zu sein scheint.

Sie als Geschäftsmann werden hieraus aber die große Gefahr erkennen, die den Arbeitgeber als Vergeltung für schlechte Bezahlung der Angestellten verfolgt. Nur mit besonderer Erlaubnis hätte der Kellner die erwähnten Kleinigkeiten verabreichen dürfen, selbst wenn er gesehen hätte, daß durch die Verweigerung derselben sein Trinkgeld in Gefahr geraten wäre. – Denken Sie sich zum Beispiel einen Fall, wo der gute Ruf des Hauses auf dem Spiele steht. Der gewissenhafte, achtbare Angestellte, der sich und das Haus respektiert, wird stets sofort das Interesse desselben im Auge haben, sollte diese Haltung selbst mit eigenen finanziellen Verlusten verbunden sein. – Aber wieviel Angestellte tun dies wirklich, wenn das Haus sie schlecht bezahlt!? Der Glanz des Geldes lockt mächtig. Das Geld ist schwer. Es zieht – zieht – hinab. Geld hat noch keinen Menschen emporgehoben. – Ich glaube, daß ein Kellner, wenn er seinen Gast kennt und seines Trinkgeldes sicher ist, eher die Interessen des Gastes als die seines Arbeitgebers wahren wird. In einem solchen Falle wird er mir zum Beispiel niemals etwas anempfehlen, was für das Haus besonders gewinnbringend ist und das die Küche gerne absetzen möchte. Er wird, wenn ich ihm das Arrangement für eine Mahlzeit überlasse, nie die Rechnung unnötigerweise in die Höhe schrauben, selbst wenn er vollständige Freiheit darüber hat. Er wird nicht zuviel bestellen, sondern das richtige Quantum ausrechnen. Er wird m e i n Geld sparen. Er wird mir dringend raten, daß ich dies oder jenes nicht zum Diner nötig haben werde, wenn ich das und das bestelle, obgleich ich vielleicht beide Dinge wünsche. Ein anderer Verkäufer freut sich nur zu sehr, wenn er dem Kunden möglichst viel aufhängen kann, ob dieser nun der Sachen bedarf oder nicht. Wenn der Kellner weiß, daß der Gast die Rechnung begleichen wird, ohne sie anzuschauen – was ja vielfach üblich ist und zum guten Ton gehört – so wird er dieselbe aufs gewissenhafteste für den Gast prüfen, ob sich nicht vielleicht ein Irrtum zum Nachteil seines Gastes eingeschlichen hat. In gewissen Fällen, wo das Recht und der Anspruch des Gastes auf gewisse Vorteile in Frage kommt, wird der Kellner immer im Interesse des Gastes handeln, selbst wenn das Haus darunter Schaden leiden sollte. Sie sehen hieraus, wie zwiefach die Stellung des Kellners im Hotelgeschäfte, wie ungeschäftlich sein Verhältnis zum Arbeitgeber ist und wie gefahrvoll für ihn seine Handlungen sind, die von zwei Seiten gleich streng abgeurteilt werden.

Es gibt Kellner, die die Gäste, und Gäste, die die Kellner betrügen. Der Wirt steht ziemlich teilnahmslos in der Mitte. Warum? – Weil er kein Geschäftsmann ist! – Wer von den beiden Betrügern am meisten auf Raub ausgeht, ist von uns schwer genau zu bestimmen. Der Mann jedoch, der sein Leben lang in der Gasthofsindustrie gestanden hat, wird, wenn Sie ihn darüber befragen, sofort sagen, daß berufsmäßige Schwindler weitaus mehr unter seinen Gästen als unter den Kellnern vorkommen. Wenn dennoch augenscheinlich das Gegenteil der Fall ist, so muß man in Betracht ziehen, daß die Evidenz unter den obwaltenden Verhältnissen täuscht und gegen den Kellner spricht. Nur statistische Ziffern könnten darüber Aufschluß geben. Diese zu erhalten ist aber ganz unmöglich. Wenn ich behaupte, daß der Wirt solchen Fällen ziemlich teilnahmslos gegenübersteht, so meine ich natürlich damit, daß er sich gegen die berufsmäßigen und Gelegenheitsschwindler unter seinen Gästen so viel wie möglich schützt, indem er den Angestellten für die unsauberen Handlungen solcher Leute verantwortlich macht. Das ist Politik, aber kein ehrliches Geschäftsverfahren. Wenn ein vornehmer Gast spurlos verschwindet und eine unbezahlte Rechnung hinterläßt, so fühlt sich gewöhnlich nicht der Wirt geprellt, sondern er hält seinen Angestellten für den Geschädigten. Er hat nicht den Mut oder den Willen, derartige geschäftliche Verluste zu tragen, eben weil er kein Geschäftsmann ist. – Er befindet sich oft auch tatsächlich in einem Dilemma. Wer kann zum Beispiel wissen, ob der Gast nicht seine Rechnung irrtümlicherweise einem anderen Kellner bezahlt hat?! – Die Variation solcher Fälle ist ebenso groß, wie die Gäste verschieden sind. Darum muß der arme Kellner beständig auf der Lauer sein. Wer aber kann verhüten, daß ein Gast den Augenblick, wo der Kellner abwesend, in der Küche oder sonst wo beschäftigt ist, benützt, um stillschweigenden Abschied zu nehmen, oder daß er unter irgendeinem anderen Vorwand, auf irgendeine Weise verschwindet, ohne die Rechnung zu begleichen. – Wie der Kellner für die Unredlichkeit der Gäste des Hauses büßen muß, so wird er selbstverständlich auch für den Schaden, den er selber dem Hause durch Unglück, Unachtsamkeit und Vergeßlichkeit zufügt, verantwortlich gehalten. Bei den verderblichen Waren, dem feinen, leicht zerbrechlichen Material, das der Kellner in seinem Geschäfte handhabt, ist der Schadenersatz, den er leisten muß, oft sehr beträchtlich.

Was Wunder nun, wenn ein auf solche Weise bedrückter Angestellter zu allerhand unredlichen Mitteln greift, um sich an dem Hause und den Leuten zu rächen, die ein solches Defizit in seiner an für sich mageren Kasse verursacht haben! So wird manch ehrlicher Arbeiter durch die ungeschäftliche Führung des Hauses zur Unredlichkeit verführt oder doch wenigstens dazu aufgestachelt. Aber gegen die Unredlichkeit ihrer Angestellten haben sich die meisten Wirte – die großen wenigstens – gleichfalls wohlweislich geschützt. Es ist daher schwer für einen Kellner, selbst wenn er kaufmännisch gebildet ist, eines der modernen Hotelbuchführungs- und Kontrollsysteme zu hintergehen. Ja, man kann mit Gewißheit behaupten, daß dies völlig ausgeschlossen ist, wenn er sich nicht direkt mit noch mehreren anderen Kollegen und einigen Kontrolleuren selber in Verbindung setzt. Aber auch dies ist sehr gefährlich. Solche Schwindelcliquen leben nicht lange. Sehr bald zersplittert sie die Uneinigkeit über die Verteilung der Beute, oder die Detektive des Hotels nehmen schnell Interesse an den Schlichen und Wegen des Syndikats. Aus diesen Gründen kommen sehr wenig Unredlichkeiten unter den Angestellten des großen modernen Hotels vor. Das Dorado des schwindlerischen Kellners scheinen daher die Häuser zweiten und dritten Ranges zu sein, Geschäftchen, die gewöhnlich kaufmännisch noch schlecht organisiert sind, oder die modernen Massenbetriebe der großen Konzertsäle, Vergnügungslokale, Bierhallen, Volksgärten usw., wo das Schwatzen, Johlen, Lachen der anspruchslosen biederen Kundschaft und das entsetzliche Schmettern gigantischer Blasinstrumente die Ohren des bedauernswerten Wirtes erfüllen, so daß er gewöhnlich keine Zeit und kein Verständnis für den Wert einer genauen Kontrolle und Buchführung hat und sich schon zufrieden die Hände reibt, wenn seine Lokalitäten von summenden Mengen gefüllt sind. Die dort bedienenden Leute nennen sich freilich alle Kellner. – Aber was floriert nicht alles unter dem Namen »Literatur«? Was segelt heutzutage nicht alles unter dem stolzen Banner der Kunst? – Also von Begriffen und Namen wollen wir schweigen. – Doch, wie gesagt, in solchen Lokalen blüht das Geschäft des unsauberen Kellners, der nur darauf ausgeht, den Arbeitgeber sowohl wie die Gäste zu beschwindeln. Dieses Individuum wird sich niemals an größere Zahlen heranwagen. Er weiß zu gut, wie gefährlich es selbst hier in den schlecht geführten Häusern ist. Für ihn gelten daher nur Pfennige und Groschen. Aber diese fließen oft in so zahlreicher Menge auf schuftige Weise in seinen Sack, daß sie am Abend ein beträchtliches Sümmchen ausmachen. Kommt ein Schwindelfall zufällig ans Licht, so ist der Gegenstand gewöhnlich so winzig und unscheinbar und so geschickt maskiert, daß die meisten Gäste der Sache keine Beachtung schenken, und die ganze Affäre wird mit der Entschuldigung des »Kellners« wegen des »Irrtums« schnell vergeben und vergessen. Und es wird weitergeschlafen und weitergeschwindelt. Sollte einem Gaste in einem solchen Lokale irgend etwas, auch das Kleinste, an seiner Rechnung verdächtig erscheinen, so kann man ihm dringend raten, sein Bedenken auf diskrete Weise dem Inhaber allein und sonst niemandem anzuvertrauen. Sich an den »Oberkellner« oder an sonst irgendein Individuum, das da herumwimmelt und vielleicht etwas zu sagen hat, zu wenden, ist gewöhnlich zwecklos, wenn es nicht gar den ganzen Plan verdirbt, denn diese Angestellten sind oft mit ihren alten, vertrauten Untergebenen verwandt und verschwägert, stecken oft mit ihnen unter einer Decke und beziehen von dem illegitimen Erwerb einen »legitimen« Anteil.

Worin diese Schwindelmethoden oft bestehen? – Hm, das kann ich wirklich nicht sagen. Ich habe mich auch nie bemüht, die laffen, alten, aber immer noch bewährten Tricks näher ins Auge zu nehmen. – Wer nur ein wenig die Augen aufhält, bleibt vor ihnen immun. – Wenn nun aber tatsächlich einmal ein grober Verstoß gegen die allgemeine Ehrlichkeit oder ein Probestückchen der allgemeinen Unehrlichkeit an den Tag kommt, so ist es in den geschäftlich so miserabel geführten Häusern ganz natürlich und charakteristisch, daß sehr wenig oder gar nichts getan wird, um die Schuldigen zu verfolgen und unschädlich zu machen. – Wie könnte es anders sein! – Diese charakteristische Bummelei vieler Wirte ist einer der vielen Krebsschäden der ganzen Industrie. Diese Schlotterei duldet nicht nur das unehrliche Element bei sich, nein, sie fördert, sie unterstützt, sie mästet es sogar. Sie schädigt dadurch gleichzeitig auf ganz unberechenbare Weise das Ansehen der gut organisierten Häuser. Denn das große Publikum denkt nicht sehr weit und schert alles über einen Kamm. Wenn dem Durchschnittsgaste heute ein Halunke in der Maskerade eines Kellners entgegentritt, so hält er morgen und noch für lange Zeit hinaus alle ihm im Kellnerfracke entgegentretenden jungen Leute ausnahmslos für Halunken. Und er wird in diesem freundlichen Glauben vielleicht noch mehr und für alle Zeiten bestärkt werden, wenn ihm das erste Halunkengesicht immer und immer wieder entgegengrinst. Er muß ihm immer und immer wieder irgendwo begegnen, denn die famosen Geschäftsleute von Wirten haben den Halunken der Bequemlichkeit halber einfach an die Luft gesetzt, oder er ging aus freien Stücken, als der Boden zu heiß wurde, und taucht nun unbehindert wieder irgendwo an einem anderen Platze auf, wo er auf Kosten des denkfaulen Wirtes, der bequemen, ahnungslosen Gäste und des guten Rufes des ganzen Standes und unter dem Deckmantel des Kellnerfracks sein Unwesen wohlgemut weitertreiben kann, bis man ihn vielleicht dort entdeckt. So geht es fort mit Grazie bis ins Unendliche oder so lange, bis der betreffende »Kellner« von seinen Renten leben kann oder deftiger Hausbesitzer geworden ist.

Eine vollständige Statistik über die offizielle Bekanntschaft, die betrügerische Kellner mit den Richtern gemacht haben, wäre wirklich interessant. Diesen Ziffern aber müßte, damit sie gerecht seien, beigefügt werden, wo die ertappten »Kellner« beschäftigt waren. Das Sprichwort von dem Hängen der kleinen Diebe trifft auf die diebischen Kellner nicht zu. Ein stellenloser Vater dagegen, der um Weihnachten herum für seine verhungernde Familie einen warmen Laib Brot stiehlt, wird prompt eingebuchtet, damit die Familie total verhungern kann.

Sie sind etwas verwundert über das Interesse, welches ich am Kellnerleben nehme! Es erscheint Ihnen jedoch vielleicht größer, als es in Wirklichkeit ist. Was mich aber darin anzieht, ist hauptsächlich das menschliche Interesse, und für Sie, Herr Kommerzienrat, dürfte doch wohl das Geschäftliche in seinem Leben etwas anregend sein. Ich habe zwar einmal versucht, eine vollständige, sachliche, reine Statistik über die gerichtlich bestraften Kellner zu erlangen, aber ich erkannte es rechtzeitig als eine ungeheuere, vielleicht unmögliche Arbeit, deren ich mich nicht unterziehen kann. Man muß nämlich bedenken, daß die Gerichte wenig oder gar keinen Unterschied zwischen der Profession des Kellners machen können. Wenn es zum Beispiel zwischen Aufwärtern und Gästen gefährlicher Spelunken zu einer Keilerei kommt, so werden die Kombattanten jedenfalls als »Kellner« bezeichnet. Das sind natürlich keine Anhaltspunkte für den Charakter unseres freundlichen Ganymeds.

In einem Hause, wo ein gutes Geschäftssystem die Interessen desselben automatisch wahrt und Unregelmäßigkeiten stumm von sich fern hält, wäre somit das zweifelhafte Element unter den Kellnern auf die Ausbeutung des Publikums angewiesen, was aber gleichfalls aus vielen Gründen ausgeschlossen ist. Aber gerade in solchen erstklassigen Häusern, wo seitens der Angestellten keine Unehrlichkeiten vorkommen, weil der Charakter der Leute im allgemeinen zu gut ist und weil die Systeme alles unehrliche Element ersticken, dort gerade wird der Kellner oftmals das Opfer betrügerischer oder auch nur achtloser, vergeßlicher Gäste. Es ist daher ungerecht, in solchen Häusern den Kellner für derartige Unglücksfälle verantwortlich zu machen. Ein gutes Geschäftshaus sollte kulant und nachsichtig gegen seine guten Angestellten sein. Wo dies nicht geschieht, sollten die Organisationen der Angestellten gegen derartige Ungerechtigkeiten auf Rechtswegen vorgehen. Aber auch hier wird noch lange das alte, abgeleierte Lied vom Leide des Angestellten weitertönen. Das Haus aber verdirbt sich durch Kurzsichtigkeit seine besten Kräfte, nämlich den guten Willen und die Zufriedenheit der Angestellten. Lassen wir die menschliche Seite ganz außer acht, vom geschäftlichen Standpunkt allein schon ist dies absolut verwerflich und unklug. – Ah, Pardon, Herr Kommerzienrat, sagen Sie das nicht! Ein Angestellter weiß gute Behandlung zu würdigen! Wenn ihm diese zuteil wird, wird er dem Hause anhängen und mit Freude arbeiten. – Undankbare Elemente sind bald entdeckt und entfernt. Diese einfache Wahrheit scheinen die meisten unserer Industriellen nicht mehr zu kennen, weil sie hie und da schlechte Erfahrungen gemacht haben. –

Wir haben nun gesehen, daß der Wirt und der Kellner im allgemeinen schlechte Geschäftsleute sind, wenigstens in dem Sinne, nach den Prinzipien, die in der modernen Geschäftswelt gelten und Ausschlag geben. Wir wissen jedoch noch nicht recht, wo der Grund hierfür zu suchen ist. – Sind es die verschiedenen Schwierigkeiten, die der Beruf bietet? Gewöhnlich kann ein Kaufmann oder Fabrikant seine Waren oder Produkte jahrelang lagern, und wenn dieselben im guten Zustand abgeliefert werden, so kann man versichert sein, daß keine Reklamationen oder Scherereien nachfolgen. – Wie anders ist es hier im Hotel! Der Gastwirt und seine Angestellten – wenn sie ihren Beruf nur ein wenig lieben und uns nicht ganz gleichgültig gegenüberstehen – schweben tatsächlich beständig in der größten Angst um die Güte ihrer Waren, die vielleicht im tadellosen Zustande die Arbeitsräume verließen, um im nächsten Augenblick aus irgendeinem Grunde unbrauchbar zu werden, bevor sie den Gast, den Käufer erreichten. Eine Speise, die zum Beispiel nicht mehr ganz heiß ist, kann völlig wertlos werden, und der Käufer braucht sie nicht anzunehmen. – Ferner können auf alle mögliche Weisen Meinungsverschiedenheiten über die Güte der gelieferten Waren zwischen Käufer und Wirt entstehen, daß es geradezu unmöglich ist, festzustellen, wer bei einer solchen Frage im Recht ist. Die kompetenteste, gerechteste Kommission von Sachverständigen ist hier oft machtlos. Nehmen Sie nur einen Fall an, wo ein Gast eine Speise genossen hat und nachher behauptet, sie sei aus diesem oder jenem Grunde nicht zufriedenstellend gewesen – was sich tatsächlich auch oft erst nach dem Genuß kundgeben kann. Steht nicht der Wirt absolut hilflos da!? – In den meisten von solchen Fällen, die fast täglich vorkommen, muß dem Wirte das Wort des Käufers genügen, und er muß den Schaden tragen – ein Vorgehen, das jedem Geschäftssinn und Rechtlichkeitsgefühl direkt widerspricht. Viele Gäste wissen sehr die hilflose Lage des Wirtes auszunutzen. Böswillig bestellen sie eine Speise, verzehren die Hälfte und senden, nachdem sie ihren Hunger gestillt haben, die andere Hälfte als ungenießbar zurück. Launenhafte Menschen verlieren während der Wartezeit den Appetit und senden die ganze Bestellung, ohne sie anzurühren, zurück. Sie denken nicht an die direkten Verluste, die dem Wirte daraus erwachsen. Oft wissen die Gäste nicht, was sie bestellen, und die Enttäuschung ist groß, wenn der Kellner kommt. Und in den meisten Fällen nimmt der gefällige Wirt seine verderblichen Waren zurück. Es gibt noch tausend andere Gelegenheiten, wo der Wirt geschädigt wird. Immer und überall hat er das Nachsehen und trägt Ungerechtigkeiten, Grobheiten und Verluste mit möglichst liebenswürdiger Miene. Das ist vom geschäftlichen Standpunkt aus betrachtet einfach haarsträubend! – Jeder andere Kaufmann würde sich in solchen Fällen beim Gerichte Recht suchen. Ich zweifle sehr, ob wirklich ein Wirt jemals daran gedacht hat, sein Recht zu wahren. Es ist einfach unmöglich. Er kann nur solchen unerquicklichen Fällen vorbeugen, indem er die größtmögliche Sachkenntnis anwendet und das beste, gewissenhafteste Personal zur Seite hat.

Ich glaube jedoch nicht, daß die geschäftlichen Schwierigkeiten einen besonders nachteiligen Einfluß auf den Geschäftssinn des Wirtes und seiner Angestellten haben, ich meine, daß sie aus ihnen schlechte Geschäftsleute machen. Geschäftliche Schwierigkeiten machen gewöhnlich gute Geschäftsleute. Im Leben des Wirtes aber spricht ein viel ernsterer, schönerer Faktor mit. Da ist etwas Gutmütiges, Wohlwollendes mit dem Gewerbe des Gastwirtes verbunden, das keinem anderen Handel oder Gewerbe anhaftet. Mag der Wirt auch Bezahlung, oft gute Bezahlung für seine Tätigkeit verlangen, – das ist sein Geschäft, und er muß rechnen, um zu leben. – Der Grundzug seines Handelns und Wandelns aber bleibt Gutmütigkeit, und dieser drückt sich seinem Charakter in ganz prägnanter Weise auf. Es ist wirklich noch ein kleines Überbleibsel von dem schönen Geiste der alten Gastfreundschaft, das alle an der Gastwirtsindustrie beteiligten Menschen beseelt. Die Gäste verlangen, lieben dies nun einmal. Mithin gehört dieser Rest einer schönen, längst verschollenen Sitte wie ein altes Erbstück zur Familie der Wirte, oder richtiger zu ihrem Geschäfte. Und welch ein wunderbares Erbstück ist's! Freilich ist es geschäftsfeindlich! Leider! – Und wie sonderbar, wie paradox es klingt, daß derjenige Wirt, auf den dies so entsetzlich anti-kommerzielle Betriebskapital sich im reichsten Maße vererbte, in seinem Fache der beste Geschäftsmann ist! –

Wie aber kommen die dadurch entstehenden tausend und abertausenden kleinen Verluste wieder ein? – Das ganze Geheimnis liegt in dem wunderlichen Gerechtigkeitssinn des lieben Publikums. Der arme, biegsame Mann, der Engelsgeduld und Nachsicht mit den Unarten, Frechheiten und Egoismus des Publikums hat, ist sein Liebling, sein Herrgott. Alles strömt zu ihm hin, um an diesem Wunder von Milde und Geduld seine Schlechtigkeit zu probieren.

Der Wirt ist daher kein Menschenerzieher. Seine eigentliche Tätigkeit hat zwar hohen, erzieherischen Wert, ja, den besten, den die Menschheit noch kennt, in der geschäftlichen Ausübung derselben aber ist der Wirt nichts weniger als ein gigantischer Menschenverderber. – Jede Mildtätigkeit, jede Nachsicht, jede barmherzige Handlung verdirbt im Grunde den Menschen, der sie empfängt. Und doch weckt sie andererseits ein schönes Gefühl in seiner Brust: die Liebe und das Bewußtsein der Zugehörigkeit zur menschlichen Gesellschaft und die Dankbarkeit. Welch ein wunderliches Chaos von Schönem und Häßlichem! Man steht ratlos davor.

Sehen Sie, damit der Beruf des Wirtes wirklich seinen Zweck erfülle, muß das Verhältnis zwischen ihm, dem Kaufmann und dem Gaste als Käufer ein durchaus kordiales und harmonisches sein. Ich könnte wirklich nicht in einem Hause ruhig schlafen und gemütlich essen, wo der Inhaber ein mir unsympathischer Mensch wäre. – Mein Wirt weiß dies nur zu gut. Und aus diesem Grunde, unter dem Einfluß seiner Tagesarbeit, entwickelt er und sein Gehilfe, der Kellner, sich zu den eigenartigsten Gestalten in der modernen Geschäftswelt, zu Geschäftsleuten, die durch ihre Gutmütigkeit und durch ihre geschäftlichen Verluste erst zu Geschäftsleuten werden. Eines solchen Werdegangs kann sich wohl niemand außer ihnen rühmen. Nur eins zwar, wenn der Vergleich gemacht werden kann: das menschliche Herz selber. Erst durch seine Güte, aus seinen Verlusten und Qualen wird es zu dem, was es werden soll: nämlich ein Menschenherz.

Aber dennoch! Im Geschäft läuft das Edle im Menschen große Gefahr, lächerlich zu werden. Es wird sowieso lächerlich, je offener es sich zeigt. Also weg mit der edlen Gesinnung in unserem modernen Geschäftsleben! Es sind unvereinbare Begriffe. *Business* ist so entsetzlich grausam, kalt und berechnend, daß jede bessere Regung davor zurückschreckt. Und dem ist gut so! Es muß so sein. Denn sonst wäre Geschäft eine Wohltätigkeit, ein Geschenk. Wir Käufer wollen keine Geschenke, wir sind nicht unterstützungsbedürftig. Wir bezahlen für das, was wir verlangen. Wir wollen aber auch erhalten, wofür wir bezahlen und was wir verlangen. Das ist Geschäft!

Der typische Wirt daher, der durch seine Gutmütigkeit und Nachsicht mit seinem Publikum möglichst viel Kundschaft an sich fesseln will, ist seinen Kollegen und Konkurrenten gegenüber grausamer und gefährlicher als irgendein streng gerechter, unerbittlicher Kaufmann gegenüber seinem schwächeren Bruder. Diese zweifelhafte Gutmütigkeit in Geschäftssachen ist eigentlich nichts als unlauterer Wettbewerb. Und sie sollte als solcher gebrandmarkt werden. Denn sie macht wirklich die Existenz jedes rechtlich denkenden Konkurrenten, jeden gerechten, erlaubten Wettbewerb unmöglich. Im Geschäftsleben hebt die Konkurrenz gewöhnlich die Industrien und die Gewerbe. Sie vervollkommnet. In der Gasthofsindustrie scheint die Konkurrenz eine andere, eine erniedrigende Wirkung zu haben. Denn wenn die Wirte sich einander in der Dienerei und Kriecherei vor ihren Gästen überbieten und sowohl kostspielige wie entwürdigende Nachsicht mit allerhand grobem Unfug haben, so ist ein solches Dasein wirklich kein erhebendes, sondern – namentlich für viele Tausende von Angestellten – eine unerträgliche Qual.

Es ekelt mich oft an, in ein besseres Restaurant zu gehen. Erscheint man an der Tür, so stürzt eine Schar von schwarz-weißen Menschen heran und bemächtigt sich meiner Person. Ich komme gar nicht mehr zu Atem! Jeder will mir seinen Stuhl anbieten. Alle wollen sie mich bedienen. Ich soll mich zehnteilen. Dabei vergeht der Appetit. – Ich weiß, die Kellner sind nicht die Leute, die mir einen solchen Empfang von Herzen gern bereiten. Es ist die Notwendigkeit, die sie zwingt, sich so aufdringlich zu benehmen. – Wie oft wallt es in der gequälten Brust des Jünglings vor Schmerz über, da er solche ekelhaften Schauspiele ansehen und mitspielen muß! – Ich habe mir häufig und liebevoll forschend meinen Jüngling durch die Augenwimpern betrachtet und eine wilde, gebändigte Wut deutlich gesehen, die er gegen mich und alle Gäste hegte. Die unausstehlichen Qualen drückten sich deutlich seinen Zügen auf, verkümmerten und bleichten sie. Aber welche Schuld tragen wir, wir frohen Gäste, an den Höllenqualen unseres jungen Mannes! – Was hat er verschuldet, daß er sie tragen muß? – Es ist doch nur der Geist der Dienerei, der erheuchelten Unterwürfigkeit, des Trinkgeldes, vor allem aber das kolossale, dickhäutige Gespenst der menschlichen Stupidität, der Eitelkeit und Genußsucht, die uns das gute Mahl verdirbt und die jungen Leben so vieler tausend Menschen vergiftet!

Die verderbliche Wirkung derartiger Zustände ist ganz unberechenbar. Den Menschen, der in früher Jugend dort hineingedrängt wird, verkrüppeln sie für alle Zeiten. Eine derartige Tätigkeit nimmt ihm von Kindheit an geradezu jeden Mut für sein späteres Leben weg. Der junge Pikkolo wird in der Luft, in der Atmosphäre des eleganten Speisesaals systematisch geistig entmannt, damit aus ihm ein Eunuch zum Dienst des Reichtums werde. Der frühe Anblick desselben, die gezwungene Unterwürfigkeit lähmt das junge, erwachende Leben in seiner Brust; das keimende Selbstbewußtsein, die Grundlage für sein späteres seelisches Leben, alles wird unbarmherzig, grausam in seinem Frühling erstickt. Es erfordert ein ganz außerordentlich starkes Gemüt, den Gefahren einer Geschäftsführung zu entgehen, die auf solchen verderblichen Grundlagen beruht. Aber mit einem starken Gemüt ist nicht jeder Erdgeborene beschenkt. – Ja, es ist wahr! In der Gastwirtsindustrie werden daher Hunderttausende von jungen, hoffnungsvollen Leuten fürs Leben vergiftet, und es ist ihnen später unmöglich, sich von dem entsetzlichen Fluche der Unterwürfigkeit, der ihnen durch die verschiedenen Pflichten und Umstände in jungen Jahren eingeimpft wurde, zu befreien. – Der Furcht- und Unterwürfigkeitsinstinkt in der menschlichen Brust ist schon von Hause aus stark genug. Er sollte nicht noch systematisch geweckt und gefördert werden. Man sollte ihn ersticken! –

Wir wollen dem Hotelier in die Konzessionen und Vorteile, die er diesem oder jenem Kunden einräumt, nicht dreinreden. Seine Geschäftsmethoden muß er mit seinem Debet- und Kreditkonto vereinbaren. Sofern aber diese die Wohlfahrt und das menschenwürdige Dasein der Angestellten beeinträchtigen, sollte man sich dagegen wehren. Jede Geschäftsführung, jeder Zustand, jede Notwendigkeit, die den Angestellten leiblich oder seelisch gefährdet, die sein Leben, auf das er Berechtigung hat, zu einem Schattendasein, einem Jammer gestalten, muß man in Grund und Boden verdammen. Ungezähltes und unaussprechliches Elend seufzt in den dunkeln, stinkenden Ecken der Großstädte und reckt unter gräßlich gestotterten Flüchen und Verwünschungen die mageren Fäuste gegen die blendenden Lichter der Hauptstraßen. Der verwundete Mensch wie das verwundete Tier zieht sich in Höhlen zurück, um dort in Dunkelheit einsam zu verenden. Er schämt sich seiner Wunden, die das Leben ihm schlug. Denn sie zeugen von seinen Schwächen. – Darum fordern wir im Interesse der Menschheit, daß auch der Hotelier und seine Angestellten, vor allem aber die Gäste mitarbeiten, der großen Krankheit unserer Zeit zu wehren, daß jeder sein Steinchen in den Weg der Menschheit füge, um ihn zu glätten, und daß jeder ihn rein halte. – Die aber, die ihn mit Trümmern und Leichen besäen, sind nicht wert, verachtet zu werden.

Aber die Wirte und Kellner müssen endlich einmal aufwachen! – Bücklinge geziemen sich für trockene Hofschranzen, aber nicht für einen gesunden Geschäftsmann. Wir leben im Reiche des Geschäftes. Der Aristokrat darin ist der Kaufmann, der Bürger. Die Welt von heute hat eine grenzenlose Verachtung für alle Menschen, die keine persönlichen Werte aufzuweisen haben, sei er nun König oder Bettler. Man läßt sie links liegen. – Also keine Bücklinge mehr vor der sogenannten Gesellschaft, vor dem ausgetrockneten Tagedieb, vor dem runzeligen, welken Faulenzer, mag er nun der deutsche Freiherr von und zu Immern-Pumpp, der österreichische Graf Woswosyi, der englische Lord of Down and Out oder Lady Buttertoast, der russische Fürst Knutischeff, ein italienischer Conte oder ein französischer Marquis sein. Die Bevorzugung solcher Menschen ist eine Beleidigung für uns, die bürgerlichen Reisenden und Kaufleute, die den weitaus größten Teil der internationalen Hotelkundschaft bilden.

Faulenzer und Tagediebe sowie Müßiggänger, gleichviel, welchen Rang und Lebensstellung sie einnehmen, wissen nicht, was Arbeit ist; sie wissen nicht, was es heißt, sich mit den Händen zu ernähren, wie es die Angestellten in den großen Hotels tun müssen. Sie können einen arbeitenden Menschen mit ihrem Firlefanz und ihrer Stupidität bis aufs Blut peinigen. Und die Wirte, statt zu helfen, diese Sorte von Menschen auszurotten, züchten sie, ernähren und mästen sie durch ihre elende Angst vor dem leeren Glanze und durch ihre sklavische Dienerei. Und je mehr die Clique gemästet wird, um so mehr schindet sie diejenigen, die dieses Mästgeschäft besorgen, und macht ihnen das Leben zu einer inhaltsleeren, unerträglichen, endlosen Komödie.

Ich kann wirklich nicht verstehen, warum die Oberkellner und Wirte geradezu gezwungen werden, weitgehendsten Kredit zu gewähren. Das ist doch in keinem anderen Geschäfte der Fall. Und zu Nahrungsmitteln und

Unterkunft müssen sie manchem edlen Haupte sogar noch Barmittel in Mengen geben. – Bitte, fragen Sie nur einmal den bleichen Buchhalter, der nächtelang über den dickleibigen Geschäftsbüchern sitzt und endlose Kolonnen von Ziffern addiert, die von der Saumseligkeit und dem Leichtsinn so vieler Hoch- und Hochwohlgeborenen ein schreckliches Zeugnis ablegen. Er kann sie hinter die Kulissen des Glanzes führen. Und je mehr man den Menschen borgt, um so schlimmer und extravaganter werden sie in ihrem Lebenswandel und um so saumseliger in der Begleichung ihrer Schulden. – Manche Wirte scheinen sich wirklich mit der großen Ehre zu begnügen, diese hohen und höchsten Herrschaften im Hause zu haben, damit der Name der Firma schön mit diesen zweifelhaften Aristokraten garniert werde. Die Wirte bezahlen aber schwer für solche Reklamen. Und die Hotelindustrie ist kein Paradies für den Kapitalisten. Sie ist weit davon entfernt, wirklich profitabel zu sein, wenn sie nicht von einem ökonomischen Genie geleitet wird. Man hört von den schwindelnden Summen, die da eingehen, wer aber die Bilanzen vieler großer Hotels sieht, wird sich enttäuscht hinterm Ohr kratzen. Wer Geld in solchen Unternehmen hat, wird auch seine Sorgen darum haben. – Und warum? Nur weil die meisten Wirte und ihre Angestellten es noch nicht verstanden haben, geschäftlich aufzutreten. Alle Hochachtung vor ihrer Liebenswürdigkeit und ihrer Zuvorkommenheit! – Aber es gibt Grenzen, wo es heißt:

»*Business is Business.*«

Man sehe sich nur die großen Dampferlinien mit ihren schwimmenden Hotelpalästen an! Da wird doch nicht gepumpt! Da macht der Wirt auch keine besonderen Komplimente. Da darf ein Gast sich nicht einmal mucksen und in unvernünftiger Weise den Mund aufmachen! Und keiner wird es von selber wagen. – Wer es versucht, gratis zu leben, wird per Schub zurückexpediert und muß seine Fahrt abarbeiten. – Das ist *Business*! So sollte es auch in den Hotels auf dem Lande sein! – Die Wirte sollten ein Gesetz haben, welches ihnen das Recht gibt, jeden saumseligen Genußmenschen, ob Aristokrat oder Bürger, in seinem Hotel beschäftigen zu können, bis die Schuld abgetragen ist. – Wo? – Na, da kommt doch nur die Aufwaschküche in Betracht, wo der Schuldner Teller waschen und Kasserollen scheuern müßte. Denn zu höheren Leistungen besitzen solche Epikureer gewöhnlich nicht die Fähigkeiten. Ein hochgeborenes Aufwaschküchenpersonal wäre in der Tat viel mehr Reklame und Nutzen für ein Hotel, als die Gegenwart solcher zweifelhaften Gäste. Leute mit einer brennenden Genußsucht im Herzen und minus den nötigen Mitteln im Beutel würden sich dann in andere Gefilde begeben als in das Schlaraffenland des Wirtes, welches, wie sie glauben, keine großartige, gigantische Wohltätigkeitsanstalt, sondern in Wirklichkeit ein Geschäftshaus ist.

# VI.

Die Sklaven verlieren in ihren Ketten alles,
selbst endlich den Wunsch, ihrer los zu sein.
Rousseau.

Sie haben sicher schon einmal in Ihrem Garten zur schönen Frühsommerzeit einen blühenden Rosenstock betrachtet – ich meine natürlich nicht mit den Augen eines Schwärmers oder eines Verliebten, sondern als ein Gärtner oder vielleicht gar als Naturforscher. Ihnen wird dann auch gewiß mitunter eine geschäftige Schar von Ameisen aufgefallen sein, die behende an dem Stamm und den Stielchen auf und ab liefen. – Alsdann wurden Sie noch aufmerksamer, schauten noch schärfer zu, und Sie entdeckten an den zarten Knospen und unter den saftigen Blättern versteckt ganze Herden von Blattläusen, die in ungestörter Ruhe sich am Safte des Bäumchens gütlich taten. Und mit großem Interesse sahen Sie weiter, wie die fleißigen, schlauen Ameisen eine nach der anderen zu den Blattlauskolonien pilgerten und sich dortselbst allerhand zu schaffen machten. – Aha! Sie wissen, was ich meine! – Ganz richtig! – Die Ameisen statten den Blattläusen einen Besuch ab. Sie tänzeln und scharwenzeln und krabbeln da herum, bis sie ganz dicht an die faulen Kreaturen herankommen. Dann machen sie ihr Kompliment und beginnen mit ihren Fühlern die feisten Rücken ihrer Freunde zu streicheln und zu kitzeln. Diese fühlen sich natürlich sehr geschmeichelt und geben als Dank einen »süßen, blinkenden Stoff« von sich, den die Ameisen sehr hoch schätzen. Denn darum kommen sie ja doch, die Schlauberger! Nur um die Blattläuse zu melken. Und haben sie genug, so verschwinden sie in ihrem Bau. – Man wird natürlich einige Zeitlang mit großer Freude den flinken Tierchen zuschauen. Das Leben und Treiben der Ameisen ist doch so interessant und lehrreich – man kann gar nicht genug davon sehen. – Aber man haßt die Blattläuse, das faule Gesindel, denn sie verderben auf die Dauer den schönen Rosenstock. Darum nimmt man die Spritze zur Hand und schüttelt das Stämmchen, damit die Ameisen abfallen. Die gewandten Geschöpfchen landen irgendwo sicher auf ihren Füßen, aber die Blattläuse sind zähe und bleiben hängen. Darum müssen sie mit dem scharfen Zeug abgespritzt und getötet werden. Denn sonst kann der Rosenstock nicht weiterleben –

Wie ich auf einmal auf die Naturgeschichte zu sprechen komme? – Oh, ich dachte nur eben daran, daß die Ameisen die Kellner und Wirte *par excellence* im Reiche der Insekten seien. Beherbergen sie nicht auch viele Gäste in ihren Bauen! Werden diese nicht gut gefüttert und gestreichelt! – Natürlich des »blinkenden Stoffes« wegen. – Der einzige Unterschied ist, daß nicht die Gäste, sondern die Wirte dabei betrunken werden. Auch sind die Ameisen *businesslike* genug, den Gast, der für die gute Behandlung nicht bezahlen will, einfach aufzufressen. – So können wir uns auch die geschäftigen Armeen von Kellnern vorstellen, die der sogenannten »Gesellschaft« – diesen Nichtstuern, diesen Blattläusen am Rosenbaume des Lebens – den süßen Mammon abstreicheln und abschmeicheln müssen. Diese Blattläuse saugen sich an den Knospen des grünen Lebensbaumes so fest, daß es bis jetzt noch keinem Gärtner gelungen, sie abzuspritzen. Schon viele Tausende tapferer Männer haben Millionen und Millionen Flaschen giftiger Tinte verspritzt. Es hat nichts genutzt! Noch immer sitzen die faulen Geschöpfe da und saugen dem Leben den Saft aus.

Die Ameisen sind ganz schlau! – Sie wissen, welche Arbeit sie haben würden, das Gesindel auszurotten. Darum nehmen sie nur so viel, wie sie auf einigermaßen angenehmem Wege erlangen können. – Gewiß, gewiß! Viele brave Menschen, besonders diejenigen, die aus Mangel an Gelegenheit und Fähigkeit dem Ameisenbeispiel nicht folgen können, halten solche diplomatische Lebensweise für ganz und gar verwerflich und verächtlich. Die Ameisen denken anders darüber. – Weise, gelehrte Männer bemühen sich unausgesetzt um die Ameisen und suchen die Lebensweise und die Einrichtungen dieser Geschöpfe zu erforschen. Ja, manche versteigen sich sogar zu der Behauptung, die Menschheit könne noch riesig viel von den fleißigen Insekten lernen. Namentlich in bezug auf Liebes- und Eheleben, Kindererziehung, Arbeitsweise, innere und auswärtige Politik. Dem mag sein, wie es will. Wir wollen das den gelehrten Leuten überlassen. Da aber die Kellner keine anderen Lebewesen sind als wie wir, so wollen wir uns der Kritik anschließen, welche die Art und Weise, wie die Ameisen die fetten Blattläuse behandeln und von ihnen leben, als eine für menschliche Tiere ungebührliche und verächtliche verdammt. Dies braucht unsere Achtung vor dem Fleiß und der Schlauheit der Ameisen nicht zu beeinträchtigen. Man sollte aber doch sagen, daß solch intelligente Wesen sich auch auf andere Art ihr täglich Brot erwerben könnten! – Und sie können es! –

Hierin liegt die Lösung der Trinkgeldfrage, – ein Kobold, der heutzutage die ganze zivilisierte Welt vexiert. – Im Hotel hat sich dieser Quälgeist ganz natürlicherweise eingenistet. Und so fest, daß ihm schwer beizukommen ist. Er begibt sich aber auch auf andere Gebiete.

Es ist unmöglich, in einigen Worten zu sagen, wieviel Für und Wider das Trinkgeld in sich birgt. Seine Daseinsberechtigung im Hotelwesen jedoch ist in wenigen Sätzen auszudrücken. Warum bekommt der Kellner Trinkgeld? – Weil er darauf angewiesen ist. – Warum ist er darauf angewiesen? – Weil er zu schlecht bezahlt ist, um ohne Trinkgeld leben zu können. – Warum ist der Kellner schlecht bezahlt? – Weil er Trinkgeld bekommt! – Das ist die ganze Situation. Aber so einfach sie erscheint, so schwierig ist sie. Um überhaupt nur an sie herantreten zu können, müßten wir uns zunächst klar machen, was ein Trinkgeld ist. Ich glaube, Sie, Herr Kommerzienrat, als Finanzier sind eher imstande, diese Frage zu beantworten als ich. – Soll es das sein, was der Name sagt – ein Geld zum Vertrinken? – Schwerlich! – Doch ich bin auch ein wenig Philologe, und durch die Etymologie können wir vielleicht etwas Aufklärung erhalten. – Sehen Sie, der Franzose zum Beispiel nennt das Trinkgeld »*Pourboire*« – im Schwedischen heißt es »*Drickspengar*« – beides gleichbedeutend mit dem »Geld zum Vertrinken«. – Der Italiener dagegen gebraucht die Ausdrücke »*Buona mano*« und »*Mancia*«. Hier hat das Geld etwas mit »Hand« zu tun. – Der Spanier wendet das Wort »*Propina*« auf »Trinkgeld« an, und es hat sonst keine andere Bedeutung. Im Englischen sagt man »*fee*« oder meistens »*tip*«. »*Fee*« ist ganz einfach »Bezahlung«, »*Tip*« dagegen hat eine mannigfaltige Bedeutung. Das Wort hängt mit dem deutschen »Tüpfchen« und »Zipfel« zusammen und heißt eigentlich »Spitze«. Dann gebraucht man es aber auch in der Bedeutung »Wink«. – Ja, nicht wahr, Herr Kommerzienrat! – An der Börse! – Richtig, auf dem Rennplatz auch! Ein guter »*Tip*«. Schließlich in dem Sinne auch in bezug auf die Polizei. Aber das hilft uns nicht weiter. – Die einzige Erklärung in unserem Falle kann man erhalten, wenn man »*tip*« etymologisch von dem mundartlichen »*dibs*« – süßer Sirup – herleitet, was im Volksmunde aber auch mitunter für »Geld« angewandt wird. Ich habe mich ziemlich eingehend dafür interessiert, aber die dickleibigsten englischen Wörterbücher schweigen sich über den Ursprung des Wortes »*tip*« in der Bedeutung »Trinkgeld« hinweg. Das Trinkgeld scheint ihnen eine sehr verächtliche Sache zu sein. – Unsere philologische Weisheit bringt uns also doch nicht viel weiter. – Zwar gebraucht man im Umgang auch noch Worte wie »Obolus« oder »Diobolus«, was sich schrecklich anhört, aber doch nur eine harmlose griechische Bezeichnung für eine gewisse kleine Münze ist. Auch das französische »*douceur*« wird mitunter für »Trinkgeld« angewandt. Doch man kann es höchstens als »Freundlichkeit« oder »Süßigkeit« verstehen. Das persische »*Bakschisch*« und noch verschiedene andere Worte, die das Trinkgeld charakterisieren sollen, sind aber auch alle nur gleichbedeutend mit »Geld«, »Geschenk«, »freiwillige Gabe« usw. Gewöhnlich aber ist das Trinkgeld eine sehr unfreiwillige Gabe, eine dringende Notwendigkeit, zu der man sich in gewissen Lagen verpflichtet fühlt und wodurch gewöhnlich höchst peinliche Situationen entstehen. Doch nirgendwo auf der Welt scheint man ihr aus dem Wege gehen zu wollen, oder besser: überall wird man hineingedrängt. In der Türkei, in China, wo wenig alkoholische Getränke genossen werden, gibt es eben »Kaffeegelder«, »Teegelder« und allerhand sonstige »Gelder«.

Ich halte des Trinkgeldgeben und -nehmen für eine echt orientalische Krankheit mit allen für den Orient charakteristischen Ansteckungsgefahren, Symptomen und Folgen. Man kann wirklich die Länder und Völker am Trinkgeld erkennen; man kann den ganzen Wert und die soziale Stellung der Nation danach bemessen ... Wo diese Form von Bezahlung für geleistete

Dienste vorherrscht, da ist es faul im Staate. – Der Orient – klassisch für Korruption – mit seiner teilweise noch bestehenden Sklaverei, ist auch klassisch für das Trinkgeld. Es ist nur noch mit Beulenpest oder asiatischer Cholera zu vergleichen. – Solche unhygienische Finanzen grassieren natürlich auch in Europa sehr stark. – Rußland steht bekanntlich wie in politischer und sozialer Malpropretät so auch in finanzieller Unreinlichkeit an der Spitze der europäischen Nationen. Dort besitzt man sogar die charakteristische Roheit, das Trinkgeld »Schnapsgeld« zu bezeichnen. – Doch die anderen Staaten Europas sind nicht minder von der orientalischen Krankheit verseucht. In den Vereinigten Staaten von Amerika wird noch am wenigsten Trinkgeld gegeben, weil im großen ganzen die Arbeitslöhne gut und geregelt sind. Allein in den letzten Jahrzehnten hat mit der zunehmenden europäischen Kultur und Sitten auch das Trinkgeldwesen sehr zugenommen. Die Trusts sorgen eifrig dafür, daß es den Lohnarbeitern und kleinen Leutchen nicht allzu gut gehe, und sie schrauben demgemäß die Preise für Lebensbedürfnisse in die Höhe in einem Tempo, worin die Lohnsätze nicht folgen können. – So ist dem freien Durchschnittsamerikaner auch schon eine gewaltige Hochachtung vor dem Trinkgelde beigebracht worden.

Wie lange die Menschheit schon von der Trinkgeldkrankheit behaftet ist, läßt sich gar nicht sagen. Jedenfalls ist sie so alt wie die Gastwirtschaftsindustrie, in der sie sich noch am stärksten erhalten hat. Ganz hitzige Köpfe in unseren Tagen beheben häufig, das Trinkgeld als eine gelinde Form von Bestechung zu bezeichnen. Trifft diese Bezeichnung zu, so ist das Trinkgeld sehr, sehr alt; denn die Bestechung in jeder Form ist eine erbliche Angewohnheit der Menschen. Schon im grauen Altertum gab es keine Festung, die nicht ein mit Gold beladener Esel hätte einnehmen können. Das Mittelalter mit seinen schlechten sozialen Verhältnissen und sonstigen unhygienischen Zuständen war natürlich die Blütezeit des Trinkgeldes. Vom Hofmarschall herab bis zum geringsten Kanzleischreiber, vom Meister bis zum Lehrling, hoch und gering, – alle waren sie die Ritter von der hohlen Hand. – Die trotzigen Meister der Zünfte schämten sich nicht, für sich und ihre Gehilfen ein Trinkgeld zu verlangen, wenn der Patron, der sie mit einem Auftrage betraut hatte, befriedigt vor dem fertigen Meisterwerke stand. Albrecht Dürer, ein wackerer deutscher Mann, ein unerreichter Meister des Pinsels und des Stichels, heute noch und für alle Zeiten der Stolz der ganzen deutschen Nation, war auch von der unheilvollen Krankheit behaftet, Trinkgelder zu verlangen. Er hat dies sogar schriftlich gegeben, damit es niemand später abstreiten könne. – Aber selbst schon damals gab es Männer, die die Verderblichkeit dieser niederen Angewohnheit erkannt hatten. Die ehrlichen, braven, gestrengen Räte und Landesväter, die die bayrische Landesordnung vom Jahre 1553 verfaßten, haben sich gegen solche Übelstände gesträubt.

Ich kann mich wirklich nicht mit dem Worte »Trinkgeld« zurechtfinden. Da es aber der gebräuchlichste Ausdruck für freiwillige Belohnung geleisteter Dienste ist, von Diensten, die der Empfänger nach eigenem Gutdünken selber abschätzt und ein dementsprechendes, xbeliebiges Stück Geld dafür hinwirft, und wo derjenige, der den Dienst geleistet hat, geduldig und demütig harrend dastehen muß, bis ihm das xbeliebige Geldstück hingeworfen wird und dabei gar nichts über das Gewicht und die Dicke des Geldstückes zu sagen hat, ja nicht einmal mucksen darf, wenn er überhaupt nichts bekommt, so will ich ihn – den Ausdruck »Trinkgeld« – seiner Gebräuchlichkeit wegen beibehalten und anwenden, wo ich seiner bedarf. – Unter die Kategorie der Trinkgelder fallen demnach auch die milden Gaben, die eine dankbare Nation ihren großen Leuten gibt, wenn diese alt geworden sind und zufällig nicht genug zu essen haben. Das sind die Gaben, die zum Beispiel alte Dichter bekommen, weißhaarige Sänger, die in ihrem Leben so lange gehungert haben, bis das Volk auf einmal einsieht, daß es dem alten Herrn etwas schuldig ist. Ein jeder Bürger – diese Behauptung ist zwar etwas optimistisch – greift dann in seinen Säckel und rechnet an den Fingern ab, wie groß die Dienste des alten Herrn Dichters sind und wieviel Trinkgeld er, der Herr Bürger und Empfänger der besagten Dienste, geben kann. Ein dritter Herr im schwarzen Gehrock und Zylinderhut sammelt das Geld ein, schreibt es gewissenhaft auf, und der Herr Bürger kann am nächsten Morgen seinen Namen in der Zeitung sehen. Wenn es darauf nichts mehr zu sammeln gibt, schenkt der Herr im Zylinder das Sümmchen Trinkgeld dem lieben alten, verdienstvollen Sänger. – Es gehen viele solcher schwarzen Herren herum und sammeln Trinkgeld für geleistete Dienste. Trotzdem die pekuniäre Störung im Momente der Inspiration ganz besonders empfunden wird, wie Busch sagt, so wandert dennoch der Klingelbeutel mit Trinkgeldabsichten umher und stört die braven Gläubigen in der Andacht. Wenn der Herr Pfarrer besonders schön und erbaulich gepredigt hat, gibt man gewöhnlich gern ein besonders fettes Trinkgeld. Ja, hartgesottene Sünder lassen sich oft erweichen, statt des billigen, bequemen blanken Hosenknopfes zwei Pfennig für eine erbauliche Andacht zu geben.

So schätzte das deutsche Volk die Dienste seines Eisernen Kanzlers ab und überreichte ihm auf Friedrichsruh in einem Eichenkranz mit Schleifen und der Aufschrift: »Für treue Dienste« das wohlverdiente Trinkgeld. So würdigt die gesamte gläubige Welt die Dienste des Heiligen Vaters, und so bekommt der Nachfolger Petri sein Trinkgeld oder seinen Peterspfennig, wie man es bescheiden nennt.

Wenn das Volk nun einmal mit den Diensten solcher hochgestellten Trinkgeldempfänger wenig zufrieden ist und wenn infolgedessen das Ehrengehalt, Opfergabe, Spende, Peterspfennig oder wie man sonst noch das Trinkgeld taufen mag, etwas mager ausfällt, so können die betreffenden

Herren Empfänger auch nichts anderes machen als das, was irgendein ganz plebejischer Bakschischheischer in einem Falle von wenig generöser Abschätzung seiner Dienste machen kann, d. i. heimlich schimpfen. Laut und hörbar zu schimpfen spricht von einer überaus großen Gemütsroheit und Undankbarkeit. Indessen tritt diese leider sehr häufig auf. Oft wird sie ganz unverblümt von der Kanzel heruntergedonnert.

Bei einem ansehnlichen Trinkgelde, oder wenn es sich gar um fette Ziffern handelt, erfindet gewöhnlich der respektvolle Mensch allerhand wohlklingende Namen. Mit dem Namen und der Summe, die das Trinkgeld repräsentiert, steigt dann auch natürlicherweise die Achtbarkeit desselben, so daß jeder dann ungeniert seine Hochachtung vor dem Trinkgelde ausdrücken darf. – Ganz wie beim Menschen selber. Daher ist es auch erklärlich, daß selbst die höchsten Persönlichkeiten Trinkgelder annehmen können und sie dankend quittieren.

Ein sehr düsteres Bild von der Notwendigkeit und der Wirksamkeit des Trinkgeldes entfaltete sich anfangs 1909 in New York, wo sich zu den bevorstehenden Wahlen des Bürgermeisters und der städtischen Verwaltungsbeamten eine neue Partei gebildet hatte, die beantragte, daß der neue Bürgermeister außer seinem Gehalt, welches höher ist als das des Präsidenten der Vereinigten Staaten, nach Ablauf seiner Amtstätigkeit einen »*Bonus*« von fünfhunderttausend Dollars erhalten solle. Dieser »*Bonus*«, Gratifikation, Geschenk, Trinkgeld – was es nun gerade ist – sollte durch Subskription unter Privatleuten beschafft werden, damit die politische Unabhängigkeit, die Unparteilichkeit des neuen Würdenträgers und zugleich die Wohlfahrt der Stadt gesichert sei. Die Urheber dieses Gedankens behaupteten, daß es auf eine andere Weise unmöglich sei, einen Mann für den Posten zu erhalten, der seine Pflicht auf ehrliche Weise ausführen würde. – Die Partei klagte weiter, daß diese radikalen Maßnahmen – nämlich der »*Bonus*« – durch die bisherige Verwaltung der Stadt, – die schlechteste in irgendeiner Großstadt – notwendig geworden seien. Entblößt, beraubt, betrogen, so gut wie bankerott stehe die herrliche Stadt nun da und bedürfe eines »ehrlichen und kompetenten« Verwalters. Selbst die dümmste und ungebildetste Bevölkerung der Stadt habe nun einen dämmerigen Begriff bekommen, was eine derartige Mißwirtschaft der öffentlichen Angelegenheiten – das Wort sei nur ein beschönigender Ausdruck für Diebstahl und Schwelgerei auf Kosten der Stadt – bedeute. – – Man will also durch eine Trinkgeldversprechung die neue Stadtverwaltung bewegen, ehrlich und haushälterisch, unbestechlich und unparteiisch zu arbeiten. – Welche Abgründe werden da vor unseren Augen geöffnet! –

Über die Gefühle, die der Mensch bei der Entgegennahme eines Trinkgeldes hegt, läßt sich vieles sagen. Indes muß ich gleich hinzufügen, daß dergleichen Gefühle zu sehr durch äußere Umstände bestimmt werden, als daß man eine einheitliche Regel auf sie anwenden könnte. Die äußeren Umstände sind nämlich, wie wir bereits gesehen haben, die verschiedenen Bemäntelungen, worin das Trinkgeld auftritt. Jedoch auch diese Verkleidungen sind noch nicht der letzte, der bestimmende Faktor für die Gemütserregung des Empfängers. Nein, die Entscheidung hängt einzig und allein von dem Moment ab, wo das empfängliche Gemüt den ersten Eindruck von der materiellen Bedeutung des Trinkgeldes in sich aufnimmt und über das Verhältnis der Wirklichkeit zu seinen vielleicht idealen Erwartungen unterrichtet wird. Die Möglichkeiten für alle Arten von Gefühlsausbrüchen sind daher uneingeschränkt. Und ihr Feld wird sonderbarerweise noch bedeutend durch das bemerkenswerte individuelle Verhalten des Trinkgeldes erweitert. Seinerseits erhebt nämlich das ganz winzige Trinkgeld gewöhnlich die größten Ansprüche auf eine regelrechte, öffentliche, möglichst feierliche Kundgebung von überwallenden Dankbarkeitsgefühlen. Höchst ungerecht und arrogant, aber charakteristisch wie für jede Kleinigkeit. Der gewöhnliche Kellner wird besonders davon getroffen und hat sehr unter der Tyrannei zu leiden. Das Trinkgeld von mittelmäßiger Bedeutung gibt sich meistens mit einer angemessenen Verbeugung des lächelnden Empfängers zufrieden. Das große Trinkgeld – generös wie es ist – beansprucht nichts. Höchstens eine Empfangsbestätigung auf Papier. Der Ordnung halber. Auch der Empfänger verhält sich hier äußerlich sehr ruhig. Wir können uns aber nur in wenigen Fällen auf äußerliches Verhalten verlassen. Es ist für die inneren Gefühle des Kulturmenschen meistens nicht maßgebend.

Es hängt also ganz allein von dem Trinkgelde ab, ob es für uns an- oder unannehmbar, achtbar, ehrfurchterregend oder das Gegenteil davon ist. Und der Empfänger empfindet dieser Beschaffenheit entsprechend. Es ist ihm aber im Interesse seiner Gesundheit und seines Seelenfriedens dringend anzuraten, keine allzu hohe Überzeugung von der Güte seiner Leistungen zu besitzen. Für den Trinkgeldempfänger kann eine solche Selbstüberhebung verderblich werden. Überhaupt in allen Lebenslagen ist sie schädlich, denn sie ist zum allerwenigsten lächerlich und provoziert die Mitmenschen.

Wenn der Kaufmann Nr. 1 dem anderen Nr. 2 aus purer Freundschaft einen guten Wink gibt – ja ganz richtig: einen »*Tip*« – oder ihm ein Geschäftchen vermittelt, das e r aus den verschiedensten Gründen nicht selber machen kann oder will, so darf er dafür nicht zuviel Trinkgeld verlangen. Es ist nicht schön von ihm. Der Kaufmann Nr. 2 wäre auf die besagte Geschäftsgelegenheit vielleicht o h n e die Güte des Nr. 1 aufmerksam geworden. Aber selbst in der nüchternen Geschäftswelt, wo nur Ziffern und keine Gefühle reden, hat man so viel Anstand besessen und das häßliche Trinkgeld in ein schönes Kleid gesteckt. – Ja, in diesem Kleide heißt es »Kommission«. – Sie meinen, man könnte die Kommission nicht zu den

Trinkgeldern rechnen!? – Oh, man hat sogar die Illegitimität derselben erkannt und versucht, sie legitim zu machen, indem man sie im voraus vereinbart und sich über die Materie klar ist, bevor das Geschäftchen zustande kommt. Dieses Verfahren verhindert viel Unannehmlichkeiten. Ein Trinkgeld im Kommissionskleid oder ein Wolf im Schafspelz ist ungefähr das gleiche.

Ich will Ihnen aber zeigen, welch feiner Mensch der Kellner ist, wieviel Anstand und Zartgefühl er besitzt. Er hat nicht die Frechheit und Unverfrorenheit, das ihm zustehende Trinkgeld im voraus zu vereinbaren. Er wartet geduldig, bis er es erhält oder auch nicht erhält. Wie der schwindlerische Kellner niemals mit großen Zahlen manipuliert, so hat der ehrliche Kellner auch niemals mit Trinkgeldern von respektablem Umfang zu tun, wie die Menschen in höheren Lebensstellungen. Und wie der Wert und die Achtbarkeit des Trinkgeldes mit seinen Ziffern steigt oder sinkt, so finde ich es denn auch ganz verständlich, daß das Trinkgeld des Kellners eine entsetzlich lächerliche und verächtliche Bagatelle ist. Und der Mensch, der sich mit solchen Dingen abgibt, ist eben auch nur ein ganz niedrig stehendes Individuum. Nur derjenige, der die großen Summen handhabt, kommt in Betracht. Darum sollten sich die Kellner eben auch nur mit ganz enormen Trinkgeldern abgeben oder mit gar keinen. Da die ersteren aber sehr rar sind und der Kellner auf die Bagatelle angewiesen ist, so können wir hieraus leicht das Dilemma, in dem er sich befindet, erkennen.

Ja, sehen Sie! Da haben wir's! – Auf der ganzen Welt herrscht dieser freundliche Glaube! Die Hotelangestellten, denken die Gäste und überhaupt jedermann, nehmen so viel an Trinkgeldern ein, daß die Glücklichen sich nach Verlauf von – sagen wir – zehn Jahren selber ein Hotel oder doch mindestens ein kleines Rittergut genehmigen können. Und aus diesem freundlichen Glauben suchen dreierlei Parteien Vorteile zu schöpfen. Erstens der junge Angestellte, der sich in zehn Jahren das kleine Rittergut oder das große Hotel kaufen will, zweitens der Hotelbesitzer, der mit der allzu großen Vermehrung von Hotels nicht einverstanden ist, und drittens das liebe Publikum. Die Vorteile, die der Angestellte sucht, gelten natürlich der eigenen Tasche, die Absichten des Hoteliers und des Publikums sind nicht minder auf dasselbe Ziel gerichtet.

Der Prinzipal, der von den fabelhaften Trinkgeldern hört und sieht, hält es mit Recht für unnötig, die beneidenswerte Lage der Angestellten noch durch hohe Gehälter zu verschönern. Manche Prinzipale gewähren aus diesem Grunde gewissen Angestellten überhaupt keine Gehälter. Die Leute dürfen glücklich sein, daß sie bei ihm überhaupt geduldet werden. Wieder andere Prinzipale, von einer heillosen Angst vor der zukünftigen Konkurrenz ihrer Angestellten angetrieben, suchen die nahende Flut solcher Gefahren einzudämmen, indem sie im Namen des heiligen Rechtes, das ihnen zusteht, einen Teil der Trinkgelder ihrer Angestellten im eigenen Sack verschwinden lassen. – Sie verkaufen also eine fette Stelle an den Meistbietenden. Eine juristisch durchaus ehrliche, achtbare und zulässige Geschäftstransaktion. Selbst in Amerika kommt dies vor. Der *Cloak Room-»Boy«* – der Garderobe-»Junge« eines Riesenhotels – ein ganz beträchtlicher Finanzier – muß oft zehntausend Dollars jährlich für das Privilegium zahlen, sein Dasein führen zu können, und außerdem muß er noch eine Herde von anderen »Jungen« und Parlormaids zu seiner Hilfe aus eigenen Mitteln anstellen. Selbst in kleineren Betrieben lassen wieder andere Prinzipale die Angestellten an aufreibenden Posten, wo so ungeheuer viel Trinkgeld eingeheimst wird, vollständig ohne Hilfe stehen und drohen mit Entlassung, wenn nicht »alles klappt«. Der Angestellte in seiner Angst, die Stelle zu verlieren und seine Gesundheit zu schonen, engagiert sich die notwendige Hilfe auf eigene Rechnung. So hat ein großer Oberkellner oder ein Portier sehr häufig seinen Privatsekretär, der mit dem Hause, in welchem er arbeitet, direkt nichts zu tun hat und nur für den Mann lebt, der ihn engagiert hat und ihn entlohnt. – Es ist eine alte Geschichte, daß ein Hausknecht häufig ein halbes Dutzend anderer Hausknechte beschäftigt und bezahlt. So kommt er dadurch in die rätselhafte Situation, daß seine Kollegen zu gleicher Zeit Hausknechte bei ihm sind. – Sie lachen, mein lieber Freund! – Das sind Lagen, verzwickte Produkte des zwanzigsten Jahrhunderts, Blüten, die überall zu finden sind. In manchen komplizierten Ehe- und Verwandtschaftsverhältnissen kann es vorkommen, daß man eines Morgens als sein eigener Stiefgroßonkel aufwacht.

Wir wollen uns daher nicht über die Hausknechte bei einem Hausknecht amüsieren. In den großen Hotels, wo die Oberkellner ihren eigenen Speisesaal haben, gibt's sogar einen Oberkellner für die Oberkellner. Na also! –

Die Vorteile, die das liebe Publikum aus den Märchen von den Trinkgeldschätzen zu ziehen sucht, liegen natürlich klar auf der Hand. Manchem Gaste, der mit seinem Gelde rechnet oder zu rechnen hat, treten bei der Abschätzung der vom Kellner geleisteten Dienste die horrenden Einkünfte des Menschen vor Augen. »Na,« denkt er, »der Mann verdient ja ohnehin so viel, und ich bin gerade knapp bei Kasse.« – In einem solchen Falle wird das Trinkgeld sehr mager sein, oft selbst so unscheinbar, daß es nur ein illusorischer Begriff ist, der sich mit dem Sehnerv oder dem Sinne, der in den Fingerspitzen steckt, nicht wahrnehmen läßt. – Wenn solcher Fälle viele auftreten – und sie kommen – so wird das Budget des Kellners dadurch sehr beeinträchtigt. Wenn nun alle Gäste eine nebelhafte Vorstellung von den Einkünften eines Kellners haben – und die haben die meisten – und wenn diese Vorstellungen optimistisch sind – was gewöhnlich der Fall ist – dann schrumpft das Trinkgeld zu einem hoffnungslosen, vagen Begriff zusammen, mit dem der Kellner sich auf die Dauer nicht zufrieden erklären kann.

So sind die Aussichten des Kellners auf eigene Hotels und Rittergüter verhältnismäßig gering. Dank dem optimistischen Publikum, dank eigensüchtigen Prinzipalen. Und selbst von den freigiebigen Gästen, die in dem großen Gewühle von Geizhälsen und Optimisten des Kellners einzige Hoffnung und eisernen Bestand bilden, geht dem Armen viel verloren. Die freigiebigen Leute sind gewöhnlich gutmütig und vertrauend, aber auch leider ignorant in vieler Hinsicht. Sie verteilen den Lohn für das gute Service, das sie erhalten haben, oft so ungeschickt wie möglich. Das Trinkgeld gerät dann meistens an die unrichtige Adresse, und er, der am meisten zum Wohlbefinden der Gäste beigetragen hat, der Kellner, wird entweder vergessen oder geflissentlich von denen, die das Trinkgeld einheimsen, übersehen. Daß dies ein Mistbeet für allerhand Auswüchse häßlichster Leidenschaften ist, braucht man wohl gar nicht zu bemerken.

In vielen Hotels hat sich die geradezu satanische Methode eingebürgert, daß alles Trinkgeld in eine gemeinsame Kasse fließen muß, die von dem Argusauge des Herrn Oberkellners bewacht und deren Inhalt am Schlusse der Woche »gerecht« verteilt wird. Viele Menschen haben sehr individuelle Rechtsbegriffe. So auch manche Hoteliers und Oberkellner. Manchmal sollte man sagen, die Leute hätten zehn Semester Jura studiert. – Ein Drittel – wenn nicht gar mehr – dieser Kasse fließt gewöhnlich dem Herrn Ober zu, fünfzig Prozent vom Rest wird unter den Assistenz-Oberkellnern verteilt, der Rest vom Rest, also höchstens fünfundzwanzig bis dreißig Prozent vom Ganzen, geht unter die vielen Kellner, die davon gewöhnlich noch etwas ihren treuen Pikkolos abgeben müssen, ohne deren Hilfe sie vielleicht nicht fertig geworden wären. – Hier gebiert das Böse wiederum Böses. Die ungerechte Verteilung verleitet die Kellner natürlich oft, nur einen Teil des sauer verdienten Trinkgeldes in die Kasse fließen zu lassen, und sie machen sich so der Unterschlagung schuldig. Selbst das ehrlichste Gemüt wird Grund genug für einen solchen Akt finden und wird die Stimme des Gewissens mit erfundenen Theorien zu beschwichtigen suchen. Dies ist gewöhnlich der erste Schritt zur wirklichen Unterschlagung, wenn die Feinheit des Gewissens durch das Praktizieren solcher Tricks abgestumpft ist und sich einen Grund für eine verbrecherische Tat ausheckt. Derartige Systeme sind also geradezu Vorschulen für den werdenden Verbrecher. Sie kitzeln und animieren die verbrecherischen Instinkte, die in jeder menschlichen Brust schlummern. Ein Kellner ist gewöhnlich in den Jahren der Jugend, wo sein Gemüt am dunkelsten, am chaotischsten und zugleich am empfänglichsten ist. Die äußern Einflüsse bestürmen ihn so gewaltig, daß er sich oft der unheimlichen Mächte nicht mehr entziehen kann und sinkt, rettungslos sinkt.

Das Rittergut des Kellners liegt also nicht so nahe, wie man glauben sollte. – Was bleibt ihm sonst noch übrig? – Sein Gehalt. Dies Gehalt ist, wie wir sahen, infolge des freundlichen Glaubens an das Trinkgeld überall gering – meistens sehr gering – manchmal sogar Null, in allen Fällen aber für das, was der Kellner zu leisten hat, für die Kenntnisse, die Geistes- und Körperkräfte, die man von ihm verlangt, für die überaus unangenehme, oft gesundheitsschädliche und vielfach geradezu unerträgliche Tätigkeit des Kellners, für die Atmosphäre, in der er sich bewegt, für die langen Überstunden und oft grausam lange, regelmäßige Arbeitszeit, für den Verlust eines Sonn- oder Ruhetages – für das alles ist das Gehalt des Kellners überall auf der ganzen Welt bettlerhaft, nein, sklavisch.

Dies Gehalt richtet sich, wie gesagt, nach dem Charakter des Hauses. Das Durchschnittsgehalt in Deutschland beträgt vielleicht kaum fünfunddreißig Mark monatlich, im übrigen Europa, in Asien und Afrika dreißig bis vierzig Franken, in Amerika ungefähr fünfundzwanzig Dollars. In Australien dagegen hat man in jüngster Zeit die Löhne versuchsweise gesetzlich geregelt, so daß diese ziemlich annehmbar erscheinen. Ich habe leider keine Statistiken darüber und nenne diese Ziffern, wie ich sie auf meinen Reisen erfahren habe. Nebst seinem Gehalt empfängt der Kellner von seinem Arbeitgeber in Europa und Amerika fast ausnahmslos Kost im Hause. In Europa tritt in fast allen Fällen noch ein obligatorisches Logis im Hause dazu. Man hat jedoch in Amerika bereits die Verwerflichkeit solcher Sklaverei eingesehen und sie aus praktischen und moralischen Gründen abgeschafft. Höchstens in einzelnen Sommerhotels wird es den Kellnern anheimgestellt, ihre Quartiere nach Belieben im Hause oder außerhalb desselben aufzuschlagen.

Ja, diese aufgezwungene Verpflegung sieht wunderbar schön und mildtätig aus. In Wirklichkeit aber ist es anders. Denn der Angestellte muß dafür – schlecht, wie sie in den meisten Fällen ist – natürlicherweise indirekt schwer bezahlen. Sie wird ihm als einen Teil seines Gehaltes vorgerechnet. In Deutschland berechnet ein Hotelier seinem Kellner – sagen wir – dreißig Mark für monatliche Kost und vielleicht zwanzig Mark für das monatliche Logis. Summa fünfzig Mark. – Schön. Da der Prinzipal nun aber die Rohmaterialien für die Kost im Großen einkauft und in vielen Fällen sogar bezahlte Speisenreste seiner Gäste zur Abfütterung seiner Angestellten verwertet, so macht er dabei ein sehr lukratives Geschäft. Bei einer großen Anzahl von Angestellten läuft dies natürlich kolossal zusammen und bildet eine beträchtliche Einnahmequelle des Prinzipals. – In seinem großen Hause findet der Hotelier natürlich auch genügend Speicher- und Kellerräume, viele Winkel und Stuben, um seine Schar von Angestellten zu beherbergen. Für die Gäste können derartige Löcher nicht in Betracht kommen, als sonstige Betriebsräume sind sie vielleicht nicht geeignet oder überflüssig. Folglich stehen sie leer und sind unbenutzt. Aber jeder Quadratzoll, den ein Hotel bedeckt, kostet Geld, oft sehr viel Geld, und somit ist jeder unbenutzte Raum in dem Gebäude verlorenes Geld. Die obligatorische Einquartierung der Angestellten ist daher aus diesem Grunde höchst erwünscht. Die Angestellten, die im Hause schlafen müssen, sind wertvollere Gäste als die Gäste selber. Sie lassen sich irgendwo, in irgendeinen Stall hineinpferchen und bezahlen schweres Geld dafür. Denn für zwanzig Mark im Monat bekommt man überall ein halbwegs menschenwürdiges möbliertes Zimmer – wenigstens nach unseren heutigen Begriffen – und vielleicht noch liebenswürdige Wirtsleute obendrein. Der Kellner und die anderen Angestellten des Hotels werden aber nicht selten zu fünf oder zehn Personen in einem Raume kaserniert, der kaum mehr als den gesetzlichen Kubikinhalt hat. Oft hat er diesen nicht einmal. Und für solches Quartier bezahlt der Kellner seine hohe Miete. – Von den Unannehmlichkeiten, Unzuträglichkeiten, von der zweifelhaften Gütergemeinschaft, die durch das Zusammenleben in solchen Quartieren entstehen, will ich schweigen. Ich will schweigen von der Schmucklosigkeit, die solchen Räumen anhaftet. Sie sehen allem ähnlich, nur keinem Heim, dessen ein hart arbeitender Mensch zur Ruhe und Erholung dringendst bedarf. Ich will schweigen von den unhygienischen, schmutzigen Zuständen, die sich dabei notwendigerweise entwickeln müssen. Ich will schweigen von der deprimierenden, erdrückenden Wirkung, welche derartige Quartiere auf das Gemüt des jungen Menschen haben, der soeben seinen Arbeitsplatz – eine Stätte des Überflusses, des Reichtums und der Üppigkeit – verließ. Hier hat er Gelegenheit, erst recht sein eigenes Elend einzusehen und darüber nachzugrübeln. – Ich will schweigen von den verderblichen Folgen, welche Massenquartiere von jungen Leuten beiderlei Geschlechts mit sich führen. Wir brauchen keine Moralisten zu sein, um uns über die bestehenden Versuchungen und den Verfall der Moral der Angestellten zu entrüsten. – Nein, wir wollen keine Moralisten sein. Wir wollen uns nicht darüber entrüsten. Wer schlecht sein will, kann es irgendwo und überall sein. Ein reiner Mensch kann in einem Pfuhl von Laster und Elend stecken, ohne daß er davon berührt wird. Aber der Ekel, die Krankheiten an Leib und Seele, die solche Umgebungen auf die Dauer selbst dem stärksten Gemüte aufdrücken, sind unbeschreiblich.

Und für solche Umgebungen und Einflüsse bezahlt der Kellner schweres Geld. Um solcher Quartiere willen, die nur der Bereicherung seines Arbeitsgebers dienen, der schon ohnehin zu viel Nutzen aus seinen Angestellten zieht, muß der Kellner den Gedanken an ein gesittetes Familienleben von vornherein als etwas ganz Unmögliches von sich abweisen. Um solcher Quartiere willen kann er kein menschenwürdiges Dasein führen, darum geht ihm die so notwendige Ruhe und Erholung ab. – Freilich hat die obligatorische Einquartierung ihren doppelten Vorteil – für den Prinzipal. Er kann seine Leute möglichst lange im Geschäft halten und sie je nach Bedarf – immer – bei Tag und Nacht – zitieren, sie möglichst früh wieder heraustrommeln. Sie sind ihm immer zur Hand – immer! – Natürlich veranlassen solche ekelhaften Zustände die jungen Leute, statt nach der Arbeit sich zur Ruhe zu begeben, noch spät in der Nacht oder vielmehr früh am Morgen zu fliehen und im Nachtleben der Großstädte Zerstreuung zu suchen.

Ich war sehr generös im Kostenanschlag für das Logis und die Nahrung, die dem Kellner als ein Entgelt für seine Dienste aufgenötigt werden. Ich kann mit ruhigem Gewissen behaupten, daß die Kost einer Volksküche oft besser, nahrhafter, appetitlicher zubereitet ist, als das Futter, das man gewöhnlich dem Kellner vorwirft. Auch hier hat er wieder schmerzliche Gelegenheit, Vergleiche zu ziehen zwischen seinem Menü und dem der glücklicheren Menschen, die er abfüttert. – Eine monatliche Pension in einer Volksküche wird nicht die Summe von dreißig Mark, die ich für Kellnerkost veranschlagt habe, verschlingen. Dafür kann man sich schon ganz leidlich in einem Privatkosthause oder bei einer anständigen Bürgerfamilie durchbringen, wo es gute Hausmannskost und gelegentlich einen saftigen Braten oder ein Hühnchen am Sonntag gibt. – Die veranschlagten zwanzig Mark als monatliche Miete für einen Stall – denn mehr kann man die sumpfigen Quartiere meistens nicht nennen, sind gleichfalls reichlich. Addieren wir nun diese zwei Zahlen zu dem schon oben erwähnten Gehalt von rund fünfunddreißig Mark, so ergibt dies eine Summe von fünfundachtzig Mark, die der Kellner von seinem Arbeitsgeber für die geleisteten Dienste monatlich erhält. Und nehmen wir an, daß er nur vierzehn Stunden durchschnittlich im Tage arbeitet, so erhält er für eine monatliche Arbeitszeit von dreißig mal vierzehn – also vierhundertundzwanzig Arbeitsstunden einen Lohn von zirka zwanzig Pfennig pro Stunde. Dies ist ein Lohnsatz, mit dem sich nicht der geringste Tagelöhner zufriedengibt.

Die illusorische Summe von fünfzig Mark, veranschlagt für die Verpflegung, zieht nicht viel direkte finanzielle Auslagen für den Prinzipal nach sich. – Das Personal, welches für die Verpflegung des Personals engagiert ist, ist nicht zahlreich. – Gewöhnlich probieren die angehenden Kochkünstler, die Lehrlinge in der Küche ihrer Künste an dem Essen des Personals. Das Menü des Personals ist oft sozusagen ein Versuchskaninchen. Auch hierin liegt ein Profit des Prinzipals. In den meisten Fällen braucht er den Lehrlingen kein Gehalt zu geben – im Gegenteil, diese bezahlen oft das Haus noch, damit sie das Essen der Angestellten versalzen und anbrennen lassen dürfen; zweitens erstreckt sich die verheerende und zerstörende Tätigkeit dieser jungen Schüler des Lukulls nicht auf die delikaten Rohmaterialien, die hübsch zubereitet die Tafel der Gäste zieren sollen, sondern auf den minderwertigen Fraß der Angestellten, welche nichts zu sagen haben. Die jungen Köche lernen auf Kosten des Personals die Grundelemente ihres Handwerks; sie ersparen dem Prinzipal erfahrene Personalköche und zugleich Rohmaterialien, die in ungeschickten Fäusten entheiligt und zerstört würden. Drei Fliegen mit einer Klappe. –

Für die Reinigung und Instandhaltung der Personalquartiere genügen einige alte Weiber. Gewöhnlich sind dies Frauen mit einem langweiligen Lebensroman und traurigen Augen. Still und langsam verrichten sie ihre Arbeit; das junge Volk hat Nachsicht, wenn nicht alles so ist, wie es sein sollte, denn die Alten leben ja nur noch aus Gnade und Barmherzigkeit und kriegen ihre zehn Mark im Monat. –

Wenn wir nun die direkten monatlichen Gesamtauslagen eines Prinzipals, die ihm durch die Verpflegung eines Angestellten verursacht werden, hochgegriffen, auf zehn bis fünfzehn Mark beziffern, so hat er gemäß unserer Kalkulation einen Reingewinn von fünfunddreißig Mark *pro capita*, denn die fünfzig Mark, die er dem Kellner für Verpflegung in Rechnung stellt minus fünfzehn Mark, die ihn die Verpflegung tatsächlich kostet, ergeben diesen Reingewinn. So hätte also, streng genommen, der Durchschnittshotelier die Dienste eines Kellners gewöhnlich ganz umsonst. Ja, unter Umständen verdient er noch obendrein an seinem Angestellten. Denn wenn er auch fünfunddreißig Mark in bar an Gehalt zahlt, so wird dies doch durch den Gewinn von fünfunddreißig Mark an der Verpflegung des Angestellten aufgehoben. Und wenn die Auslagen für die Verpflegung noch weniger betragen als die veranschlagten fünfzehn Mark, so ist jeder Pfennig darunter eine Gratiszugabe zu den Gratisdiensten, die der Kellner dem Hause verrichtet. Und was erst, wo der Angestellte gar kein Gehalt in bar erhält und sogar noch einen Teil seiner Trinkgelder an den Prinzipal abliefern muß?! –

Mit dem Lohnsatze des Kellners aber gibt sich kein Handlanger zufrieden. Mit dem Gehalt von fünfunddreißig Mark pro Monat plus den illusorischen fünfzig Mark in Naturalverpflegung kann auch kein Kellner zufrieden sein. Es ist kein Äquivalent für seine Leistungen. Nein, es deckt nicht einmal die monatlichen Auslagen des Kellners. Der Prinzipal verlangt von seinen Leuten, daß sie nicht nur reinlich und anständig erscheinen, denn dies darf jeder Prinzipal verlangen – nein, sie sollen womöglich nobel, hochnobel auftreten. – Dies ist zwar ein sehr dehnbarer Begriff, aber um ihm nur halbwegs gerecht zu werden, braucht man schon einen ansehnlichen Posten Geld. Die Wäsche verschlingt einen großen Teil davon. Kragen, Manschetten, Hemden sind wegen der anstrengenden Tätigkeit des Kellners nach einmaligem Gebrauche gewöhnlich zu erneuern. In den Sommermonaten wächst es ins Ungeheure. Die absurde Mode, den Vielgeplagten selbst in der größten Hitze mit steifem Kragen, weißem Panzerhemd und engem, schwarzem Frack zu quälen, verschlingt eine

Menge Geld. Die gute Kleidung des Kellners wird durch den häufigen Kontakt mit fettigen Schüsseln und Gegenständen in der Küche gleichfalls sehr bald ruiniert. Ein neuer Frack in jedem Quartal ist die Regel des anständigen Kellners. Mit dem Schuhzeuge geht es gleichfalls nicht besser. Gute, leichte Schuhe, die für den Kellner nur in Betracht kommen, halten einen täglichen Sturmschritt von zehn, zwanzig, oft dreißig Kilometern treppauf und treppab über Teppiche, Marmor- und Steinfliesen nicht lange aus. Nach einem Monat ist das Leben eines Paares Schuhe, das zwanzig Mark gekostet hat, im Hoteldienste erloschen.

So kommen wir zu dem erschreckenden Resultat, daß die Einkünfte, die der Kellner vom Hause bezieht, nicht einmal seine notwendigsten geschäftlichen Auslagen decken. Wie muß er sich nun mit den anderen geschäftlichen Verlusten abfinden, die ihm aus seiner Tätigkeit erwachsen? – Wie bezahlt er das Bruchgeld, die Verluste durch die Gäste oder seine Unaufmerksamkeit, die Abgaben an seinen Pikkolo, die Strafen, die ihm von den Vorgesetzten auferlegt werden, das Schürzengeld und wie sonst noch alle die Anzapfereien heißen? – Wie bestreitet er alle diese Kosten? Wie verschafft er sich die Mittel für seine fortwährenden ausgedehnten, kostspieligen Reisen? – Wie lebt er zur Zeit seiner oft entsetzlich langen Stellenlosigkeit? – Was verbleibt ihm für sein Alter, welches mit seinem fünfunddreißigsten bis vierzigsten Lebensjahre beginnt und ihn unbarmherzig z. D. oder a. D. stellt? – Selbstverständlich! Das Trinkgeld muß es machen! –

Ich habe Ihnen aber klargemacht, was das Trinkgeld ist. Es ist kein Einkommen, es ist nur ein Auskommen. – Würde der Kellner nicht lieber ein sicheres Einkommen seinem unsicheren Auskommen vorziehen? Ich kann es nicht sagen! Der Kellner – wie ein Jongleur – liebt das Waghalsige.

Wie ihm ein sicheres Einkommen verschafft werden könnte? Nichts einfacher als dies! Und vielleicht nichts schwieriger. – Selbstverständlich gibt es unter dem Publikum viele Gegner des Trinkgeldes. Und mit Recht. Manche darunter sind aber doch recht sonderbare Käuze. Sie agitieren gegen das Trinkgeld an der unrichtigen Stelle. – Wieso? – Nun, indem sie dem Kellner kein Trinkgeld geben und in ihrer heiligen Entrüstung nicht bedenken, daß, solange dieser Mensch schlecht bezahlt ist, er quasi ein Anrecht auf das Trinkgeld hat, und daß der Gast moralisch verpflichtet ist, eine angemessene Belohnung für die erhaltenen Dienste zu geben. Denn wenn die Löhne der Angestellten erhöht werden, so müssen auch folgerichtig die Preise der Waren erhöht werden, sonst kann der Wirt unmöglich auf seine Kosten kommen. Der Gast hat also auf jeden Fall die bittere Pille des Zahlens zu schlucken.

Unter den gegenwärtigen Verhältnissen profitiert natürlich ein »Gegner des Trinkgeldes« ganz erheblich auf Kosten des armen Kellners. Der Gast, welcher kein Trinkgeld gibt, schindet es dem Kellner ab. Er bereichert sich auf Kosten eines armen, arbeitenden Menschen. Der Kellner steht machtlos da, aber er merkt sich gewöhnlich seine Kunden. Bei seinem häufigeren Erscheinen wird einem solchen Gaste nicht das Interesse entgegengebracht, welches er sich wohl wünschen möchte. Auf die Dauer entstehen Spannungen zwischen ihm und dem Kellner, die wirklich unerträglich, oft gar gesundheitsschädlich für beide Parteien werden können. Dennoch ist der bedauernswerte Nichttrinkgeldgeber aus Prinzip eigentlich noch der achtbarste unter denen, deren Hand verschlossen bleibt. Geldverlegenheit ist zu entschuldigen, aber der Geizige im Speisesaal ist die verächtlichste Kreatur, die ich mir denken kann. Sie machen auch gewöhnlich immer die größten Ansprüche, und ihr Erscheinen ist das Zeichen eines hereinbrechenden Strafgerichtes Gottes für den Hotelier und seine Angestellten. Aber scharenweise treten sie auf. Sie wollen gewöhnlich nie »etwas Extras« haben, sondern nur das, wozu sie »berechtigt sind«. Sie sind gräßlich, wenn wütend gemacht durch die indifferente Ruhe, mit welcher ihnen gewöhnlich der Kellner begegnet, sobald er sie erkannt hat. In derartigen Gemütserregungen verringert sich meistens der Wortschatz dieser Leute auf die primitivsten Formen, und in willkürlichen, ungewählten Ausdrücken ergießen sich die schönen Seelen. Ich kann nicht verstehen, warum die Hoteliers nicht in eine Versicherung gegen solche Gäste gehen und überall, wo sie diesem Typus begegnen, sich seiner ohne viel Zeremonien entledigen. Die einzige Erklärung für die Unterlassung der Maßregeln ist der Umstand, daß meistens nicht s i e, sondern die Angestellten unter der Pest zu leiden haben.

Andere prinzipielle Feinde des Trinkgeldes sind die Herden von Reisegesellschaften, die unter der Führung eines Leithammels mit Sprachrohr und Baedeker ganz Europa überschwemmen. Man kann sie sehen, die großen Fuhren der Reiseviehtransporte. Zusammengepfercht rasseln sie im Galopp durch die Straßen und recken die Gummihälse. Ihnen ist jedoch zu verdanken, daß unsere Museen noch einigermaßen bevölkert sind. Diese Leute und auch die vereinzelt und doch nicht minder zahlreich auftretenden nomadisierenden, ästhetischen Jungfern, die ein gemischtes Parfüm von Museumsluft und welken Rosen mit sich bringen, sind durch gewohnheitsmäßige, kompulsorische Arithmetik ausgesprochene Gegnerinnen des Trinkgeldgebens. Sänger, Schauspieler, Theaterdichter, Konzertkünstler verbinden oft mit dem Trinkgeld einen guten Zweck. Sie geben dasselbe reichlich, jedoch in der weniger liquidierbaren Form von Billetten zu ihren respektiven Vorstellungen. Sie haben dabei oft wenig Ahnung, welch kritisches Füllsel sie sich für gähnende Leeren im Parkett des Hauses auserwählt haben.

Ich kann wirklich nicht einsehen, warum die Wirte von ihren Gästen den wohlverdienten Lohn ihres Personals nicht selber einkassieren! Es ist mir rätselhaft, warum sie dies Geschäft – ihre Pflicht – auf eine so umständliche, unangenehme, ungerechte, erniedrigende, ja oft gemeine Weise von den an und für sich schon mit Arbeit überladenen Angestellten besorgen lassen, ohne ihnen jedoch die Vollmacht zu geben, dies so dringend notwendige Geschäft nötigenfalls energisch zu betreiben und durchsetzen zu können. – Es ist eine ganz verdammenswerte Zauderpolitik, die kaum ihresgleichen kennt.

Leute, die möglichst gut und möglichst billig leben wollen, veranlassen oft ihren Kellner, ihnen allerhand Privilegien zu verschaffen, zu denen sie nicht berechtigt sind. Der Arme, auf sein Trinkgeld angewiesen, wird sein Möglichstes tun, den Wünschen seiner Leute selbst auf Kosten des Hauses nachzukommen. Schließlich erheben sich die Gäste, bedanken und verabschieden sich freundlichst und lassen das lange Gesicht des Kellners hinter sich zurück und suchen es zu vergessen. Der Arme befindet sich in einer bedauerlichen Lage. Er, der zu kleinlichen Unterschleifen verführt wurde, ist selber der Betrogene. Und warum? Weil er seine Augen auf das verheißene Trinkgeld gerichtet hatte. Ein Mann, der dies nicht zu tun braucht, kann die häufig vorkommenden, oft unverschämten und unredlichen Anforderungen solcher Leute höflich aber kühl abwimmeln und dazu lächeln.

So wundert sich daher das liebe Publikum, regt sich auf, ist entrüstet, beleidigt, schmäht und schimpft, wenn es bei seiner Abreise aus einem Hotel verschiedene lauernde, bleiche Gesichter ängstlich und unruhig umherspuken sieht ... Ja, diese bleichen, unheimlichen Gesichter haben es auf den Herrn Gast abgesehen. Sie wollen ihn abfangen. Er darf nicht entwischen. Denn seine Rechnung ist noch nicht ganz beglichen. Ob es entsetzlich erniedrigend ist, so auf der Lauer liegen zu müssen, das geht den lieben Herrn Gast gar nichts an. Er darf sich deshalb nicht entrüsten. Er braucht nur zu zahlen und dann zu gehen. Das ist alles. Jeder Arbeiter ist seines Lohnes wert. Es ist aber sicher entsetzlich erniedrigend für einen reichen Gast, einen armen Angestellten prellen zu wollen. Und darum wird der Kellner geschmäht und verachtet, weil sich seine Gäste so entsetzlich erniedrigend, so hündisch benehmen?! Es ist sonderbar, wie die Rechte verdreht werden! – Wir können es doch wohl kaum einem Menschen verdenken, daß er zu allen möglichen erlaubten, ja verzweifelten Mitteln greift, seinen verdienten Lohn einzukassieren. Was tun die Menschen nicht alles, um unverdientes Geld zu erwerben!? –

Es rentiert sich wirklich, dem Kellner das verdiente Trinkgeld zu geben. Ein schwerer Druck lastet auf dem Gemüte der Gäste, die ihm den schuldigen Lohn verweigern. Sie wissen wohl, welches Unrecht sie begehen, und beschämt suchen sie sich so schnell wie möglich zu entfernen. Ja, ihr Auszug gleicht dem eines Diebes bei der Nacht. Und ihnen folgen keine Segenswünsche. Ihnen folgt die Wut und der gerechte Zorn des Betrogenen. Wer von diesen moralischen Beweggründen unberührt bleibt, mag vielleicht den materiellen Schaden, der seiner Ungerechtigkeit nicht selten folgt, um so mehr empfinden. Wir wollen uns nicht die Augen verbinden, um von dem Anblick verschont zu sein, den unser Gepäck in den Fäusten eines rachsüchtigen Hausknechts darbietet, wenn dieser weiß, daß er leer ausgehen wird. Mit Handschuhen wird er es nicht behandeln. Er wird seinen Racheakt so geschickt ausführen, daß man ihm nicht einmal etwas anhaben kann. Es ist zwar eine Dummheit, aber immerhin die typische Kundgebung der kochenden Volksseele. Die gebildeten, vielgereisten Gäste sollten damit vertraut sein. Die Kenntnis derartiger Kleinigkeiten ist nicht zu unterschätzen. Dem Geizhalse im Saal ergeht es kaum besser. Sein Diner wird gewiß nicht zum Genuß. Er muß geduldig, wenn auch innerlich kochend, zusehen, wie sein freigiebiger Mitgast den ganzen Balsam einer guten, erstklassigen Behandlung und Hochachtung erhält. Dies allein kann einem Knicker unter Umständen schon genügend Gelbsucht einbringen, daß die Doktorrechnungen sich weit höher belaufen als das Kellnertrinkgeld. Denn er darf als Gast des Hauses doch auch die größtmögliche Aufmerksamkeit beanspruchen. Diese läßt sich jedoch nicht energisch beitreiben. Sie will gelockt sein. Energie im Speisesaal wird begrinst; sie ist absolut machtlos.

Es folgt nun noch ein anderer Typus von Trinkgeldgebern. Das ist der verschwenderische, der protzenhafte. – Es ist leicht, sich in die Seele des Geizhalses hineinzudenken. Der Protz aber und der Verschwender sind ganz andere, viel schwierigere Fälle. Der Grundzug im Charakter des Geizhalses ist List und Egoismus, beim Protzen hochmütige Dummheit und beim Verschwender Leichtsinn. Nichts entblößt sich mehr als List und Egoismus. Ein ehrlicher Mensch kann sie lächelnd durchschauen, wenn er seine Augen aufhält. Die Dummheit aber zu durchschauen hat noch niemand vermocht. Sie ist hoffnungslos dunkel. Und der Leichtsinn ist wie ein Sumpf, unergründlich tief. Der wirkliche Leichtsinn hat keinen Boden. Er ist bodenlos. So schön und so edel die milde, diskrete Freigiebigkeit ist, so ekelhaft ist die Art des Protzen, zu geben, und so verwerflich die des leichtsinnigen Verschwenders. Und doch! Warum können wir der Dummheit und dem Leichtsinn nie wirklich ganz von Herzen gram sein wie dem Geize? – Weil wir die beiden ersteren und ihre Schrecken nicht völlig erkennen können? Eine verschwenderische und protzenhafte Handhabung des Geldes verleitet naturgemäß auch den Empfänger zu solchem Tun. Was man fortwirft, kann nicht viel Wert haben. So wird der Wert des Geldes durch den Protzen und den Verschwender entehrt. Und so wird die keimende Lebensanschauung des jungen Kellners vergiftet. Wenn sein

Gemüt nicht ganz stark ist, so wird er das auf solche Weise erhaltene Geld auch wieder auf solche Weise verlieren.

Hier will ich Sie auch gleichzeitig auf die eine, vielleicht die größte Gefahr des Trinkgeldes aufmerksam machen, der sein Empfänger ausgesetzt ist und der er schwer widerstehen kann. Der Kellner arbeitet nicht wie die meisten anderen Lohn- oder Gehaltarbeiter von Woche zu Woche oder von Monat zu Monat. Nein, als Trinkgeldempfänger arbeitet er von Tag zu Tag oder noch richtiger von Minute zu Minute. – Diese Art und Weise, den Lohn zu beziehen, hat einen ganz verderblichen Einfluß auf das Leben und den Charakter des Mannes. Derjenige, der ein monatliches Gehalt bezieht, ist gezwungen, mit den Früchten seiner Arbeit haushälterisch umzugehen, damit dieselben bis zum nächsten Zahltage ausreichen. Er lernt also rechnen. Ohne diese Kunst wird er an den letzten Tagen vor dem Empfang des neuen Gehaltes hungern müssen. Anders der Kellner. Er kann heute abend seine ganze Barschaft verjubeln, morgen früh fließt das Geld wieder herein. Er kann seinen morgigen Tagelohn am Abend des Tags verjubeln, – übermorgen zu Frühstück hat er wieder ein wenig im Sack. Und so weiter. Er kommt niemals in Geldverlegenheit, der glückliche Mensch! Darum ist er auch scheinbar so sorglos und lebt von heute auf morgen. Darum kommt er nie in Not, denn er hat immer Geld, und er hat niemals Geld, weil es immer geht, wie es kommt. Folglich tötet das Trinkgeld auch im Innern des Empfängers die Stimme ab, welche ihn warnt, daß er nicht immer jung sein wird, daß er aufspeichern muß für magere Jahre. Es bestärkt ihn im Leichtsinn, den er durch die verderblichen Beispiele aus seiner Umgebung gelernt hat.

Der legitime Anspruch, den der Kellner in seiner gegenwärtigen Lage auf Trinkgeld hat, artet oft in vielen Fällen in eine Sucht nach Trinkgeld aus, die namentlich besonders auftritt, wenn der eben erwähnte Leichtsinn Oberhand gewonnen hat. Die Trinkgeldfrage ist wirklich eine moderne Hydra. Schneidet man einen Kopf des Ungeheuers ab, so wachsen drei andere sofort nach. Unerbittlich fordert und verschlingt sie ihre Opfer. Auf die eine oder die andere Weise. Nur die wenigsten können ihr entgehen. Setzt der Kellner seinen Anspruch auf Trinkgeld energisch durch, so zieht er sich die Verachtung der Menschen zu, gefährdet seine Stellung und macht sich Feinde unter seinen Kollegen. Verzichtet er generös und resigniert, so arbeitet er umsonst und reibt seine Gesundheit auf für nichts.

Auch ein Zankapfel unter den Kollegen selbst ist das böse Trinkgeld. Es ist eine unerschöpfliche Quelle von großen und kleinen Streitereien, Ungerechtigkeiten, ja selbst Unredlichkeiten. Zu den vielen Sorgen des Oberkellners tritt noch die eine große hinzu: wie muß er einen »guten« Gast »verteilen«, damit keine Aufruhre in seinem Bezirk entstehen? Sie haben keine Ahnung, mein Freund, welche Spekulationsobjekte wir sind, mit welchen Hoffnungen wir abgemessen werden, mit welchen Möglichkeiten in uns man rechnet. – Wenn manche wohlwollende Gäste wüßten, welchen Vulkan von Schmutz und Schlamm menschlicher Niedrigkeit ihre Freigiebigkeit hinter der Szene oftmals in Aktivität setzt, so würde ihnen der Appetit vergehen, und sie würden den schönen Ort mit Schrecken fliehen. Selbstverständlich gibt es auch Leute unter den Kellnern, die in sehr primitiver Rechtsanschauung ein Trinkgeld, worauf sie kein Anrecht haben, oft einfach für sich behalten. Daß dies Unterschlagung ist, wird in den meisten Fällen nicht bedacht. Eine derartige Handlung braucht nicht unbedingt aus unehrlichen Motiven zu entspringen, sondern in Fällen, wo sich der Mann dazu berechtigt glaubt, wenn er seinem vielleicht bedrängten Kollegen bei der Arbeit geholfen hat, kann dies eine Streitfrage werden.

Ich könnte Ihnen noch gar vieles vom Trinkgeld erzählen. Aber das würde langweilig werden. Um es ganz genau zu bezeichnen, kann man es nur mit einer ekelhaften orientalischen Krankheit oder mit einem Meisterwerk Satans vergleichen, das, mit allen Raffinessen satanischen Esprits ausgestattet, alle Schwächen der menschlichen Seele durch und durch kennt und darin herumwühlt. – Wir fassen daher unsere Anklage gegen das Trinkgeldsystem noch einmal in kurzen Worten zusammen und schleifen es vor das Tribunal vernünftig denkender Menschen des zwanzigsten Jahrhunderts und des Fortschrittes: Das Trinkgeldsystem ist ein aus urdenklichen Zeiten hergebrachter Brauch, eine Dienstleistung nach eigenem Ermessen zu belohnen, ohne daß dabei derjenige, der die Dienste geleistet hat, etwas zu seinem Vorteil sagen darf. Es ist eine schäbige Reliquie aus der Sklavenzeit, der Zeit der tiefsten Erniedrigung der Menschheit, und hat sich mit großer Zähigkeit bis auf unsere Tage erhalten. Es steht im schroffen Widerspruch zu unseren modernen Ansichten von der Unabhängigkeit selbst des geringsten Arbeiters und verletzt die Würde einer modernen Geschäftsführung. Kein Mittel ist ihm zu gemein und zu niedrig, seine fluchwürdige Existenz zu erhalten, und es hat sich folgender Verbrechen gegen die Menschheit schuldig gemacht, die wir durch unumstößliche Dokumente und die Zeugnisse von Hunderttausenden ruinierter Leben, zertrümmerter Jugendhoffnungen beweisen und bei einem Meer von Tränen eidlich bekräftigen können:

1. Degradation unschuldiger Menschen. 2. Demoralisation unschuldiger Seelen. 3. Verführung zum Leichtsinn und Förderung desselben. 4. Vernichtung des Selbstbewußtseins des Empfängers. 5. Verleitung zur Verschwendung. 6. Verleitung zur Unehrlichkeit. 7. Stiften von Unfrieden zwischen Kollegen. 8. Schüren der Leidenschaften des Neides und der Gemeinheit. 9. Untergrabung des Ansehens bei den Mitmenschen. 10. Foltern des guten Gebers. 11. Schädigung des Nichtgebers in moralischer und materieller Hinsicht. 12. Verleiten der Wirte zur Bequemlichkeit und

Faulheit. 13. Tausende von indirekten schädlichen Folgen besagter Verbrechen und verdächtig vieler ihm nicht direkt nachweisbarer Verbrechen.

Ist das nicht ein stattliches Schuldkonto!? Könnten Sie mir etwas angeben, das zur Entlastung des Angeklagten beiträgt?! – Das seine Existenz irgendwie berechtigt? – Nein, nichts, gar nichts! Unser Urteil ist daher fertig. Es heißt, »Schuldig«. Schuldig, unwürdig der Zugehörigkeit zur menschlichen Gesellschaft des zwanzigsten Jahrhunderts. – Nach dem Kodex des Lebens steht darauf Ausstoßung aus dem Verbande der Menschheit, lebenslängliche Verbannung und Verlust sämtlicher bürgerlichen Ehrenrechte und Existenzrechte. –

Aber durch diese Aburteilung wird die Hydra noch lange nicht getötet. Der erste Kopf ist nur abgeschlagen. Es wachsen sogleich drei andere nach, wenn die Wunde nicht ausgebrannt wird. Das offene Geschwür muß behandelt und verbunden werden, die Wunde muß sich schließen und heilen. Es soll womöglich keine Narbe bleiben. Anfangs mag sie den Körper noch sehr peinigen, doch der Schmerz wird sich bei richtiger Behandlung bald legen. Die Zeit wird heilen.

Wer, meinen Sie wohl, würde am schlimmsten durch eine derartige Operation an unserem Geschäftskörper betroffen werden? – Nun, jedenfalls doch diejenigen Leute, die aus dem Trinkgelde Nutzen für sich selber zu ziehen suchen. Und diese sind, wie wir sahen: die Kellner, die Prinzipale und die Gäste. Eine Flut von erzürnten, erstaunten, wütenden, ängstlichen, feigen, dummen Fragen würde plötzlich mit einem Male brausend aufspringen. Das Wort Rousseaus wird sich wieder bewahrheiten:

»Die Sklaven verlieren in ihren Ketten alles, selbst endlich den Wunsch, ihrer los zu sein.«

Die Kellner würden fragen: ›Was wollen wir ohne Trinkgeld anfangen!?‹ – Sie würden besorgt auf den Prinzipal schauen und ungeduldig dessen Bewegungen abwarten. Der Prinzipal würde genau dieselbe Frage stellen, besorgt auf seine Angestellten schauen und ungeduldig abwarten, was diese machen. Die armen Gäste sind dann sogar in drei Lager geteilt. Die beiden ersteren Lager werden sich genau dieselbe bange Frage stellen, jedoch mit verschiedenen Hintergedanken. Lager Nr. 1 denkt mit Schrecken an die Preiserhöhung der guten Dinge; Nr. 2 ist in Verzweiflung, denn es weiß nicht, was es machen soll, wenn es kein Trinkgeld mehr geben kann. Das dritte Lager aber wird sich gar nichts fragen und auch nicht besorgt den Kopf hängen lassen, sondern es wird sich freuen, daß alles endlich ein Ende nahm. Und dieses Lager ist das weitaus größte.

Ah, Sie glauben also wirklich an die Unbesiegbarkeit des Trinkgeldes, an seinen endgültigen Triumph?! – Ich bewundere die Schärfe und Feinheit Ihres Gedankens, vor Ihrer Menschenkenntnis graut mir beinahe! – Ja, ich muß mein Haupt im Schmerz beugen und zugestehen: das Trinkgeld ist das Zauberwort, der große, wunderwirkende Sesam, vor dem die stärksten Tore in Staub zerfallen. Ein Trinkgeld verwirklicht das Unwirkliche, es ermöglicht das Unmögliche, es buchstabiert das Unaussprechliche. – – Wie ich mich selber zu betrügen versuche! Ich weiß ja genau, daß unser Almosen doch gerade das Gegenteil von dem ist, was es sein soll. Es wird doch niemand die Frechheit besitzen, zu behaupten, daß er mit der elenden Münze, die er dem schlotternden Bettel hinwirft, denselben aus seinem Jammer helfen will. Man gibt sie doch nur, um seines unliebsamen Anblicks oder seines Gedudels los zu werden. – Außerdem ist Geben seliger denn Nehmen. –

Ein Trinkgeld mag oft mehr sein, viel, viel mehr sein als eine vom Arbeiter verlangte Bezahlung für seine Leistung, aber es wird sich doch immer erhalten, denn die schmierige Vertraulichkeit im Verkehr untereinander, zu der es Berechtigung gibt, – welche es sanktioniert, scheint vielen Menschen zu behagen. Es ist die fette, lauwarme, schmierige Vertraulichkeit zwischen dem Gebieter und dem Sklaven und dem Sklaven mit dem Gebieter. Das moderne Trinkgeldsystem weist tatsächlich alle Symptome einer regelrechten Sklaverei auf. Durch die Aufhebung des Trinkgeldes würde jedenfalls der gleiche heillose Wirrwarr entstehen, der durch die Emanzipation der Negersklaven über Nordamerika hereinbrach. – Materialistisch genommen ist die Negerfrage und die Lage der Neger in Amerika selbst heute noch schlimmer, als sie vor dem Bürgerkriege, also vor der Aufhebung der Sklaverei war. Die wirtschaftliche Lage der Befreiten hat sich bisher in keiner Weise gebessert. Von vielen einzelnen Ausnahmefällen freilich abgesehen. Diese bergen allerdings schon die schöne, große Hoffnung auf *allgemeine* Besserung des Schicksals der befreiten Sklaven in sich. Das Verhältnis zwischen dem Sklavenhälter und dem Sklaven ist – oder besser war – in vielen Fällen ein durchaus kordiales, oft sogar sehr intimes. Das hing natürlich vom Charakter des Sklaven ab. Der Hälter war im völligen Besitz des Leibes und der Seele des mit Geld gekauften oder in seinem Besitze geborenen Menschen. Ungefähr so wie man ein wertvolles Stück Vieh besitzt. Und man behandelt sein Besitztum gewöhnlich gut, namentlich, wenn es sich um leicht verderbliches und sterbliches Menschen- oder Tiermaterial handelt.

Wie wahr das Wort Rousseaus ist und immer sein wird, geht aus der amerikanischen Geschichte deutlich hervor, wo die Negersklaven zuerst kaum die Freiheit annehmen wollten, die ihnen von den Nordstaaten geschenkt wurde. Niemand unter den bedrückten Schwarzen war sehr über das so teuer erkaufte Geschenk der Freiheit entzückt. Ja, die alten Neger behaupten heute noch, daß es ihnen zur Zeit der Knechtschaft besser ergangen wäre wie zur Zeit der Freiheit. Dies ist auch das beliebte Gejammer der ehemaligen Sklavenhälter der Südstaaten, die durch das Machtwort Lincolns Beträchtliches eingebüßt hatten. Die große Macht der Gewohnheit hat auch hier wieder gesprochen. Die Menschheit, die jahrtausendelang in Irrtum und Lüge gelebt hat, kann sich nicht so schnell an die Wahrheit gewöhnen. Ein Mensch, der aus der Dunkelheit tritt, wird durch das Licht geblendet.

Die ehemaligen Sklavenhälter, denen im Bürgerkriege die Freiheit ihrer Unterdrückten blutig abgenommen werden mußte, hegen statt der alten eigennützigen Liebe für die ehemaligen Sklaven nun einen wilden Haß gegen die Befreiten und suchen selbst heute noch, nach beinahe einem halben Jahrhundert, die Lebenswege derselben auf alle erdenkliche Weise zu erschweren. Im günstigsten Falle besteht zwischen dem ehemaligen Hälter und dem befreiten Sklaven ein frostiges, unerquickliches Verhältnis, eine arktische Indifferenz, eine starre Kälte, die kein grünes Hoffnungshälmchen aufsprießen läßt. Die ehemaligen Sklaven sind sich und ihrem Schicksal überlassen, und in ihrer Not, in ihrer elenden Freiheit wünschen sie sich die fetten Tage der Unterdrückung zurück.

Ähnlich würde es dem Kellner nach der Aufhebung des Trinkgeldsystems von seiten derjenigen Menschen ergehen, die heute das Trinkgeldsystem zu ihrem eigenen Vorteile ausnützen, nämlich viele Gäste und Prinzipale, die ihren Zorn über das Verschwinden der guten alten Zeiten an dem Kellner auslassen wollen. Andererseits werden selbst auch viele Kellner sich das alte Trinkgeldsystem wieder zurückwünschen. Ja, sie werden gegen die Aufhebung desselben auftreten, wie viele Neger sich teils direkt, teils indirekt gegen die Aufhebung der Sklaverei gewehrt haben. Die meisten bestellten und hüteten die Häuser ihrer Hälter treu, als diese, Vater und Söhne, alle im Pulverrauch standen, um die Schwarzen in der Sklaverei zu erhalten. Es waren meistens nur entflohene Sklaven, die ihren Befreiern ernstlich beigestanden haben, teils aus Rachsucht, teils aus Furcht vor einer Niederlage ihrer Beschützer. Ein solches Ereignis wäre auch für sie, die Entflohenen, verhängnisvoll geworden. Wieder andere Kellner werden sich durch die Aufhebung des Trinkgeldes aller besonderen Pflichten dem Gaste und dem Hause gegenüber enthoben fühlen, zu deren Ausführung das Trinkgeld heute ein wahrer Sporn ist, – Pflichten, die nur die Wunderkraft eines fetten Trinkgeldes auszuführen vermag. Beobachten Sie nur, wie die befreiten Sklaven von einem Extrem ins andere fielen! Manche glaubten nach der erhaltenen Freiheit so fest an ihre Persönlichkeit, daß sie es für ihrer unwürdig hielten, die Pflicht als Angestellte zu tun, ja überhaupt irgendeine körperliche Arbeit zu verrichten. Sie hatten also nicht ihre frühere schmachvolle Lage erkannt, sondern hielten die A r b e i t an sich für schmachvoll. Dadurch entstand vielfach der heutige Jammer der Befreiten. Sie dachten sich vom Gesetze vor der Arbeit geschützt und zum Dolcefarniente geboren. – Ähnliche oder die gleichen Schwierigkeiten würden auch nach der Entfernung des Trinkgeldes auftreten.

Wird unsere Theorie und Moral aber sklavische Verhältnisse dulden, die im praktischen Leben ganz annehmbar und unter Umständen sogar sehr nutzbringend sind und deren Aufhebung voraussichtlich großen Tumult und Schaden für alle Beteiligten anrichten würde? – Es hieße sich doch nur vor den Schmerzen einer Operation fürchten, welche aber durch ein verhärtetes Geschwür an unserem gesellschaftlichen Körper notwendig gemacht wird. So sollten wir auch dem Trinkgeldungeheuer furchtlos zu Leibe rücken, denn wir haben die ganze Verwerflichkeit desselben eingesehen. Die Operation ist unumgänglich notwendig geworden, wenn der Körper gesund bleiben soll.

Vom moralischen und theoretischen Standpunkt aus kann das Trinkgeldsystem unter keinen Umständen mehr in unserer Mitte geduldet werden, selbst nicht, wenn die Hotelangestellten, die Prinzipale und gar eine gewisse Sorte von Gästen durch die Aufhebung des Trinkgeldes finanziell benachteiligt werden, was aber in Wirklichkeit nicht der Fall ist. Die Operation wird sich am Ende als heilsam und wohltuend erweisen. – Die amerikanischen Nordstaaten kämpften eigentlich nicht direkt für die Besserung der materiellen Lage der Negersklaven, sondern sie verfochten ein hohes Prinzip, welches sie sich gebildet hatten. – Dieses Prinzip – oder Erkenntnis war, daß die Sklaverei eine für zivilisierte Völker unwürdige Einrichtung sei. Ob und wann durch die Durchsetzung des Prinzips eine materielle Besserung oder gar Verschlechterung eintreten wird, sind andere Fragen, die uns nicht beschäftigen sollten, wenn wir eine Glaubenssache, ein Ideal im Auge haben.

Ganz genau derselbe Statusquo herrscht auch bei der Bekämpfung des Trinkgeldes. Dadurch, daß wir im Trinkgeld einen formidablen Gegner haben, erkennen wir erst, was es ist. Aber die Opposition wird immer den Kämpfer reizen. Denn sonst wäre seine Handlung ja kein Kampf, sondern nur eine Arbeit. Ein träger, widerstandsloser Misthaufen läßt sich mit einiger Überwindung entfernen. Das lebendige Böse aber läßt, wenn es einen festen Fuß gefaßt hat, nicht ohne Widerstand los von den beherrschten Gebieten. Und seine Hartnäckigkeit bietet die Garantie zu einem regelrechten heißen Ringen. Erst diese Aussichten sticheln den Kämpfer zum Angriff an.

Der Feldzugsplan gegen das Trinkgeld? – Ich kann nur die allereinfachsten, natürlichsten Vorschläge machen, die jedermann weiß, die jedermann fühlt, die notwendig sind, um den Kampf erfolgreich durchzuführen. Diese sind, indem die Kellner ein ihren Fähigkeiten, Kenntnissen, Arbeit und Arbeitsstunden angemessenes Gehalt bekommen, das ihnen die Achtung der Kundschaft und ihrer Mitarbeiter erzwingt. Demzufolge würde er an die Seite eines jeden anderen Angestellten auf der ganzen Welt treten. – Die Prinzipale können sehr gut ohne das Trinkgeld existieren, indem sie die durch die Gehaltserhöhungen in ihrer Kasse entstandenen Lücken durch entsprechende Preiserhöhungen ihrer Waren ausgleichen. Eine ganz geringe Erhöhung von vielleicht zehn Pfennig pro Platte würde schon das Gehalt des Kellners bestreiten können. Man soll nicht zur Entschuldigung des Trinkgelds sagen, daß der Kellner nur mit Aussichten auf ein fettes Geldstück seine Pflicht tun wird. Ein gut bezahlter Mann wird sich immer anstrengen, seine Pflicht zu tun und seinen Posten zu halten. Man könnte das Interesse der Angestellten am Geschäfte noch steigern, indem man den Kellner mit einem gewissen Prozentsatz an seinem täglichen Verkaufe teilnehmen läßt. Ohne sehr hohe Gehälter zahlen zu müssen, würde dann der Wirt den Umsatz seiner Ware fördern und den Verkäufer seinen Fähigkeiten angemessen entlohnen. Es wäre auch nicht richtig, allen Kellnern ein gleich hohes Gehalt zu zahlen, denn die Dienste des einen mögen für ein Haus unschätzbar sein, während der andere weniger Talent zu diesem eigenartigen Berufe hat. Man müßte jedoch einen gewissen Lohnsatz festsetzen, den die Prinzipale in den einzelnen Fällen nach Belieben und Gutdünken steigern könnten, um sich Ausnahmekräfte für ihr Geschäft zu sichern.

Der freigiebige Gast, der nicht mit seinem Trinkgeld kargt, wird nichts gegen die Preiserhöhung der Waren zugunsten seines Kellners einzuwenden haben. Im Gegenteil, er wird erleichtert aufatmen, ja in den meisten Fällen noch dabei profitieren. Denn sein Trinkgeld ist gewöhnlich größer als die Preiserhöhung ausmachen würde. Denjenigen Gästen aber, die mit Schrecken an die Erhöhung der Preise denken, weil sie gerne auf Kosten der armen Angestellten bedient sein wollen, können wir raten, sich dorthin zu begeben, wo sie etwas für nichts bekommen. Aber sie sollen mit solchen Hoffnungen ein Geschäftshaus verschonen. Und den Blattläusen am Rosenstock des Lebens raten wir, sich durch keinerlei Streicheleien mehr bewegen zu lassen, irgendwelchen »süßen, blinkenden Stoff« auszuschwitzen.

Sie sehen also, mit einigen »antiseptischen« Mitteln wäre das grausame Ungeheuer des Trinkgeldes, die orientalische Pest, auf immer ausgerottet. Damit wird auch die große Wendung zum Bessern im Leben von vielen Tausenden eintreten. Das betrügerische und bakschischheischende Element unter ihnen wird sich alsdann andere Gefilde für sein Dasein suchen. Das ist der Tag der großen Reinigung. Der Augiasstall ist vollständig ausgemistet. Die Prinzipale, die Angestellten und die Kunden können einander freundlich die Hände reichen und sich gegenseitig beglückwünschen.

Sollte diese Wendung zum Besseren nicht eintreten, dann haben die drei beteiligten Parteien das Urteil über sich selber ausgesprochen. Selbst wenn sie dazu schweigen, sprechen sie es aus. Die Trinkgeldnehmer wollen dann heute und für alle Zeiten alles verlieren, selbst endlich den Wunsch, von ihren Ketten befreit zu sein. Dann sind die Prinzipale heute und für alle Zeiten einverstanden mit den menschenunwürdigen Zuständen, die unter ihren Dächern herrschen, dann wollen sie sich heute und für alle Zeiten auf unsaubere Weise bereichern, und dann wollen die Blattläuse heute und für alle Zeiten Blattläuse bleiben, bis der große Gärtner mit der großen Spritze kommt. –

Aber das hoffen wir nicht! Wir haben noch etwas Glauben an die Menschheit ...

# VII.

Ach, gnädige Frau, das ist doch wirklich eine traurige Geschichte! – Ja, ein Stiefkind in der Familie sollte man besonders schonend behandeln. Stiefkinder sind äußerst zartfühlend und mißtrauisch. Die Unsicherheit ihrer Stellung, ihr Verhältnis zur Familie, das Gefühl der Nichtzugehörigkeit bestimmen ihren Charakter. Die geringste Kleinigkeit kann sie bitter kränken. Gewöhnlich aber ist immer jemand in der Familie, der dem Stiefkind gram ist. Vielleicht ist's ein hartherziger Stiefvater oder eine keifende, zänkische Stiefmutter; die Geschwister sind auch nicht immer liebevoll. Das Stiefkind muß es eben leiden; es ist nicht vollwertig.

Sprechen Sie daher niemals zum Kellner wegen des Trinkgeldes. Sie können ihn tödlich verletzen, denn der Kellner ist das Stiefkind unserer Zivilisation. Sehen Sie nur, wie schwierig es ihm gemacht wird, auf ehrliche, menschenwürdige Weise ein Stück Brot zu verdienen. Warum müssen ihm denn noch andere Schwierigkeiten und Nachteile in den Lebensweg gelegt werden, die ihm sein Dasein vollends versauern!?

Die geschäftlichen Nachteile, woran der Kellner sein Leben lang zu schleppen hat, stehen natürlich im Vordergrunde. Es ist kaum möglich, einen anderen Beruf anzugeben, der mehr geschäftliche Unannehmlichkeiten aufzuweisen hat. Die obligatorische Einquartierung und Verpflegung im Hause, die langen Geschäftsstunden, die vielen Reisen, das alles schließt ein gesittetes Familienleben aus und verdammt den Kellner zum Zölibat, während ein Heim und geliebtes Weib den jungen Menschen vor Verschwendung, Unstetigkeit, ja Verderben retten und die Beschwerden des Berufes ihm erleichtern könnte. Wir alle kennen die langen Sitzungen, die sich bis in den frühen Morgen hinein ausdehnen. Wir kennen die Festlichkeiten, Banketts und Bälle. Für uns heißen sie Vergnügen, für den Kellner Verlängerung seiner Arbeitszeit und Verlust seiner Ruhe. Zur grauen Morgenstunde, wenn die letzten Nachzügler über die verlassenen Straßen wanken und sich über die Heimatlosen lallend lustig machen, die auf den Rosten über warm dünstenden Kellerlöchern zusammengekauert dem neuen Tag entgegendämmern, dann kramt auch verschlafen der Kellner seine Siebensachen zusammen, zählt sein Trinkgeld, flucht ein wenig und schleicht sich in sein Lager.

Ich habe einmal gesagt, daß der Kellner keinen Sonn- und Feiertag kenne. Das ist unrichtig. Er kennt die Tage sehr genau. Denn dann hat er gewöhnlich doppelte Arbeit. Der Anblick der schön geputzten, fest- und sonntäglich gestimmten Menge macht keinen erhebenden, freudigen Eindruck auf sein schwarzes Gemüt. Die Sonntagsmenschen sehen ihn nicht. Sie leben in einem schönen Traum und schwatzen, schwatzen, lachen,

lachen, schauen, schauen. Der Sonntag ist das Ereignis. Der gute Rock tritt in seine Rechte. Die Barschaft erlaubt, daß man wenigstens einmal in der Woche über die Stränge schlagen darf, daß man seinen Neigungen zur Verschwendung wenigstens einmal Raum läßt. Die Sonntagsmenschen sind sehr gemischt. Sie wissen es aber nicht. Sie lachen und schwatzen. Nur der Kellner weiß es und fühlt es.

Wenn der erste leichte Morgenreif gefallen ist und das dürre, bunte Laub an den Bäumen zittert, wenn die frische, klare Luft vom Schrei der südwärts ziehenden Zugvögel durchbebt wird, dann schnürt auch der Kellner sein Bündel und rüstet sich wieder einmal zur Wanderschaft. Der Wirt hat sein Etablissement geschlossen oder die Zahl der Angestellten vermindert, denn die bunten, wimmelnden Sommermenschen, die schönen Frauen mit den dünnen Blusen, lachenden Augen und fliegenden Haaren, die smarten Herren mit den Negligéhemden, weißen Flanellhosen, seidenen Strümpfen und farbigen Schuhen, mit dem malerischen Panamahut, der feinen Stummelpfeife und dem Tennisracket, alle die geschmückten, glücklichen Kinder des Sommers, alle sind sie verschwunden. Wohin? – Das weiß man nicht. Sie sind fort. Das ist alles. Aber darum gähnen auch die Hotelzimmer in öder Langweiligkeit, und man erklärt die Saison wieder einmal für tot. In den schwarzen Bahnhofshallen der Großstädte aber stehen Berge von Koffern und Gepäck. Die frohen Sommermenschen schauen schon wieder winterlich aus. Hin und wieder hat ein ankommender Kellner auch das Vergnügen, für einen Sommermenschen gehalten zu werden, und der Dienstmann berechnet ihm etwas mehr als Taxe für das Kofferschleppen. Der Kellner zahlt es gern: er gibt noch ein Trinkgeld obendrein. Dann aber wird's bald anders. Es heißt nun Stelle suchen. Manchmal glückt's gleich, manchmal nicht. Schnee fällt, und die Barschaft auch. Der Kellner macht Offerten, geht von Geschäft zu Geschäft. Immer begegnet ihm das gleiche indifferente Achselzucken. Alles besetzt! Die Trottoirs, die Eingänge vor den schmutzigen, verrauchten Kneipen der Plazierungsbureaus sind bereits in aller Frühe von bleichen, fröstelnden jungen Männern belagert. Endlich gegen zehn, elf Uhr kommt ein dicker Herr im Pelz. Man macht ehrfurchtsvoll Platz. Schnaufend setzt sich der Gewaltige an seinen Schreibtisch in der elenden, stinkenden Bude. Er öffnet die Lade, und die fetten Finger, mit Brillanten geschmückt, nehmen die lange Liste heraus. Der erste, blasse Jüngling, der am längsten gewartet hat, tritt heran. Die listigen Schweinsaugen des dicken Herrn gleiten halb an ihm auf und ab, prüfen das Bleichgesicht auf eine Möglichkeit hin, die nicht möglich ist, während eine große, dicke Havanna mit feinem Bändchen zwischen den saftigen Mundwinkeln hin und her wandert. Ein Augenblick Totenstille, dann stummes Verneinen, Kopfschütteln, ein zager Einwand seitens des Bleichen, eine gebieterische Handbewegung, die Brillanten blitzen: adieu! – Der

Nächste. – Diese Pantomime wiederholt sich hundertmal mit tödlicher Präzision, bis die Sonne von dem grauen Bilde sich langsam abwendet. –

Der hungrige Kellner pumpt nun schon bei seinen arbeitenden Kollegen. Die jungen Leute sind untereinander von einem wunderbaren Gefühl von Zugehörigkeit und Freundschaft beseelt. Ein Kellner gibt für den anderen das letzte Hemd her, teilt mit ihm den letzten Groschen. Aus Mitleid wird er für den stellenlosen Kameraden gern ein halbes Dutzend Hühnerbeinchen oder Hammelkoteletts »abservieren« und die Beute des Abends aus dem Geschäft herausschmuggeln, um den Hungrigen damit zu füttern. Vielleicht hat der stellenlose Kellner während des Winters einige Banketts mitgemacht und sich ... Wie? – Nein, nicht als Gast, sondern als Aushilfskellner selbstverständlich. Ein Bankett in der Woche kann ihn über Wasser halten. Er kann sich dort von den Überresten jedesmal so anfressen, daß er für die nächstfolgenden Tage nicht zu sorgen braucht. Der Hungrige hat auch verschiedentlich Gelegenheit, zu sehen, wie die reichen Leute tanzen und Hochzeit machen und wie alle die Wohltätigkeitsbasare zugunsten der Stellenlosen abgehalten werden. Er sieht, wie die mildtätigen Herren den reizenden, dekolletierten Damen Goldstücke für Küßchen geben und wie diese Goldstückchen überall hingesteckt werden, nur dort nicht, wohin sie gehören. Was Wunder daher, wenn das Gold oft so versteckt ist, daß man es nicht wiederfinden kann und die Stellenlosen infolgedessen noch immer den ganzen Winter hungrig umherlaufen, bis der Frühling wiederkommt.

Das alles, geschäftliche Unannehmlichkeiten, Sonntagsarbeit, Nachtarbeit, Stellenlosigkeit, Zölibat, Plazierungsunwesen, Ausbeutungen, die Gefahren, die dem Stande durch »Überläufer« drohen, das alles drückt die soziale Stellung des Kellners in unseren Augen sehr herunter; die Unkenntnis der Menschen von seiner Lage, seine Popularität in der Karikatur, die Gedankenlosigkeit und Ungerechtigkeit des Publikums machen ihn zum Stiefkind der Zivilisation, lassen seinen Stand, sein Leben, sein Los mit dem anderer Berufe und Geschäfte als minderwertig, verächtlich erscheinen. Der Kellner darf es nicht wagen, sich mit dem geringsten Arbeiter auf gleiche Höhe zu stellen. Warum? Hat er nicht genug geschäftliche Schwierigkeiten zu überwinden? Muß man ihn auch noch bei seiner Ehre als Arbeiter angreifen und ihn als die minderwertigste aller Kreaturen hinstellen?

Früher, als die Zeiten einfacher waren, hatte jeder seine Werkzeuge, arbeitete bei sich und für sich in seiner Werkstatt und verkaufte seine Produkte. Dieser kleine, fleißige Mann von damals ist heute fast ganz ausgerottet worden. Nur in kleinen, abgelegenen Städtchen taucht er noch vereinzelt auf und fristet ein kümmerliches Dasein. – Die zahllosen Massen verkaufen heutzutage ihre Körper- und Geisteskräfte an die Fabriken, die die Produkte im großen hervorbringen und auf den Markt tragen. Die Fabriken stellen dem Handwerker die Aufgaben und zur Ausführung derselben Werkstatt, Werkzeuge und Maschinen. Gleichzeitig beanspruchen sie natürlicherweise die besten Stunden des Tages und die besten Lebensjahre des Arbeiters. Eine Arbeiterfamilie braucht weder dem lieben Herrgott noch dem lieben Fabrikherrn zu danken, wenn ihr Ernährer Arbeit und Verdienst hat. Der Arbeiter glaubt auch nicht, daß seine Arbeitgeber ihn anstellen und bezahlen, damit er und seine Familie etwas zu essen und eine Schlafstätte habe. Er kennt seine Lage genau. Der Arbeitgeber stellt seine Leute an, weil er in den Kräften derselben einen Nutzen für sich selber erblickt. Er kann dem Arbeiter nicht so viel zahlen, als wie dessen Körper- und Geisteskräfte für ihn, den Arbeitgeber, wert sind. Und wenn der Arbeiter noch so guten Lohn erhält, – seine Kräfte sind dem Fabrikherrn mehr wert.

Diese Wahrheit muß natürlich auch der Kellner in seiner Arbeit erfahren. Denn auch er gehört zu den großen, unermeßlichen Kolonnen, die mit Sonnenaufgang zur Fabrik pilgern und sie mit Sonnenuntergang verlassen. Ja, er tut noch mehr. Er arbeitet noch lange nach Sonnenuntergang weiter, er arbeitet fast ununterbrochen.

Für den alten, trotzigen, stolzen Handwerksmeister der vergangenen Jahrhunderte muß die Arbeit eine unendliche Freude gewesen sein, eine Quelle der Wonne und der Stärke. Ich kann nicht glauben, daß die strammen Gesellen, die flinken Lehrlinge, die bärtigen, ernsten Meister jemals müde geworden sind. Aus ihrer Werkstatt heraus drang schmetternder Gesang lebensfroher Menschen, und die Bürger draußen hielten am Fenster an, die werdenden Meisterwerke zu bewundern. –

Anders ist es heute. Die Maschinen surren, die Motoren heulen: wilde, gebändigte, unterirdische Geister seufzen darin vor Wut und wollen sich von dem Joche der Menschen befreien, die es vermochten, die geheimen Mächte des Erdinnern zu bändigen und ihrem Willen untertänig zu machen, ohne sie auch nur im entferntesten zu kennen. Doch die Geister sind wild und bleiben es. Und sie haben sich an der Menschheit gerächt, haben ihr Hammer und Säge aus der Hand genommen und schmieden nun Maschinenwerke mit der Schärfe und Genauigkeit, die der Schöpfer sie aus dem Wandel der Sterne gelehrt hat. – Die Werke der Maschinen sind nicht mehr die Werke der Menschen. Ihnen fehlt die schöne Spur der menschlichen Hand, das Tasten und Suchen des Meisters, der die Vorbilder der Schöpfung nachzuahmen versucht. Die gefesselten Elemente haben sich gerächt, das Leben der Maschinen hat die Menschen, welche sie bedienen, selber zu Maschinenmenschen gemacht.

Das ist die Rache der furchtbaren Elemente. Die Maschinenmenschen des zwanzigsten Jahrhunderts haben das Herz des Schöpfers nicht mehr in sich. Aber dafür sind sie ganz mit der dämonischen Kraft gefesselter Elemente erfüllt. Sie wühlen und arbeiten mit heißer, fiebernder Wut, fauchen und keuchen wie die Maschinen, fluchen und stoßen unheilige Worte aus. Der Gesang der Werkstatt tönt nicht mehr. Er ist auf immer verstummt. Die unersättlichen, selbsttätigen Maschinenmenschen aber hasten stumpfsinnig, betäubt und rasten nicht, bis sie eines Tages die innere Kraft verläßt. Die Feder bricht, sie fallen zusammen, werden auf den Schutthaufen geworfen und später umgeschmolzen. Schauderhaft groß ist dieser menschliche Schutthaufen unseres Jahrhunderts. Und stumm ziehen daran vorüber die Armeen des Morgens und die Armeen des Abends, stumm, gefühllos, apathisch, ohne einen Gott im Herzen. Was nützt es, daß der eine oder der andere frivol und zynisch auflacht, wenn er einsieht, daß auch er bald zum Schutthaufen gehört? Wer gedenkt derer, die schweigend den Kampf aufgeben und in der stummen Finsternis verschwinden? – Wer steht jenen bei, die sich wild gegen die unterdrückenden Kräfte aufbäumen und am Rande des Weges ihr Blut verröcheln? – Die großen Armeen marschieren weiter, schnell werden die Lücken der unterbrochenen Linien von hinten ausgefüllt.

Wir leben im Zeitalter des industriellen Faustrechts. Ungestraft darf der starke Maschinenmensch über die Trümmerhaufen, über die Leichen hinweghasten. Wenn er mit größerer Kraft erfüllt ist als seine schwächeren Brüder, so preist man ihn, man jubelt ihm zu, wenn er niedertritt, was schwächer und zarter ist. Da sich aber die menschliche Natur nicht mit dem Faustrechte verständigt, da sie ihm flucht, so nennt man die rohe Kraft, welche Tausende und Abertausende verdrängen und niedermetzeln darf, »Energie«. Wiederum nur einer der vielen schönen Namen, die sich die Menschheit erfindet, um ihre größten Laster und Sünden zu verdecken. Ich habe Ihnen bereits gesagt, welch schöne Namen man dem Trinkgelde gegeben hat. Ich habe Ihnen auch gesagt, daß das meiste Unglück auf der Welt durch die Tatsache hervorgerufen wird, daß der einzelne Mensch seiner eigenen Persönlichkeit viel zu viel Wichtigkeit zuschreibt. Dies war zu allen Zeiten der Fall. Napoleon zum Beispiel war so von der Wichtigkeit seiner eigenen Person überzeugt, daß er sich gar nicht lange bedachte, seine Pläne durchzusetzen, selbst wenn es galt, Gewalt zu gebrauchen und wenn sie Hunderttausende von Menschenleben kosteten, wenn Hunderttausende von friedlichen Menschenhäusern dabei in Flammen und Asche aufgehen mußten. Aber er wurde gepriesen. Er war »energisch«. Man ahmt ihm nach. Indes, was ist aus ihm und seinem Reiche geworden? – Was ist aus den Reichen aller großen Menschenschlachter geworden? – Das Reich eines Christus wird weiterbestehen. Zum bleichen, dornengekrönten Haupte auf Golgatha wird die Welt immer die Blicke in Ehrfurcht erheben müssen.

Der Napoleone großen und kleinen Stils gab es und gibt es viele und zu allen Zeiten. Der öffentlichen Sicherheit und des Friedens wegen sollten sie eingesperrt werden. Geistig sind sie gewöhnlich nur mittelmäßig begabt, Feinheiten gehen ihnen ganz ab. Aber man preist sie! Man weicht mit Schrecken und Ehrfurcht vor ihnen zurück, denn die Maschinenmenschen sind feige in ihren Herzen. Sie haben nicht mehr den Geist des Schöpfers in sich, sie haben ihren Gott verloren. Es ist nicht ihre Schuld! – Wir wollen sie nicht schmähen. Die Sklavenarbeit der Maschine hat ihnen alles geraubt, was einst heilig war.

Und doch steht die Arbeit, so schwer sie auch heute auf den Gemütern und Körpern der Menschen lasten mag, als solche der Arbeit vergangener Jahrhunderte nicht nach. Ihr Geist ist innerlich der gleiche geblieben. Der Geist der ehrlichen Arbeit erfüllt unsere Herzen heute genau mit derselben Freude, die er vor Jahrhunderten verteilte. Man muß sich weit von den Menschen entfernen, um sie zu erkennen. Und wer dann von ferne die Arbeit unserer heutigen Tage betrachtet, wird nicht die Irrtümer und Schwächen der Menschen sehen, er wird nicht sehen, wie sie sich einander morden und verdrängen, wie die entfesselten Geister der Elemente Tausende schlachten, er hört nur einen gewaltigen, brausenden Gesang aus dem Getöse der Zeit heraus, wie einst der Gesang der frischen Gesellen aus der Werkstatt drang. Und aus dem Gewühl vernimmt er schon, wie sich allmählich eine wunderbare Harmonie bildet, wie der Gesang der arbeitenden Völker einträchtlicher, harmonischer wird, wenn sich alle Stimmen verständigt haben. Und in diesem göttlich schönen Gebrause ahmt die arbeitende Menschheit die Harmonien der Schöpfung, den donnernden Gang der Gestirne nach, wie der einzelne menschliche Schöpfer dem einzelnen Vorbilde der Natur zustrebt.

Wie nun der moderne Durchschnittsmensch selber nichts mehr produziert, sondern wie sich die Menschen zusammentun, um als ein einziger, großer, machtvoller Körper etwas zu produzieren, und wie jeder einzelne Mensch seine Kräfte dem großen Körper, dem er angehört, verkaufen muß, so folgt auch der Kellner dem Beispiel seiner Mitmenschen. So entsteht aus der Zusammensetzung von den verschiedensten Kräften und Begabungen einzelner das große moderne Hotel, welches oft die Kräfte von tausend bis zweitausend Menschen beansprucht. Und dieser große Hotelkörper produziert. Er produziert Essen und Trinken und Unterkommen für Menschen, wie eine Schuhfabrik Schuhe und eine Kleiderfabrik Kleider für Menschen produziert. Somit nimmt der Kellner eine Stellung als Arbeiter in der Hotelfabrik ein.

In unserer menschlichen Gemeinschaft hat man meistens die Gewohnheit, den einzelnen Menschen nach seiner Arbeit oder seiner Stellung in dieser Gemeinschaft zu schätzen und zu bemessen. Diese Art und Weise, einen Menschen zu berechnen, ist die einfachste, denn man braucht nicht viel dabei zu denken. Man macht sich gewöhnlich nicht gern viel

Gedanken, und demnach hält man einen Schuster gewöhnlich für einen Schuster. Und einen Priester oder einen Premierminister gewöhnlich für einen Geistlichen oder einen Staatsmann. Aber natürlicherweise ist nichts falscher als dies. Indessen wie man den Menschen gewöhnlich nach seiner Arbeit bemißt, so bemißt man seine Arbeit auch nach dem Lohne, den er dafür erhält. Das ist natürlich ebenso falsch. Es ist sonderbar, wie falsch die Menschheit denkt und urteilt und immer wieder die gleichen Irrtümer begeht. Wer der Wahrheit auf den Grund kommen will, der stelle eine von der Menschheit als wahr akzeptierte Sache einfach auf den Kopf, und in neunundneunzig von hundert Fällen wird er die Wahrheit erkennen.

Sie glauben dies nicht? – Sie werden mir doch wohl nicht sagen wollen, daß die beste, edelste Arbeit stets am besten bezahlt oder gar nur als solche anerkannt wird!? Und daß die schlechteste Arbeit am schlechtesten belohnt wird! Nein, so verkommen kann ich mir keinen Menschen denken, daß er solches zu behaupten wagt.

Da man nun aber einmal die Arbeit nach ihrem Lohne abschätzt, so finden wir auch erklärlich, warum der Kellner allgemein mißachtet wird. Wir haben die Lösung des Rätsels, warum der junge Arbeiter in unseren Tagen der großen Industrie- und Arbeiterbewegungen abseits dastehen muß, wie wenn er ein Nichthinzugehöriger wäre. Aus diesem Grunde erkennt man ihn im Rate der großen Arbeiterschaften nicht an. Da er sehr geringen Lohn für seine Arbeit empfängt, so ist diese auch in den Augen des Volkes gering. Wo er gar keinen Lohn erhält, ist seine Mühe und sein Schweiß gleich Null. Ich sehe hier natürlich vom Trinkgelde ab, dessen Verwerflichkeit und Illegitimität ich erwiesen habe. Weil die Arbeit des Kellners nun so schlecht bezahlt wird, weil sie von der Gnade und der Barmherzigkeit und der unrichtigen Wertschätzung derer abhängig ist, denen er sie liefert, so fühlt sich auch selbst der geringste Taglöhner mehr als der intelligenteste Kellner und läßt dem letzteren diese seine liebevolle Meinung bei jeder Gelegenheit fühlen. Nicht einmal der niedrigste Arbeiter hält den Kellner aus diesem Grunde für einen vollwertigen Genossen. Er hat eine unbestimmte Vorstellung von ihm, er hält ihn für etwas, aber nicht für seinesgleichen, für einen Arbeiter.

Ja selbst die Gesetze der verschiedenen Länder scheinen tatsächlich noch nicht zu wissen, was sie mit dem Kellner anfangen sollen, wohin sie ihn stecken sollen, in welche Kategorie er gehört. Und doch ist er da! Er ist doch etwas, er will doch auch ein Mensch sein, zur menschlichen Gesellschaft gehören und nicht mit schelen, zweiflerischen Blicken betrachtet werden. Das ist der größte Schmerz, den unser Ganymed, der Kellner, hat. Das ist die größte von allen Ungerechtigkeiten, die wir gedankenlosen Menschen ihm antun. Traurig, gekränkt wendet er sich von uns ab, mit aller Charakteristik eines verfemten und verhaßten Volkes hält er zu seiner Art und sucht sich unter seinesgleichen zu trösten. Er hat keine Freunde außer den Seinigen, er will keine. Diese internationalen Menschen, ohne Heimat, ohne Vaterland und doch überall zu Hause, die überall Bekannten und doch Fremden, die Namenlosen, sie nennen sich bescheiden »Zugvögel«.

Wir haben aber gesehen, daß sie Arbeiter sind! Daß sie schwere, intelligente Arbeiter sind, die mit den Körperkräften eines Bullen hohes geschäftliches Wissen und die Finessen eines Diplomaten verbinden müssen, wenn sie nicht vor Hunger sterben wollen. Wir haben erkannt, welche wichtige Rolle der Kellner in dem großen Verbande der Gastwirtsindustrie spielt. Warum soll er nicht gleichberechtigt sein mit den Arbeitern, die die Maschinen beaufsichtigen und bedienen? Bedient der Kellner keine Maschinen? Ja, und was für gefährliche! Soll er noch länger von fern stehen und uns fremd sein müssen!? – Ein Arbeiter sein müssen und nicht einstimmen dürfen in das Summen der Maschinen, in das Singen der Motoren, in das Dröhnen der Hämmer, in das brausende Hohelied der Arbeit!! – Das ist schrecklich! Das ist die schlimmste Beleidigung, die man einem Arbeiter ins Gesicht schleudern kann. – Ein Krieger opfert uns alles auf, Gut, Blut und Leben. Aber wir dürfen ihm nicht wehren, in den Gesang der Schlacht miteinzustimmen.

Das ist der Kern in der Handlung der Tragödie vom Kellnerfrack. – – – – –

Zu all diesem tritt aber noch mehr hinzu, um das Dasein des anständigen Kellners unerträglich zu machen, um seine geschäftliche Existenz zu bedrohen und sein Ansehen in unseren Augen herabzudrücken. Ich will Sie, meine Freunde, nur noch auf eins aufmerksam machen, das ich soeben bemerkte. Zu diesem Zwecke muß ich unseren Kellner mit ins Gespräch ziehen. –

Sagen Sie mal, Kellner, was ist denn das für ein entsetzlich ungeschickter Mensch da drüben? – Ich habe ihn seit einiger Zeit beobachtet; er scheint sich nicht ein noch aus zu kennen. – Wie? noch nicht lange im Geschäft? Er ist doch schon verhältnismäßig alt! – – Aha! Er war früher »etwas anderes«! Was denn? Doktor? Oder ist er ein Adeliger? – So, man weiß nicht recht. – Der arme Teufel! Sieht sonst ganz anständig aus! – Aus diesem Grunde hat man ihn wahrscheinlich auch nur engagiert. Kommt es häufiger vor, daß sich diese mysteriösen Gestalten in die Kellnerei hineinflüchten? – So! Ja, leider, sehen Sie, Kellner, das scheint auch noch ein Krebsschaden an Ihrem Stande zu sein. Es sieht aus, als ob er die letzte Zuflucht aller verkrachten Existenzen sei. Nicht wahr? So eine Art Abladeplatz für die Scherben der Gesellschaft, für die verschimmelte *Jeunesse dorée.* Was sagen denn die Prinzipale dazu? Sind die denn damit einverstanden? – Ja, aber können Sie denn als Fachmann nichts dagegen tun? – Aha, also da steckt's! Keine Organisation! – Gewiß, ganz richtig! Viele werden durch die Gerüchte von dem großartigen Verdienst angelockt, nicht wahr? – Schließlich ist es ja auch ganz natürlich, wenn sich ein heruntergekommener Jüngling der »Gesellschaft« oder ein verkrachter Lebemann den schönen Stätten seines früheren Genusses und Glücks wieder zuwendet. Solche Tage sind unvergeßlich. Verbrecher kehren ja auch immer wieder an der Ort der Tat zurück. Und dann scheinen verkrachte Edelleute, Leutnants a. D. usw. sich durch ihre früheren Erfahrungen auf kulinarischem Gebiete genügend Vorkenntnisse erworben zu haben, um, gestützt auf ihre feinen Manieren und angeborene Gewandtheit, ganz passable Kandidaten für den Kellnerstand zu werden, wenn sie noch kein allzu hohes Alter erreicht haben und ihre Beine noch nicht zu schlotterig geworden sind. – Sie kennen doch die Geschichte aus New York? – Nicht? Sie ist doch der beste Beweis für diese Behauptung. Erst kürzlich bot ein hervorragender Restaurateur in New York einem Grafen in Paris per Kabel eine Stellung als *Maître d'Hôtel* mit unglaublich hohem Gehalt an, da die empörte Frau Gräfin – eine amerikanische Millionenerbin – ihrer Ehekomödie müde, den Seigneur aus ihrem üppigen Nestchen am Bois de Boulogne an die frische, rauhe Luft setzen ließ, so daß der Ärmste, plötzlich aller Mittel entblößt, nicht nur keine Champagnerbäder mit anderen Freundinnen mehr nehmen konnte, sondern über Nacht seinen ganzen Kredit verlor, was bekanntlich das Schlimmste ist, das einem Sterblichen zustoßen kann. Selbst ein Aristokrat weiß den plebejischen Kredit zu würdigen. Kurz, die Geschichte ist weltberühmt. Der Gedanke des Restaurateurs wurde seinerzeit als famoser Witz applaudiert, und nicht nur er, sondern die ganze Stadt hat die ablehnende Haltung des Edlen in Paris unendlich bedauert. Eigentlich war es ein sehr billiger, schäbiger Witz. Aber es ist eine gute Illustration für das, was wir soeben besprachen. Daß derartige Fälle selbst bei Wirten vorkommen können, die von Sensationshascherei dazu angetrieben werden, ist nicht nur bedauerlich für den Kellner und seinen Stand, nein, es ist geradezu entmutigend. Der betreffende Restaurateur aber hat sich aufs Glatteis begeben. Denn wenn sein Etablissement von verrotteten, verschuldeten, ausgemergelten, moralisch und intellektuell auf der niedrigsten Stufe stehenden Aristokraten geleitet werden kann, so stellt der Inhaber des Geschäftes sich damit selber ein Zeugnis aus, das einem bürgerlichen Totenschein verzweifelt ähnlich sieht. – Wiederum ein schrecklicher und zugleich interessanter Beweis, wie gedankenlos die meisten Menschen vorgehen und dadurch sich immer und immer wieder verraten und sich kompromittieren.

Was wird aber aus den anständigen Arbeitern, unter welche sich solch zweifelhafte Elemente ungestört mischen dürfen? Kann man gar unter diesen Umständen verhindern, daß uneingeweihte nachteilig über den Stand urteilen? – Gewiß nicht! – Ich will Ihnen nur ein einziges, aber ein klassisches Beispiel erzählen, wie und was man in der »höheren« Gesellschaft unter den

Einflüssen genannter Art von dem freundlichen, hart arbeitenden jungen Mann denkt, der uns am Tische aufwartet. Er ist der bekannte Ausspruch, den der damalige Direktor der Königlichen Kunstakademie in Berlin, Herrn Anton von Werner, gelegentlich einer Kritik über das Gemälde von Max Klinger, »Christus im Olymp«, sich erlaubte. Das genannte Bild erregte bei seinem Erscheinen vor etlichen Jahren als das Werk eines »Modernen« großes Aufsehen. Herr von Werner, der auch ein ganz tüchtiger Maler ist, sich aber bekanntlich zur »alten« Schule bekennt, ließ sich zu heftigen Worten gegen den »Modernen« hinreißen. Das Bild, welches sich jetzt in Wien befindet, stellt den Erlöser dar, wie er in Begleitung von christlichen Büßerinnen die Götter des heidnischen Altertums von ihren Höhen verdrängt. In den Augen des Herrn von Werner stellte das klingersche Gemälde jedoch Christus in Gesellschaft von pariser Kellnern und Freudenmädchen dar. So drückte er sich wenigstens aus. Man hat ihm natürlich dies vorübel genommen, und er mußte öffentlich bedauern, daß er sich getäuscht hätte. Die Geschichte ist ja genugsam bekannt.

Ich habe mich aber oft gefragt, warum der brave Herr von Werner gerade den Kellner zur Zielscheibe seines geistarmen Spottes machte. Haben pariser Kellner etwa mehr mit pariser Freudenmädchen zu tun als – na! – sagen wir – pariser Maler? – Oder berliner Kellner und berliner Mädchen und berliner Maler? – Oder die Kellner, Mädchen und Maler irgendeiner Stadt auf der Welt? – Man braucht wirklich nicht in Paris gewesen zu sein, um zu wissen, was ein Quartier Latin, Monmartre oder Porte St. Martin ist, oder wie sonst die Stadtviertel heißen mögen, wo Pseudokünstler mit Pseudojungfrauen ein Pseudodasein, ein Dämmerleben und -treiben führen, das nichts ist als ein tatenloses, selbstverherrlichendes, langsames Verglimmen. In jeder Großstadt sind solche »Quartiers« zu finden. Doch das Thema ist bis zum Überdruß verherrlicht, behandelt, abgeleiert und abgedroschen worden; es wirkt nachgerade uninteressant.

Der gute Herr von Werner war sehr erregt, als er die Wörter »Kellner« und »Freudenmädchen« in einem Atem aussprach. Er muß sehr erregt, fieberhaft erregt gewesen sein. Der Arme! Darum hätten die Kellner sich damals nicht aufzuregen brauchen. Darum hätten sie ihm stillschweigend verzeihen müssen und ohne seine öffentliche Erklärung zu verlangen. – –

Sie haben einesteils recht, gnädige Frau, wenn Sie sagen, daß die ganze Geschichte für uns Mitglieder der Gesellschaft von sehr geringer Bedeutung sei. Aber gestatten Sie, daß ich Sie darauf aufmerksam mache, welche Bedeutung sie für die Kunstgeschichte hat. Uns Kunstkennern liefert sie nämlich ein Freibillett zu einer Arena, wo ästhetische Gladiatoren sich auf Tod und Leben ans Fell gingen. Die bösen Worte, die Herr von Werner in der Hitze des Gefechtes ausstieß, bilden für uns den höchst interessanten, für ihn aber verhängnisvollen Kulminationspunkt in einem erschütternden

Drama vom Kampfe des Alten gegen den Ansturm des Jungen. Dieser Schauspiele in mannigfaltiger Gewandung erleben wir viele gerade in unserer Zeit. Ja, jeder von uns wird eins auskämpfen müssen. Das Drama mag verschieden sein, aber der Kern der Handlung ist meistens der gleiche.

Der alte Maler, der seit Jahr und Tag in Berlin Militärstiefel gemalt hatte und sich im Strahle allerhöchster mediceischer Gunst sonnte und so der deutschen Kunst, welche ohnehin in den damaligen Jahren ein schwächliches Blümchen war, vollständig die Sonne wegnahm, er mußte in dem Kampfe weichen, denn er hatte sich zu sehr entblößt. Er hat das Gift eines alten Geiferers gegen die frische Jugend ausschleudern wollen, statt sie lächelnd und freudig zu begrüßen, statt sich an ihrem übermütigen Streben als Philosoph zu ergötzen und, wenn er auch selbst kein großer Maler sein kann, so doch zu versuchen, ein großer Mann an Herz und Gemüt zu sein, was noch etwas mehr ist als pur geniales Pinseln.

Aber Herr Anton von Werner war kein großer Mann an Herz und Gemüt, und darum hat die Zeit ihn auch schon vor seinem leiblichen Tode gerichtet. – Hu, mit einer ganz unheimlichen Sicherheit richtet die Zeit! Und namentlich den Eiferer und Geiferer. Wie schmerzlich muß es für einen Menschen sein, der sich sein Lebtag lang auf den Höhen des Lebens wähnte, wenn er eines Tages erwacht und sieht, daß er Ruck für Ruck hinabgezerrt wird. So arbeitet die Zeit. Ruck für Ruck. Niemals heftig und plötzlich, sondern wie das knappe, abgerissene Zucken des Pendels.

Es klopft die Jugend an unsere Tür und ruft: »Platz, Platz!« Dann muß man zuschauen, wie die Zeit einem das Lebenswerk in die Rumpelkammern unserer Kultur steckt, in die dumpfen Kellerräume, wo an den feuchten Gewölben ein muffiger Grabgeruch wie von verfaultem Sonnenlicht und welkem Lorbeer klebt. – –

Aber wie alles Böse, so birgt auch das gehässige Wort des Herrn von Werners etwas Gutes in sich. Es läßt einen herrlichen Gedanken in sich aufdämmern, an dem freilich der Urheber unschuldig ist, nämlich d e n Gedanken, daß in Wirklichkeit einmal ein Christus unter Kellnern und auch wieder unter Freudenmädchen segnend und tröstend einherwandeln möge ....

Indes, ein solches Bild könnte kein Künstler malen, der sein Lebtag lang nur Stiefel und Sporen und Schlachtenbilder mit mangelhafter Perspektive malt, der Bilder malt, worauf die großen Generale an den gefährlichsten Stellen stehen, wo rings um die kühn und unerschrocken dreinblickenden Fürstlichkeiten Schrapnells, Pferde, Gemeine und Unteroffiziere vom Feldwebel abwärts in Mengen krepieren und wo brechende Blicke dankbar verklärt an der hehren Gestalt des Landesvaters auf und ab wandern. – Nein, ich glaube nicht, daß die Kellner sich für Bilder interessieren, die allerhöchsten Geschmack irreleiten und einer braven patriotischen Partei der eiserne Bestand an Rührseligkeit sind. Die Kellner interessieren sich für solche Schlachtenbilder nicht. Gegen Romantik sind sie stumpf. Gegen Militärtrompeten sind sie taub. Auch danken sie für Orden. Sie kriegen sowieso keine. Die Kellner steckt man ja doch nur immer ins Offizierskasino. Für die Front sind sie der Plattfüße wegen untauglich. – Thackeray meint an einer Stelle einmal, daß die Menschheit die militärische Tüchtigkeit so fürchterlich hochschätze, weil sie – die Menschheit – im Herzen feige sei. Ich weiß nicht, wie Schlachtenmaler darüber denken. Ich weiß nur, die Kellner wollen nicht feige sein. Sie haben Mut, ihr Leben zu ertragen. Also keine Schlachtenbilder, bitte, und mögen sie noch so schön und glatt und glänzend sein. – Aber wenn wirklich einmal ein Christus unter Kellnern erscheinen sollte, so bin ich gewiß, daß sie sich bei einem Uhde ein Bild bestellen werden. – –

Diese Geschichte ist also ein typisches Beispiel, wie man über den Kellner denkt. Aber wie dunkel muß es in den Köpfen sein, die so denken! Denn sie denken nicht, sie machen sich nur Vorstellungen – nach ihnen selber. Sie sehen nicht, sie haben nur Ansichten. Darum hat der Kellner keinen Platz unter uns: er hat nur eine Stellung. Darum bekommt er keine Anerkennung für seine Arbeit, nur Wohlwollen. Er hat darum keine Ziele, nur Aussichten. Keine Ideale, nur Idole. Keinen Gott, nur Götzen. Kein Einkommen, nur ein Auskommen. Kein Heim, nur ein Unterkommen, ein Obdach. Keine Heimat, nur einen Geburtsort. – Solange er jung ist, läßt sich dies leicht ertragen; aber was wird aus ihm, wenn er in Jahren vorrückt? Als junger Mensch hat er Gelegenheit, viel Geld zu verdienen, mehr wie manch ein anderer seiner Gesellschaftsschichte. Aber seine Unkosten sind auch groß. Und nach dem dreißigsten bis fünfunddreißigsten Jahre lassen seine physischen Kräfte schon nach. Sein Aussehen hat schon nicht mehr die nötige Frische der Jugend, welche verlangt wird. Was wird nun aus ihm, nachdem er seine Jugend weggegeben hat? Nicht jeder kann im Geschäfte fortkommen und höher steigen. Von einem Tausend erreichen nur wenige einen höheren Posten. Aus hundert d i e s e r Glücklichen wird vielleicht nur einer Geschäftsinhaber. Und es tritt noch der merkwürdige Umstand hinzu, daß ein Kellner außerhalb seines gelernten Geschäftes in einer anderen Beschäftigung oder Beruf trotz oder wegen seiner Welterfahrung und Weltgewandtheit selten oder fast nie erfolgreich ist. Vielleicht kann er sich nicht einschränken. Er fühlt sich nicht wohl in der Enge, in welche so viele Berufe die Menschen zwängen. Er kann kaum das zustande bringen, was ein bescheidener, ungebildeter, beschränkter Mann vermag. Er ist zu sehr an großartiges Leben, gutes Essen, Luxus, Geldverschwendung, Frivolität gewöhnt; er kann nicht haushälterisch mit seinen Mitteln umgehen, er kann schlecht rechnen.

Nach einer eingehenden Betrachtung des Werdens, Seins und Vergehens des Kellners kommt man zögernd aber sicher zu dem hoffnungslosen Fazit, daß sein Los eines der undankbarsten, unangenehmsten ist, die unsere Zivilisation zu verteilen hat. Höchstens pekuniär scheint sein Beruf den gewöhnlichen Gewerben gegenüber einige Vorzüge aufzuweisen, aber auf die Dauer hält er seine Versprechungen nicht und hintergeht den, der mit vielen Freuden und Hoffnungen begonnen hat, meistens so schnöde, daß sein Opfer jeder weiteren Hoffnung beraubt wird und sein Leben in noch verhältnismäßig jungen Jahren schon als ein verfehltes verflucht. –

Ein ganz Schnodderiger wird daher nur die Achsel zucken und sagen, daß überhaupt kein anständiger, sich selber respektierender junger Mann die Hotellaufbahn als Lebensweg erwählen wird. – Aber der erfahrene Kellner lächelt bitter darüber. Er weiß, wie wenig gewöhnlich die Kinder sagen und zu sagen haben, wenn sie am Scheidewege stehen, wo alle vier Straßen in das große Leben, in die weite Welt hinausführen. Hier sind die Eltern genau so hilflos wie ihre Kinder. Man wählt den großen, breiten Weg am liebsten. Eltern haben meistens nur vage Begriffe von den Berufen, die sie für ihre Sprößlinge in engere Wahl ziehen; und wie immer sehen sie nur die glänzende Seite derselben.

Der Kellner, der von Jugend an in seinem Berufe tätig war und ihn allmählich mehr hassen statt lieben gelernt hat, muß oft schmerzlich einsehen, wie schwer es ihm gemacht wird, denselben gegen eine andere, seiner Natur und seinen Kenntnissen passendere Beschäftigung umzutauschen. Immer und immer wieder wird er abgewiesen werden, obgleich er noch jung sein mag. Und wer in den zwanziger Jahren steht und ein Geschäft gründlich kennt, will auch in einem fremden nicht gerne mehr Lehrling sein. So verbleibt die größte Anzahl der Kellner in ihrem Berufe, oder man kehrt nach einigen fruchtlosen Versuchen auf anderen Feldern dorthin zurück, obgleich derselbe durch seine vielen Nachteile und Mängel verleidet worden ist und auf die Dauer sogar unerträglich werden muß.

Das Hauptproblem unseres jungen Mannes besteht also in der einen Frage, wie ein intelligenter, vielgereister junger Weltmensch sich aus den verschiedenen Dilemmen und Hindernissen seines Berufes herauszieht und das Beste aus dem Leben machen kann. Diese schwierige Aufgabe lösen nur einzelne, allerdings dann oft in ganz bewunderungswürdiger Weise. Und aus ihnen entstehen die vielen erfolgreichen Hoteliers, welche durch andauernde strenge Selbstzucht sich vom Kellnerstande emporgerafft haben und – um den gebräuchlichen Ausdruck anzuwenden – »zu etwas gekommen« sind.

Wie zu jedem Leben, so gehört eine gewisse, nicht zu unterschatzende Philosophie zum Leben des Kellners, die natürlich nicht jedem gegeben ist, die sich aber mit einigem Willen, Fleiß und Studium mehr oder weniger aneignen und bemeistern läßt. Wenn Sie mir aufmerksam zugehört haben, so werden Sie auch gesehen haben, wie ich mich bemühte, die notwendige Philosophie an den einzelnen kritischen Punkten zur Geltung kommen zu lassen. Ein feiner Zug von Selbstironie ist auch oft in dem Leben dieser Leute zu finden und bildet einen beträchtlichen Lehrsatz in ihrer Lebensweisheit, deren Basis natürlich auf den großen Grundregeln des Umgangs mit Menschen beruht. Ohne vielleicht jemals mit den Weisheiten der großen Klassiker des Altertums bekannt geworden zu sein, lebt der wirkliche gute Kellner doch ganz nach diesen herrlichen Vorbildern. In seinem Leben bestätigt sich auf die wundervollste Weise die reine, einfache Wahrheit der alten Lehren, was um so erstaunlicher ist, je mehr die in einer ganz einfachen, von Dampfkraft und Elektrizität ungestörten Zeit entstandene Wahrheit in unserer komplizierten Zivilisation Anwendung findet und sich mit ihrer süßen, mahnenden, sanft drängenden Gewalt immer und immer wieder Recht verschafft.

Ja, meine Freunde, welche Leidensgeschichte habe ich Ihnen da erzählt! Nichts Großes, nichts Blutiges, nichts Erhaben-Schreckliches, aber immerhin Leiden. Und nur Leiden! – Glauben Sie jedoch, das Leben sei so grausam, daß es einen Menschen nur peinigt und ihm nichts, gar nichts als Entgelt für seine Leiden bietet? Niemals! – Es ist gerecht, es tröstet die Schmerzensreichen. Es gewährt ihnen hohe Freuden, die den unwissenden Glücklichen nicht bekannt sind. Das Leben stärkt auch seinen Kämpfer. Es stellt keinen Schwachen an die gefährliche Stelle, ohne ihm die Mittel in die Hand zu geben, mit denen er sich decken kann. Es hängt ganz vom Menschen ab, ob er sie weise benutzt oder übersieht.

Wie sich dies überall und auch hier bewahrheitet, will ich Ihnen noch kurz beweisen. Ein altes Volkslied beginnt mit den Worten: »Wem Gott will eine rechte Gunst erweisen, den schickt er in die weite Welt ...« Alte Volkslieder sind oft nicht nur schön, sie sind auch wahr, ja berauschend wie alter Wein. Und je älter sie werden, um so würziger, wahrer werden sie. – Freilich, in unserer alles umwälzenden und umwertenden Zeit, wo auch ein gottverlassenes Benzinfatzkentum mit neugierigen Nüstern an alten Wahrheiten herumschnüffelt und sie als wunderliche Kuriositäten bemäckert, da verblaßt vieles – da werden oft die zarten Geister einstiger Freude verscheucht, und sie schleichen sich mit herzbrechendem Schluchzen von dannen, verkriechen sich wimmernd in das dunkle Innere der Vergangenheit. Sie prostituieren sich nicht. Sie lassen sich auch nicht begaffen. Sie hassen aber dennoch die Gegenwart nicht, denn sie sind unsterblich. Und wer sie aus ihrem Versteck hervorlocken will, der muß mit gutem Willen und reinem Herzen kommen und darf nicht nach Benzin stinken. Dann wagen sie sich heraus und umarmen ihren Liebling. Scherzend verbinden sie ihm die Augen und führen ihn kichernd und wichtig tuend bei der Hand durch weite, unendliche Irrgänge, wo die Luft mit süßer, jugendlicher Ungeduld angefüllt ist, bis vor die zarten Schleier, mit denen ihre Geheimnisse behangen sind. Endlich reißen sie ihm jubelnd die Binde von den Augen, der Vorhang fällt, – das erstaunte Menschenkind findet sich lächelnd in einer fremden, niegeschauten blühenden Märchenflur. Wuchtige, silberweiße Wolken hängen an dem klaren Azur, farbenreiche Gebirge mit würdigen Schneehäuptern wälzen sich am Horizont entlang hinab bis in das ewige, purpurblaue Meer. Und alles schenken die guten, freigiebigen Geister ihrem Liebling, alles. Sie lachen dabei, krönen ihn mit Blumen und tanzen Reigen um ihn.

Die Jünglinge, die als Kellner in die Welt hinausziehen, stinken noch nicht nach Benzin. Sie kommen mit dem reinen, unverdorbenen, durstigen Herzen der Jugend. Ihnen gilt daher noch der ganze Wert des alten Liedes; ihnen schenkt Gott daher noch seine ganze Gunst, legt vor ihren großen Augen seine Wunderwelten dar. Sie sind zwar arm an Gütern, die Jünglinge, aber ihr Beruf führt sie überall hin. Er gibt ihnen einen freien Passepartout zu allen Wundern der Erde, den andere teuer erkaufen müssen, ja, der den meisten unerschwinglich teuer ist. Was andere unbemittelte Menschen in einsamen Nächten sehnsüchtig aus mangelhaften, unvollständigen, von Menschen verfertigten Büchern und Bildern schlürfen, das legt die Gunst Gottes dem jungen Kellner in Natur, in Wirklichkeit, in königlicher, erhabener Größe vor seine jugendfrischen Augen. Was ist ein Abdruck gegen das Originalbild! Was ein Bild erst gegen den Glanz der Wirklichkeit! – Wie viele Menschen würden unseren Ganymed als den Glücklichsten der Sterblichen beneiden, wenn sie wüßten, welche Genüsse das große Leben ihm, seinem Günstling, lächelnd reicht.

Fragen Sie, meine Freunde, nur unseren jungen Mann hier. Vielleicht kann er es Ihnen sagen. Heute ist er hier, aber mit den Zugvögeln zieht er schon wieder im Spätherbst nach dem Süden, nach Italien, der Riviera, nach Ägypten, nach Algier. Wir finden ihn im Winter vielleicht in Indien oder auf den Kanarischen Inseln, in Florida oder auf Honolulu, in Athen oder Konstantinopel oder Monte Carlo. Den Frühling begrüßt er in den Bergen, den Alpen, Karpathen, in den Pyrenäen oder im Taunus am Rhein, im schottischen Hochland oder im amerikanischen Felsengebirge. Im heißen Hochsommer promeniert er vielleicht am Strand in Ostende, Scheveningen, Boulogne, Biarritz, Atlantic City oder Santa Cruz. – Überall ist er. Gefällt ihm heute Berlin nicht mehr, so sitzt er morgen im Expreß nach Paris. Wenn er will, vertauscht er London mit Rom, New York mit San Francisco, Buenos Aires mit Sydney, Yokohama mit Calcutta. Überall findet er Arbeit, überall ist er willkommen, überall zu Hause. Verordnet sein Arzt ihm Karlsbad, so zögert er nicht lange und packt seinen Koffer. Ist Aachen oder Nauheim seiner Gesundheit zuträglicher, so besinnt er sich nicht lange, sondern studiert den Fahrplan für diese Richtung. Zur Kur wählt er Wiesbaden oder Saratoga, Baden-Baden oder Aix-les-Bains, Virginia Hot Springs oder Marienbad – je nach Bedarf. Entfernungen spielen keine Rolle, Finanzen sind Nebensache, Nationalitäten gibt's keine – er ist der Weltbürger *par excellence.*

Mit einem wehmütigen Stolze blickt dieser Wanderer auf sein unstetes Leben zurück. Alle Himmelsrichtungen kennt er. Fällt ihm ein Buch in die Hand, das Beschreibungen von fernen Ländern oder Orten bringt, so greift er es auf und freut sich herzlich, wie wenn er einen lieben alten Bekannten sehe.

Wenn doch auch nur die anderen Menschen die gleiche Gelegenheit zum Wandern hätten, oder wenn sie nicht zu faul wären und nicht in ihren muffigen Nestern hocken blieben, so würde viel Engherzigkeit verschwinden, die Nationen würden dichter und inniger aneinander kommen und sich besser kennen lernen. Denn sie wissen trotz aller unendlicher Schreiberei, trotz aller Eisenbahnen und Dampfschiffe, trotz aller Kabel und drahtlosen Telegraphie, trotz aller Luftschiffe noch herzlich wenig oder so viel wie gar nichts voneinander. Wenigstens keine Wahrheiten. Und das Resultat ist, daß sie sich gegenseitig beständig scheel belauern, anknurren und womöglich sich die Köpfe blutig schlagen, wo sie sich nur begegnen. –

In seinen Reisen liegt die eine einzige, aber große Freude, die das Leben dem Kellner bietet. Hier liegt auch das Geheimnis seiner Friedfertigkeit, seiner Geschmeidigkeit und Duldsamkeit verborgen, welche sein Beruf erfordert. Und wie nur wenige andere Erdbewohner hat er Gelegenheit, in die Tiefen der Menschheit zu schauen. Er kann die edelste Beschäftigung, das interessanteste Studium betreiben: Menschen studieren. Er sieht sie. Alle Nationen, alle Rassen, alle Klassen kommen zu ihm. Könige, Fürsten, Edle, Geistes- und Geldgrößen und deren Frauen kommen als Gäste; die mittleren und armen Schichten arbeiten mit ihm als Kollegen und Helfer. Er sieht sie alle. Er sieht sie besser, als andere sie sehen können. Mitten in das glänzendste, summende Gewimmel, das unaufhörliche Getriebe und Gewühl der verschiedensten Charaktere, in das unendliche, willkürliche, unverantwortliche, rücksichtslose Treiben einer verwirrten Zivilisation wird er gedrängt. Und er sieht noch mehr, viel Wertvolleres: er sieht die verwundbarsten Stellen der Menschen – ihre Schwächen.

Manch ernstes Bild, manche unerwartete Überraschung, manchen grauenvollen Schrecken stellt das Leben vor seine Augen, indem es ihm offen sein tiefstes Geheimnis, den Menschen zeigt. Tagtäglich predigt es dem Kellner seine erhabenen, stumm mahnenden Predigten auf die mannigfaltigste Weise. Es führt ihn ernst lächelnd hinter den leeren Glanz des Reichtums, mit unerbittlicher Miene an die abscheulichen Tiefen der Armut heran. So kann das rätselhafte Gesicht des Lebens nur flüstern, stumm, aber es gibt keine eindringlichere Sprache. So spricht es zum Kellner. So legt es ihm einen immensen Reichtum an Gesehenem und Geschehenem zum Gebrauch fürs eigene Dasein vor die Füße. Und unerbittlich verlangt es Verwaltung und weise Verwertung dieser Schätze.

Doch wer verwertet sie wirklich? – Wer läuft nicht unachtsam, gedankenlos daran vorüber? – Ach, sie schauen nur, aber sie sehen nicht! Sie denken nur, aber sie wägen nicht! – Man kann zwar nicht erwarten, daß jeder Mensch ein großer Philosoph sei, aber man darf von jedem erwarten, daß er Schlüsse aus dem Leben ziehe, das ihn umgibt. Doch es braucht Gewalt, dies zu tun; und die Gewalt kann nur durch Übung erlangt werden.

Das Leben aber verzeiht weder dem Unwissenden noch dem Schwachen. Es versagt ihm seinen höchsten Genuß, sein schönstes Glück; und die Stimme des Gewissens, das Bedauern, die Reue über ein verschuldetes, verfehltes Dasein wird ihn bis zum Tode verfolgen.

Erst aus dem Kern der hehren Gewalt, aus der großen Selbstzucht entspringt das süße, überwältigende Bewußtsein der Kraft, und die einzige, die wahre dionysische Freude am Erdendasein loht daraus auf, sich zum Gottesdienste erhabensten Stils entfaltend.

---

Ei, gnädige Frau, auf diese Frage habe ich lange gewartet! – Woher ich mit dem Schicksal der Kellner so vertraut bin? – Hm – ich habe so viel – ja, natürlich als Gast in den großen internationalen Hotelpalästen – aber ich habe noch mehr getan: nämlich selber einmal als Kellner gearbeitet. Und nicht nur gearbeitet, sondern noch mehr: ich habe mich für das Leben dieser Menschen interessiert! Es gibt Tausende, die hier arbeiten, ohne aber zu wissen, was sie tun, ohne Anteil an dem eigenen oder an fremdem Leben zu nehmen. – Aber Sie sind ja ganz sprachlos, meine Gnädige! – Hat mein Bekenntnis Sie so entsetzt? – Wie? – Ob das Schreckliche wahr ist? – Ei, selbstverständlich! – Woher sollten wohl sonst alle meine fabelhaften Kenntnisse über dieses Leben stammen!? – – Nur Studien halber? – Hm, meistenteils ja! – Ich will aufrichtig sein ... Wie ungläubig Sie lachen, meine Freunde! – Warum? – Weil ich solch eine verzweifelt ehrliche Natur bin? – Oh, das sind alle normale Menschen. Und ich halte mich für einen solchen. Aber es gibt doch sehr wenig normale Menschen auf der Welt. Und meine Ehrlichkeit besteht hauptsächlich darin, daß ich nichts Überflüssiges sage. Es sei denn, ich werde danach gefragt, wie in diesem Falle.

Da so vieles, das ich Ihnen erzählte, auf eigener Erfahrung und Anschauung beruht, so kann ich Ihnen auch ohne Bedenken verraten, wie ich Kellner wurde und gleichzeitig ein Anekdötchen zur Illustration beigeben, wie man in meiner früheren Gesellschaft darüber – also folglich auch über den Wirt und seine Angestellten – denkt. Es ist eine ganz harmlose Geschichte, sie mag langweilig sein, aber sie ist wahr.

Nichts ist amüsanter als Maskerade. Sie wird aber auch zu hinterlistigen Zwecken benutzt. Der Wilde versucht in allerhand Verkleidung als Strauß, als Hirsch usw. seinem Jagdopfer beizukommen. Auch für den wirklichen, zivilisierten Jäger, den Sportsmann, für den Naturforscher gibt es kein größeres Vergnügen, als unter irgendeinem Schutze die Tiere des Feldes und des Waldes zu belauschen, wenn diese sich unbeobachtet glauben und den Menschen nicht wittern. Aber das ist gar nichts! Ich habe die perfide Angewohnheit, den M e n s c h e n auf alle möglichen Arten beizukommen und ihnen in die Karten zu gucken. Ich muß gestehen, kein Mittel ist mir zu schlecht, keine Maskerade zu verächtlich, um meinen Zweck zu erreichen. Ich kann wirklich nicht umhin und muß bekennen, daß mir das Beobachten der Menschen trotz aller ihrer Schlechtigkeit hundertmal mehr Genuß bereitet hat, wie meine schönsten Jagderfahrungen in den Bergen, auf den weiten Prärien oder in den Urwäldern. Und die Menschen, denen ich begegnet bin, waren so offenherzig gegen mich, daß ich viele Masken lächelnd beiseite legen konnte und ohne dieselben hinter ihre Schliche kam. – Ja, Gnädige, das sieht beinahe wie Vertrauensbruch aus. Aber es ist nicht so. Danke! – Ich habe auch nie durch Schlüssellöcher geguckt oder sonstige Dienstbotenmethoden angewandt. – Wie gesagt, es war unnötig. – Die Offenherzigkeit war nicht die schöne Tugend, das edle Vertrauen, welches jeder dem anderen entgegenbringen sollte, nein, es war gerade das Gegenteil davon. Es war eine unverzeihliche Bequemlichkeit, eine Gemütsfaulheit, eine Dummheit, beleidigend, wie nur sie sein kann; es war eine verletzende verallgemeinernde Stupidität, die die Menschen an anderen voraussetzten, weil sie selber damit behaftet waren. Darum soll man nie jemand mit dem eigenen Maßstabe messen, ebensowenig, wie man eine fremde Sprache sprechen soll, während man in der Muttersprache denkt.

Mit einer geradezu ekelhaften, widerwärtigen Frechheit und Voraussetzung, einen ihresgleichen oder weniger vor sich zu haben, sind die Menschen mir begegnet und haben mich demgemäß behandelt. Solche rücksichtslose, beleidigende Behandlung verdiente so grausam bestraft zu werden, wie ich es tat. – Worin die Strafe bestand? – Nun, die größte ist doch, wenn man alles lächelnd über sich ergehen läßt und mit scharfem Auge unter den Wimpern hervor den Ahnungslosen beobachtet. Solche Blicke sind wie die Pfeile des wilden Jägers. Sie durchdringen das tiefste Innere des Opfers und erkennen es. – Was ich erkannt habe, besitze ich, gehört mir. Es ist mir untertan wie der Körper des erlegten Wildes.

Ich bin überall. Ich speise in erstklassigen Hotels, ich frequentiere die gefährlichsten Spelunken. Künstler- und Dienstmädchenbälle besuche ich gleich gern. Hintertreppen-, Kammerdiener- und Staatsgeheimnissen schenke ich das gleiche willige Ohr. Ich produziere mich in den verschiedensten Berufen und Stellungen mit größtem Geschick und größtem Vergnügen. Als Automobilist in den Garagen und auf den Landstraßen. Als Cowboy auf weiten Prärien unter ruppigen Desperados. Als Privatsekretär in den Familien der Multimillionäre, als Maler in Kunstreichen, in Minen unter Goldsuchern, als Literat auf journalistischen und literarischen Gefilden, als Handlungsreisender, Maschinenschmierer, Zeichner, Koch, und in noch verschiedenen anderen Stellungen habe ich konditioniert.

Die Welt ist klein. Und wer in so vielen Kapazitäten und überall auftritt, hat das Vergnügen, häufig alte Bekannte anzutreffen. Dann entstehen meistens köstliche Situationen, namentlich wenn man – wie ich – ehrlich genug ist, immer unter dem eignen Namen aufzutreten. So kam ich auch einmal auf den kühnen Gedanken, als Kellner Material für einen monumentalen Roman der höchsten internationalen Hautevolée zu sammeln. Ich hatte damals einen genußreichen Sommer im amerikanischen Felsengebirge verbracht, mein Freund ging nach Europa zurück, ich aber blieb in New York, um meinen Plan auszuführen. Durch Empfehlung gelang es mir, bald eine Stellung als Kellner in einem großen Hotel zu erlangen, und ich stürzte mich mit Wonne in das Getriebe. Ja, ich avancierte sehr bald.

In dieser Stellung sahen mich eines Tages ein paar Herrschaften schalten und walten, mit denen ich auf einer Mittelmeerreise, von Ägypten kommend, flüchtig bekannt geworden war und die ich zufällig während des vergangenen Sommers in Colorado wiedergetroffen hatte, wo sie die Ehre gehabt hatten, einige angenehme Tage mit mir zu verbringen. – Nein, gnädige Frau, ich habe mich nicht im geringsten geniert, denn im Eifer meiner Tätigkeit bemerkte ich die Herrschaften nicht gleich. – Mit Staunen und Schrecken aber erkundigte sich die liebenswürdige, junge Dame bei ihrem Kellner nach meinem Namen. Allmächtiger! – Ihr entsetzlicher Verdacht bestätigte sich! – Ich war wahrhaftig der geniale, reizende Mensch, den sie unter dem Azur des Mittelmeers kennen gelernt und in Colorado wiedergetroffen hatten! – Ganz verwirrt und erstaunt konnten sie eine ganze Weile lang nichts sagen. Dann zogen sie den Kellner wieder zu Rate und vertrauten dem Milden, Vielgeplagten ihre Kalamität an. »Aber wie ist denn das möglich, Kellner,« flüsterte die Mutter, »in Luxor hat er doch archäologische Studien betrieben, sagte er!« – »Diesen Sommer erst noch haben wir mit ihm in seinem Automobil gefahren und bei ihm zu Abend gespeist!« seufzte der Sohn. »Und mit ihm Golf gespielt!« jammerte das reizende Töchterchen. »Weißt du noch, Mama, hinter dem Hotel auf dem prachtvollen Rasen!« – Mama wußte noch. – »Traf er nicht auch alle Vorbereitungen zu einer Jagd auf Grizzlybären in den kanadischen Bergen?« erinnerte sich der Sohn. Und das Töchterchen antwortete: »Was ist denn aus seinem reizenden Freund geworden? Ist der auch Kellner?« – Die arme Mutter war am schwersten getroffen: »Ach, konnten wir denn ahnen, daß er so was ist! – – Wir haben ihn doch als anständigen Menschen kennen gelernt! – Und hier ...!? – Uh!«

Das war zu viel für den braven Kellner, und er antwortete ruhig: »Madame, ich habe noch nicht gesehen, daß er sich hier unanständig benommen hat!« Und er wandte sich ab, um mich heimlich aufmerksam zu machen und mir die ganze Geschichte hastig zu erzählen. – Meine Freunde aber fühlten sich plötzlich so unbehaglich, daß sie den Saal verlassen mußten. Sie gingen, ohne mit mir zu sprechen. – Nein, ich sprach auch nicht mit ihnen. Zum Dank für die schönen Erinnerungen an kühle Autofahrten, an herrliche Kunstgenüsse und an schöne, unschuldige Spiele auf grünem Rasen versuchten sie, mich aus der Sklaverei des flatternden Kellnerfrackes zu befreien, indem sie meine Entlassung bewirken wollten. Was ihnen aber nicht gelang, da ich ein zu guter Kellner bin, um ohne Grund an die Luft gesetzt zu werden ...

Wie? – Sie wollen sich schon so früh zurückziehen, gnädige Frau!? – Wir gedachten doch noch ein wenig der Musik zu lauschen. – Hm – Fatige – Ich springe schnell zum Apotheker im Hause – – – die Kapseln – zwei Stück auf ein Glas Wasser – ... hm ... nicht ...« – – – – – – – – – – – – – – – – – –

Wer ist denn das!? – Kellner, sehen Sie dort unter der Palme im Fauteuil den jungen, eleganten Herrn? – Ja, den schwarzgekleideten, mit dem Buche; er dreht uns den Rücken zu – ich glaube – – Was? Ein Geistlicher! Unmöglich! – Wahrhaftig! – Aber er ist's! – Er ist's! – Sagen Sie ihm, bitte, ich wünsche ihn einen Moment zu stören. – Er wird sich freuen, wenn Sie ihm meinen Namen nennen. – –

Mein geliebter amerikanischer Freund George Washington Abraham Lincoln Shoultse! Welch eine Überraschung! Das wird aber lustig werden! – Besonders nach diesem Schluß. ... Aber wie kommt er hierher? – Was tut er im Rock eines Priesters? –

Well, well, altes Haus! Das ist doch einfach großartig! Freue mich ganz barbarisch, dich wiederzusehen. – Ich staune – hätte dich kaum wiedererkannt – – so verändert. ... Wie lange ist's her, seit wir uns als Studenten zum letztenmal umarmten?! – Vierzehn, fünfzehn Jahre. – Ja, wie die Zeit vergeht! – Und, ach, die herrlichen Heidelberger Tage! Wo sind sie hin? – An dich habe ich aber immer gedacht! Das kannst du mir glauben! – Denn du warst doch der fidelste Kerl, der mir jemals ... hm – – Na, aber wie geht's denn? – Was treibst du jetzt? – Ich dachte immer, du wolltest dich ganz auf die Philologie verlegen. – Was? – der Teufel! – hm – Pardon! – Bischof bist du – hm Pardon! – Sind Sie – –? Seit wann denn? – Ich bin starr! – Pardon! Donnerwetter, da gratulier' ich! – – – So, so! In Kalamazoo City im Staate Oklahoma! Wirklich! Da gratulier' ich nochmals! – – – Wer hätte das gedacht! Bischof der konsolidierten, reformierten episkopal-lutherischmethodistisch-unitarisch-baptistischen Kirche! – Ja, aber zum ... Pardon, sag mal – – verzeihen Sie – – ist denn da – hm – so viel – hm – Geld – äh, ich meine, Genugtuung und Inspiration drin, daß du alle deine großen Pläne ... hm – na, jedenfalls gratulier' ich! – Ja, drüben in Amerika avanciert man schnell! Junge, tüchtige Leute werden dort gesucht. – Aber da müssen wir doch eins drauf trinken. – Wie? – Ein solch unerwartetes Wiedersehen, das muß begossen werden – was? – Na, wenn Sie jetzt auch Bischof und Right Reverend und alles das sind, so können Sie doch ein Gläschen Wein mit mir ... wie? ... nicht ein wenig die alten Erinnerungen auffrischen!? – Waaas? – keinen Wein ...? – – Hör 'mal, du bist wohl verrückt geworden ... oh, oh, Pardon! – Ich kann es gar nicht fassen – ich staune – Sie trinken keinen Wein mehr!? – – Sie waren doch früher – hm – – – Oh, oh! – Wie sich die Zeiten ändern! – Sie haben sich aber großartig gemacht, Mr. Shoultse! Sie sehen vorzüglich aus! – Wie meinen Sie? Ob ich noch immer trinke? Ja, leider, ich hab's mir noch nicht abgewöhnen können. Es ist schrecklich! – Oh, oh – –!

Ob ich weiß, was die amerikanische Prohibition ist? – O ja, ich hab mal was davon gehört. Wissen Sie's auch, Herr Bischof? – Was? Sie sind einer der Hauptkämpfer für die Prohibition geworden?! Das ist ja interessant! Und sagen Sie mal, wie bezahlt sich die Sache denn? – So, Sie verfolgen nur den idealen Zweck der guten Sache? Das ist löblich. – Aber ist denn das wahr, was ich in den Zeitungen gelesen habe, daß bereits an die vierzig Millionen Menschen in den freien Vereinigten Staaten von Amerika keine geistigen Getränke mehr zu sich nehmen dürfen? So, so, das ist also Tatsache! Unglaublich, wie Sie gekämpft haben müssen, Mr. Shoultse. Na, dafür können Sie sich jetzt auch ein wenig ausruhen! Das ist recht! Vierzig Millionen Menschen müssen Durst leiden! Das ist ja einfach fabelhaft! Ja, in Amerika wird alles im großen Stil betrieben. – Aber was fangen denn die armen Durstigen an? Wird denn jeder eingesperrt, wenn er ein Glas Bier oder Wein trinkt? Vergeht er sich gegen das Gesetz, wenn er dies tut? – Nicht? – Aber wie hängt denn das zusammen? – Das T r i n k e n ist gestattet und wird nicht bestraft! Man verbietet nur den Verkauf, den Transport und das Fabrizieren von geistigen Getränken! Das sind ja geradezu diabolische Gesetze! – – Tantalusqualen! Man darf trinken, aber das edle Naß wird einem vorenthalten! Einfach ungeheuerlich! –

So, Sie glauben also, mein lieber Mr. Shoultse, daß Amerika die erste Nation ist, die versucht hat, den Alkohol auszurotten und sich so unsterbliche Verdienste um die ganze Menschheit zu erwerben!? – Da sind Sie im Irrtum. Bei den ältesten Völkern der Erde hat man schon Temperanz- und Abstinenzbewegungen entdeckt. Die Chinesen brüsten sich heute noch damit, den Krieg gegen den »Dämon« des Weins eröffnet zu haben. Und ich glaube ganz bestimmt daran. China sieht gerade danach aus. Im elften Jahrhundert vor Beginn unserer Zeitrechnung soll ein Kaiser in China alle

Weinstöcke in seinem Reiche haben ausreißen lassen. Die Priester in Persien und Indien haben schon lange vor Christi Geburt den Genuß des Weines verboten. Die Karthager hatten auch ein Weinverbot. – Ich selber habe die Spuren einer Temperanzbewegung in Pompeji entdeckt und werde vielleicht ein Traktätchen darüber schreiben. – Wie? – Verschiedene Sekten der Juden durften nichts trinken, ohne ihr Seelenheil zu gefährden. Noch heute erwarten die Mohammedaner und Buddhisten im Jenseits kolossale Schwierigkeiten, wenn sie zeitlebens einen edlen Tropfen nicht verabscheuen.

Die Prohibitionsepidemie in Amerika ist nichts als eine Wiederholung der orientalischen Sitte. Wirkliche Epidemien tauchen immer periodenweise auf. Das ist eine alte Geschichte. Es ist aber geradezu phänomenal, wie die Bewegung in den letzten fünf bis sechs Jahren um sich gegriffen hat. Vor dem amerikanischen Bürgerkriege 1861-64 dachten nur wenige Menschen daran, daß jedes geistige Getränk ohne Gnade und Barmherzigkeit vom Erdboden vertilgt werden müsse. Aber es entstanden allmählich die großen amerikanischen Brauereien und zugleich eine der häßlichsten Ausgeburten der anglo-amerikanischen Zivilisation, die »American Bar« oder »Saloon«, wie das Ausschanklokal für geistige Getränke gewöhnlich genannt wird. – Die »Bar« ist ein typisches Produkt des amerikanischen Alltaglebens. Mit der zunehmenden Rastlosigkeit in europäischen Ländern wird sie sich dort auch sehr bald einbürgern. Die Großstädte Europas erfreuen sich der »American Bar« bereits. Indessen wird in Europa die Bar wie auch alles andere Amerikanische falsch aufgefaßt und falsch dargestellt. Entweder aus Absicht oder aus Ignoranz. Meistens ist das letztere der Fall. Die europäische »American« Bar ist gewöhnlich nur eine Animierkneipe, was die amerikanische Bar gewöhnlich nicht ist. Das muß man dem Amerikaner lassen: in seiner Bar findet man keine Mädchen zur Bedienung, was in England und am Kontinent fast ausnahmslos der Fall ist. – Dennoch ist die amerikanische Bar ein entsetzlich abschreckender Ort. Nüchtern, inhaltslos, kalt. Ich glaube, einer schmutzigen, altrömischen *Taberna vinaria* haftete mehr Begeisterung und Liebenswürdigkeit an, wie dem feinsten amerikanischen »Saloon« mit allen seinen Spiegeln, Bildern, Lichtern und seiner Reinlichkeit. Die geschäftsmäßige Verabreichung des Trunkes, die Vorherrschaft scharfer geistiger Getränke, das unbedachtsame, hastige Hinuntergießen des starken Stoffes, die ganze Inhaltlosigkeit des Ortes, der nur daraufhin eingerichtet ist, möglichst große Quantitäten in möglichst kurzer Zeit umzusetzen, die Menge herumstehender, den Schanktisch belagernder Menschen, welche keine Zeit haben, ihren Trunk in Ruhe zu genießen und sich dazu niederzulassen, das alles macht die amerikanische Bar zu einem sehr wenig einladenden Ort. Der biedere Deutsche würde seine ganze Abneigung dagegen in dem einen urdeutschen Worte »ungemütlich« zusammenfassen. Ich stimme vollständig mit Ihnen, Herr Bischof, überein, wenn Sie den

»Saloon« nicht sehen können. Auch finde ich es gerechtfertigt, daß die Bundesregierung infolge des zunehmenden Umsatzes von geistigen Getränken den Verkauf von Alkohol in irgendwelcher Form an die Indianer verbot. Es ist viel in dieser Hinsicht gesündigt worden.

Warum aber dies drakonische Gesetz auf die vernünftige weiße Bevölkerung der Vereinigten Staaten erstreckt werden soll oder schon wurde, ist mir nicht verständlich. In den Neu-Englandstaaten, wo das puritanische Element besonders stark ist, wurde schon früh in einzelnen Gemeinden unter dem Druck der strengen Kirche der Ausschank von berauschenden Getränken magistratlich verboten. Aber dann kam der Staat Maine als erster, der für absolutes Verbot von Spirituosen innerhalb seiner Grenzen stimmte. Der starke Rum, der von Westindien nach Maine exportiert wurde und dort viel Unheil anrichtete, hat im Jahre 1846 Anlaß zu einem bittern Wahlkampf gegeben, der mit dem scheinbaren Sieg der Alkoholgegner endigte. Im Jahre 1851 trat darauf das Gesetz in Kraft, welches das Spirituosenverbot innerhalb des Staates Maine proklamierte. Das war der Anfang der Prohibition. Dem Beispiele folgten ein Jahr später die Nachbaarstaaten Massachusetts, Rhode Island und Vermont. Die beiden ersteren Staaten sahen jedoch sehr bald ein, wie wenig ratsam es für die Regierung sei, sich mit derartigen Gesetzen abzugeben, und sie überließen das Verbot des Ausschanks den örtlichen Behörden oder den Verwaltungen der Kreise, falls diese es wünschen sollten, den Alkohol aus ihrer Mitte zu verbannen. So entstanden die »*Local option*«- und »*County option*«-Gesetze. Jeder Gemeinde oder jedem »*County*« war es somit anheimgestellt, den Verbrauch von geistigen Getränken nach eigenem Gutdünken und Bedürfnis zu dulden, zu regeln oder zu unterdrücken. Die feigen Landesväter dachten sich dadurch aus der Verlegenheit zu helfen, gerieten aber nun in die Lage eines zärtlichen Familienvaters, der eine Prügelei zwischen seinen Sprößlingen nicht dämpfen kann, weil er nicht weiß, wer im Rechte ist, und aus Angst, er könnte den Unschuldigen züchtigen, die Buben den Streit unter sich entscheiden läßt und ein Auge dazu zudrückt. – Nicht wahr? –

So nahm die Geschichte ihren Anfang. Bald erging vom Lager der Temperänzler aus ein Ruf an die ganze amerikanische Nation zwecks Gründung und Organisation einer politischen Partei, deren Hauptbestreben die Unterdrückung der Fabrikation und des Verkaufs von geistigen Getränken in den gesamten Vereinigten Staaten bilden sollte. Man hatte nämlich eingesehen, daß die großen führenden politischen Parteien sich niemals für die Alkoholfrage interessieren würden. So wurden am 1. September 1869 in Chicago die Anti-Alkohol-Partei unter dem Namen »*National Prohibition Party*« von den Gesinnungsgenossen auf eigene Faust gegründet. Wenn aber in einem zivilisierten und politisch organisierten Lande eine neue Partei ihren neuen Ansichten und Zielen Raum und

Anerkennung verschaffen will, so muß sie Stimmen haben. Die Prohibitionisten wußten aber auch, ganz genau, daß sie bei vernünftig denkenden Männern mit ihren Ideen nicht durchdringen würden. – Bitte, Herr Bischof, lassen Sie mich weitererzählen. – Darum verschanzten sie sich hinter die Röcke der Weiber. In der ersten Nationalversammlung der neuen Partei am 22. Februar 1872 zu Columbus, Ohio, wurde von den Prohibitionisten der Entschluß gefaßt, für Frauenwahlrecht in den Vereinigten Staaten aufzutreten, da man dringend der weiblichen Stimmen in der Alkoholfrage bedurfte. Das ganze weibliche Element sollte hysterisch gemacht werden. Man begann die schrecklichen Verheerungen, die der »Teufel Alkohol« in den Familien anrichten soll, in den glühendsten Farben zu schildern.

In den darauffolgenden Jahren waren die Stimmresultate der neuen Partei alle noch sehr bescheiden. Sie wuchs nur mäßig. Den Prohibitionisten schien aber kein Gedanke zu schlecht zu sein, um sich neue Anhänger für ihre Partei zu verschaffen. Sie kitzelten die brennenden Fragen im amerikanischen Leben, wie die der Einwanderung, und suchten durch eine schäbige Politik der Beschränkung und Erschwerung der europäischen Einwanderung die öffentliche Aufmerksamkeit auf sich zu lenken und dadurch mehr Anhänger anzuwerben. Gleichfalls wurde die Forderung für das Frauenwahlrecht aufrecht erhalten.

Mit wechselndem Glück wuchs die neue Partei. In den letzten fünf Jahren jedoch hat sich eine wahre Panik des Prohibitionistenlagers bemächtigt. Seit dieser Zeit hat sich eine nervöse Tätigkeit entfaltet, so fieberhaft, daß man glauben sollte, der jüngste Tag sei nahe, um die Menschen für ihren Hang zum Alkohol zur Rechenschaft zu ziehen. Die verschiedenen großen Temperanzgesellschaften, fünf oder sechs an der Zahl, sowie eine unübersehbare Menge verschiedenster Sekten und Kirchengemeinden wurden plötzlich von Reue und Zerknirschung ergriffen und vereinigten sich zum Feldzug gegen ihre Sünden und die ihrer Mitmenschen. Dieses plötzliche, ruckartige Erwachen des nationalen Gewissens ist anscheinend ein ganz unerklärliches Phänomen. Aber alles hat seinen Grund. –

Die Gegner der Spirituosen hatten es nämlich vor zehn bis fünfzehn Jahren zustande gebracht, sich der Schulbücher zu bemächtigen. Im Laufe der Jahre wurden nun systematisch den Schulkindern Lügen und Verdrehungen der Wahrheit eingeimpft, indem man die Schulbücher mit prohibitionistischer Propaganda, mit Flüchen gegen den Alkohol anfüllte. Die Schulkinder sind nun inzwischen zum Teil oder ganz erwachsen und haben den Keim der engherzigen Lehren in sich aufgenommen, von deren Wirkungen sie sich nicht mehr befreien können. Sie sind in der Jugend geistig entmannt oder verstümmelt worden. Und bei jeder neuen Wahl tritt nun am

Ballotagekasten die geistige Impotenz drastisch zutage. – Bitte, bitte. – Der Same, der gesät wurde, trägt nun reiche Früchte.

Unendliche Massen von Papier wurden verschwendet, die der lesewütigen Frauenwelt alle Schrecken des Alkohols gratis und franko vor Augen führten. Schade um die Tannenwälder, welche zur Herstellung dieser Gebirge von Makulatur ihr unschuldiges Leben lassen mußten. Immer und immer wieder wurden dieselben bombastischen Reden, die alten abgedroschenen Phrasen und Kanzelweisheiten in echt melodramatischer Weise wiederholt und von hinten aus unsichtbaren Quellen gespeist und verstärkt. Jeder erdenkliche Tamtam, alle Heilsarmeemethoden, für die das Gemüt des Durchschnittsamerikaners so wunderbar empfänglich ist, wurden angewandt, die Gewohnheitssäufer zu Reue und Leid zu veranlassen und die simplen Herzen der Jugend von der Verwerflichkeit des Trinkens zu überzeugen. – Wie, ich sei ungerecht! – Ich kann der Prohibitionspartei leider kein einziges vernünftiges Argument nachrühmen, so gern ich es täte. Die ganze Kampagne besteht aus einer endlosen, hysterischen Rezitation absurdester Geschmacklosigkeiten, von einer hartnäckigen, teuflisch ausgerechneten Appelation an die Stupidität der biederen Landbevölkerung, die das größte Kontingent der amerikanischen Nation stellt. Kein Mittel schien der Partei zu stupide, zu lächerlich, zu lügnerisch zu sein, um die Stimme des ungebildeten Farmers zu erbetteln, zu erschmeicheln oder zu erdrohen, der nota bene noch durch die Abgabe seiner Stimme an die Prohibition seine Existenz untergräbt.

Der beliebte Gedanke und Ausgangspunkt der Prohibition nämlich, daß der Alkohol so viele traute Heime ruiniere, ist unvernünftig und grundfalsch. Aber dieser Gedanke wird gehegt und gepflegt und gemästet. Bis zur Überdrüssigkeit wird er dem Volke immer wieder aufgetischt. – Gewöhnlich ist es nicht der Mann, der als Trinker sein Heim zerstört, sondern es ist das Heim, welches den Mann zerstört und in die Wirtschaft jagt. – Die Anschuldigung, daß der Alkohol Armut schaffe, ist falsch. Es ist nachgewiesen, daß das jährliche Einkommen des amerikanischen Arbeiters durchschnittlich 768 Dollars und 54 Cents beträgt. Davon gibt er jährlich durchschnittlich 12 Dollars und 44 Cents für Spirituosen aus. Für Tabak bezahlt er fast genau so viel. Wenn die Nation verarmt, so ist es also nicht die Schuld des Alkohols. Da muß die Ursache in einem anderen Übel gesucht werden. Wenn die Heime der Menschen ruiniert werden, so geschieht dies einzig und allein durch die Menschen selber. Wenn ein Mensch herunter kommt, so ist es sein Naturell. Welchen Anteil hat der Alkohol an einem Menschen, der durch übermäßiges Trinken zugrunde geht!? Alkohol schafft nicht Wahnsinn – Wahnsinn sucht Alkohol.

Nach den Grundsätzen der Prohibition müßte man das Weib für nahezu alle Übel und Unglücke aller Zeiten und auf der ganzen Welt verantwortlich machen. Wir müßten das weibliche Geschlecht prinzipiell aus der Welt schaffen. Und die Frauen müßten das männliche Geschlecht auszurotten suchen.

Die Menschen müssen immer eine Art Sündenbock für ihre Leidenschaften und Sünden haben. Und wenn es auch nur eine dumme Ausrede ist. Sie richten andere auch meistens nur nach ihren eigenen Beschaffenheiten. Wenn ein Schwachkopf zum Beispiel unter dem Banne der Trunksucht oder irgendeines anderen Lasters steht, so setzt er von der ganzen übrigen Menschheit das gleiche voraus. Wenigstens glaubt er, die anderen müßten unter demselben Drucke stehen, die Leidenschaften müßten die gleiche Wirkung auf sie haben, die sie auf ihn ausüben. Es ist aber nur seine Unvernunft, die ihm solches einredet. Ein Säufer klagt nicht sich, sondern den Trunk an, ein Dieb nicht sich, sondern das verführerische Geld, das er nicht liegen lassen kann, ein Liebeskranker nicht sich, sondern die Leidenschaft, der er nicht widerstehen kann. Das alles ist Unvernunft. – Wenn ein Säufer sich gesteht: »Ja, ich bin schuldig, ich habe zu viel getrunken, ich will mich aber der Mäßigung befleißigen, weil ich nicht viel vertragen kann, und will denen, über die der Trunk keine Macht hat, den Genuß desselben nicht wegnehmen,« so erinnert diese Sprache an das, was wir in der menschlichen Gesellschaft gewöhnlich als Vernunft bezeichnen. Einem solchen Säufer ist vielleicht noch zu helfen. Er hat sich und die dämonische Gewalt seiner Leidenschaft erkannt. Wer aber weder sich noch die Gewalt seiner Leidenschaft kennt, der ist unrettbar verloren.

Warum hat die Prohibition fanatische und hysterische Frauenzimmer hervorgebracht, welche mit Äxten und gefährlichen Wurfgeschossen bewaffnet, unbehindert umherziehen und das Eigentum der Wirte, an deren Lokalen sie gerade vorbeikommen, willkürlich auf scheußliche Weise zerstören können? – Diese Megären werden von der Prohibition aufrechterhalten und als Heilige oder Heroinen dargestellt. Solche Glorifizierung steigt den armen, bedauerlichen Wesen natürlich derartig zu Kopfe, daß es des unsinnigen Scherbenmachens kein Ende gibt. Ein religiöser, orientalischer Fanatiker ist ein Amateur im Vergleich mit einem solchen Weibchen. Die Polizei sieht wunderbar gleichgültig zu, wenn die Axt, von einem frommen Stoßgebet oder einem heiligen Fluche begleitet, zwischen den zerbrechlichen Gläser- und Flaschenbestand der Wirte saust oder von wohlgedeckter Stellung auf der Straße aus in die ahnungslosen Spiegelscheiben des Lokals prasselt. Das liebe Publikum hat sein Vergnügen an solchen Freivorstellungen. Die Zeitungen bringen ihre verherrlichenden Bilder dazu. Überall, wo es Scherben gibt, reibt sich der Nachbar die Hände, wenn nur sein Eigentum unbeschädigt bleibt. – Und was sagen die Wirte zu ihren Feinden? – Haben sie bisher nicht stets einen wunderbaren Takt besessen, sich nicht an einer solchen Megäre zu vergreifen? Haben Sie nicht meistens stillschweigend den oft in die Hunderte gehenden Schaden getragen? –

Die irdische Rentabilität der Agitation gegen die wohlhabende Spirituosenindustrie ist unverkennbar. – – Bitte, bitte – ich bin noch nicht zu Ende ... – Jede Agitation ist profitabel und erfolgreich, wenn sie auf die Beschränktheit der Massen gemünzt ist. Hier ist sie doppelt erfolgreich. Die ganze Prohibitionsbewegung scheint im Grunde nichts anderes zu sein als eine unter dem Deckmantel der christlichen Liebe versteckte perpetuelle Schröpfung der wohlhabenden Brauereien und verwandten Interessenten. Weil eine derartige Operation im kolossalen Stil betrieben wird, ist sie zulässig. Große Räubereien werden staatlich und gesellschaftlich sanktioniert, denn man ist ihnen machtlos gegenüber. Außerdem sind sie rentabler wie die kleinen.

Die Spirituosen-Interessenten haben durch ihre anfängliche Untätigkeit und Sorglosigkeit bei der Abwehr ihrer Angreifer viel versäumt. Die leidige Brüderschaft, die viele Saloonwirte während der Wahlen mit den Tausenden und aber Tausenden von korrupten Politikern schließen, verleitet durch Aussichten auf gute Geschäfte von Seiten der betreffenden politischen Parteien und gutes Einvernehmen in bezug auf die Gesetzgebung, hat der Sache der Spirituosen-Interessenten auch viel bei dem gerecht denkenden Publikum geschadet. Denn die Saloons sind oft die Wiegen von korrupten, politischen Strohkönigen, stellen sich dadurch in sehr schlechtes Licht und haben manchen gegen sich erbittert, der sonst vielleicht nichts gegen ihr Dasein einzuwenden hätte. Diese Tatsache ist von den Prohibitionisten gleichfalls mehr als reichlich breitgetreten und ausgebeutet worden, denn eine solche Unvorsichtigkeit kommt ihnen gut zustatten.

Wie wackelig aber im Grunde das Gebäude der Prohibition steht, beweist die fieberhafte, hysterische Note, die aus allen Stimmen der Antialkoholiker herausschrillt. Die skrupellosen Übertreibungen und Verdrehungen von Tatsachen, der nervöse, neurasthenische Ton ihrer Sprache erinnert wirklich an einen Bösewicht, der seine Schliche und Absichten um jeden Preis durchsetzen will, oder an einen eigensinnigen, hartnäckigen Dummkopf, der einen im Eifer begangenen Unsinn eingesehen hat, denselben aber mit allen ihm zu Gebote stehenden Mitteln zu verfechten und aufrechtzuerhalten sucht. Die Prohibitionisten haben nicht den geringsten Respekt vor der Gerechtigkeit, der sie geradezu ins Gesicht schlagen. Der unberechenbare Materialschaden, den sie der Nation zufügen, gilt ihnen nichts. Die Frage, wie es um die hochgepriesene und nur noch künstlich erhaltene Freiheit im Lande stehe, sobald ihre Ansichten durchgesetzt werden, beantworten sie nicht.

Die Sprache der Spirituosen-Interessenten ist meistens eine durchaus ruhige und vernünftige. Sie steht wenigstens in wohltuendem Kontrast zu den leidenschaftlichen Ausbrüchen ihrer Gegner. Sie widerlegt ruhig und sachlich die vielen Übertreibungen, entmäntelt und beweist klar und deutlich mit Hilfe von statistischen Ziffern die Unwahrheiten der Anschuldigungen und wehrt die Angriffe sachgemäß ab. Ein solches Verhalten sollte zum mindesten die rapide Verbreitung der Prohibition doch etwas aufhalten und die vernünftigeren Bürger zum Nachdenken veranlassen.

Aber sonderbarerweise gewinnt die Prohibition immer mehr Grund. Auf mehr als zwei Drittel des Gebietes der ganzen Nation ist das Haus, wo es etwas zu trinken gibt, dem Erdboden gleich gemacht worden; auf dem letzten Rest des Landes ist es von gierigen Feinden belagert, die auf seinen Sturz warten. Acht oder neun Staaten der Union sind jetzt schon vollständig »trocken« gelegt, mit anderen Worten: der Verkauf, die Fabrikation, der Versand von geistigen Getränken in diesen großen, weiten Gebieten ist zu einer verbrecherischen Handlung gestempelt worden und wird gerichtlich verfolgt. Trinken darf man in diesen trockenen Staaten, denn das T r i n k e n ist nicht als verbrecherische und strafwürdige Handlung im Kodex erwähnt worden. O ihr bösen Prohibitionisten! – Wenn ein Hausmütterchen sich aus Heidelbeeren, Johannisbeeren oder Trauben einen Saft bereitet, denselben auf Flaschen zieht und gären läßt, so macht es sich damit zur Verbrecherin! Der Prohibitionist, der sich auf irgendeine Weise seinen Whisky verschafft und ihn heimlich genießt, ist unschuldig wie ein neugeborenes Lamm!!

Die Musterstaaten, welche ihren Millionen von Einwohnern den Genuß von geistigen Getränken irgendwelcher Art vollständig entzogen haben, welche die einschlägigen Industrien und Interessenten als Verbrecher gebrandmarkt und mit Gewalt ihre Existenz und Lebensunterhalt zerstört und die Unglücklichen ihres Heimatbodens verwiesen haben, ohne ihnen ein Äquivalent für den zugefügten Schaden zu bieten, sind in chronologischer Ordnung: Maine, Kansas, North Dakota, Georgia, Oklahoma, Alabama, Mississippi, North Carolina, Alaska, und nun reiht sich auch noch der Staat Tennessee der würdigen Galerie an. Rund fünfzehn Millionen Menschen wohnen in diesen Staaten. Zu dieser Zahl von Tranklosen treten noch die Eingeborenen und Passanten der einzelnen Landbezirke, Städte und Ortschaften der anderen Staaten hinzu, denen durch die »*Local option*«-Gesetze der stärkende Trunk entzogen worden ist. Die Zahl dieser unglücklichen vertrockneten Länderstriche betrug Ende 1908 fünfhunderteinunddreißig und die Zahl der bedauernswerten Städte und Ortschaften im ganzen Lande (außerhalb der Prohibitionsstaaten, wohlverstanden) war zur gleichen Zeit zehntausendeinhundertzweiundfünfzig. Darunter befinden sich dreihundert Städte mit je fünftausend Seelen und neunzig Städte mit je zehntausend

Seelen und mehr. Worchester in Massachusetts, eine Stadt von zirka einhundertfünfzigtausend Einwohnern, ist total »trocken«. Die ganz genaue Summe der Einwohner der von der Prohibition gedeckten Bezirke im ganzen Verbände der Nation läßt sich schwer feststellen. Man beziffert diese Summe auf zirka fünfundzwanzig Millionen Menschen. Demnach wären zusammen mit den Einwohnern der Prohibitionsstaaten ungefähr vierzig Millionen Menschen, also fast die Hälfte der Einwohner der Vereinigten Staaten auf zwei Drittel der Fläche des Landes unter dem Zwange der Prohibition.

Die Agitation wird wütend weiterbetrieben. In neun weiteren Staaten tobt der Kampf für die gänzliche Vertilgung der geistigen Getränke, selbstverständlich auch Vernichtung jeder Möglichkeit und Mittel zum Ersatz derselben. Und es sieht ganz danach aus, als ob die Gegner des Alkohols in den nächsten Jahren siegreich daraus hervorgehen würden. Ist es nicht sonderbar, daß die Prohibition erst wirklich Fuß faßte, als die Spirituosen-Interessenten im Jahre 1904 anfingen, ihre Sache ernstlich zu verteidigen? Seit diesen fünf Jahren gewann die Prohibition fünf resp. sechs Staaten mit zwölf Millionen Einwohnern. Außerdem gewann sie in anderen Staaten durch *Local option*-Gesetze einhundertundfünfzig neue Städte, Hunderte von *Counties* und Tausende von neuen Ortschaften und Dörfern. Im ganzen rund zwanzig Millionen Menschen, also in fünf Jahren genau so viel, wie in dem vergangenen halben Jahrhundert ihres früheren Bestehens zusammen. Erst durch die Verteidigung der Spirituosen-Interessenten hat der Kampf begonnen und die Aufmerksamkeit der Presse auf sich gelenkt, welche mit bemerkenswertem Instinkt die wachsende Zahl der Prohibitionisten erkannte und natürlich in deren Lager überging, in das Schlachtgeheul mit einstimmte und die bahnbrechenden Siege verherrlichte. Denn man hält sich gern mit der Übermacht. – Die Zeitungen sind Blätter. Die Blätter drehen sich je nachdem, wie der Wind geht. Geht der populäre Wind nach Norden, so zeigen sie mit ihren Spitzen nach Norden. – Die Zeitungen sind die Wetterfahnen der Zeit. Sonst gar nichts. Nichts mehr und nichts weniger. Die Nützlichkeit einer Wetterfahne stellen wir dabei nicht in Frage. Es scheint aber doch, als ob die größten Gedanken zu einer Zeit geboren wurden, da es noch keine Zeitungen gab. – Da nun der populäre Wind durch die Aktivität der Spirituosenhändler entfacht, nach Prohibition blies, so wandten sich die Zeitungen mit. Tritt eine Reaktion ein, welche, nebenbei gesagt, unausbleiblich ist, so werden die Zeitungen d i e s e unterstützen.

Die wirtschaftlich und moralisch verderblichen Spuren der Prohibition machen sich schon allenthalben bemerkbar. Nicht nur im Staate Maine, wo durch mehr als fünfzigjähriges Bestehen der Prohibition die Gesetze des Landes zu einer elenden, lächerlichen Farce geworden sind und von keinem Menschen heilig gehalten, sondern auf alle erdenkliche Weise heimlich und öffentlich umgangen und übertreten werden, sondern auch in den jüngeren Prohibitionsstaaten wird das Ansehen des Gesetzes und des gesetzgebenden Körpers in den Schmutz gezogen. Wie kommt es, daß die Trunkenheit in den Prohibitionsstaaten zugenommen hat, seit man den Einwohnern die Gelegenheit zum Trinken nahm? – Die Bürger wissen sich schon ihren Trunk zu verschaffen. Daß sie dies aber wie die Diebe bei Nacht tun müssen, ist eine Schande. Es ist unglaublich, wie erfindungsreich die bedauernswerten Bürger der trockenen Staaten werden, wenn es gilt, ihren Durst zu löschen. – Die Apotheken, welche jetzt Spirituosen als »Medizin« verkaufen, machen Bombengeschäfte, denn die »Medizin« darf in solchen Fällen nur in Literflaschen verkauft werden. Überall werden Gesöffe ausgeschänkt, die man für »alkoholfrei« erklärt, und wenn man sie näher untersucht, sind sie nichts als purer Whisky oder Bier, manchmal eine geradezu gesundheitsschädliche Mischung von allerhand scharfen Flüssigkeiten. – Freunde und Bekannte handeln frei ohne Lizenz mit Spirituosen untereinander. Die Gesetzgebung und der Staat ist machtlos. Sie kennen doch die genialen Methoden, die vor kurzem im Staate Georgia entdeckt wurden. Wer sich eine Flasche Whisky verschaffen wollte, ging in ein Hotel und verlangte ein Zimmer. Je nach dem Preise, den er bezahlte, fand der Gast auf dem Tische in seinem Zimmer eine Flasche, welche den ersehnten Trunk – Whisky, Wein, Bier, oder was es gerade war, enthielt. Diese Flasche steckte der Gast in sein Köfferchen, »reiste« sofort wieder ab, und das Zimmer wurde gleich darauf neu »besetzt«. So kam es vor, daß ein und dasselbe Zimmer oft hunderte Male an einem Tage »besetzt« wurde. Die Trunkenheit nahm überhand, das Gesetz wurde öffentlich verhöhnt. – Ein eifriger, leitender Prohibitionist war hinter diese Schliche gekommen und »mietete« sich auch einmal ein Zimmer in einem Hause, wo er nicht bekannt war, zwecks Überführung des Wirtes. In der gewohnten Weise eignete sich der Fromme die verhängnisvolle Flasche an, um sie bei der Anklage als Korpusdelikti zu benutzen. Der Wirt aber strengte ganz kaltblütig eine Gegenklage wegen Diebstahls gegen den eifrigen Spirituosenfeind an, der nicht das Recht habe, Gegenstände, welche sich in Hotelzimmern befinden, daraus zu entwenden. Und unter allgemeinem Gaudium und Gegröle aus tausend feuchten Kehlen wurde der Ärmste als ein gemeiner Dieb verdonnert. – Dem Wirte konnte nicht nachgewiesen werden, daß er Spirituosen verkaufte. Er ging frei aus.

Solche Komödien in verschiedenster Art und Weise kommen täglich vor. Es ist schon nicht mehr amüsant, es ist lächerlich. – Man denke sich einen Soldaten ohne Bier oder Wein! – In Amerika, wo bekanntlich alles möglich ist, ist auch solch ein undenkbarer Vaterlandsverteidiger möglich. Seit einigen Jahren hat man sämtliche Kantinen in der amerikanischen Armee abgeschafft. Das Resultat ist, daß im Februar 1909 ein Armeebefehl erlassen wurde, wonach alle Flaschen, Behälter und Gefäße in der Armee, welche denaturierten Spiritus enthalten, mit der abschreckenden Aufschrift »Gift« versehen werden müssen, da die Soldaten in vielen Fällen, um ihren Durst zu stillen, zur Spiritusflasche gegriffen hatten, in dem guten Glauben, Spiritus habe nur die wünschenswerten Eigenschaften eines starken Whiskys. Natürlich kamen viele Erkrankungen und auch Todesfälle vor.

Die Prohibitionisten haben sich auch eine unpassende Zeit zur Purifikation des Menschengeschlechtes gewählt, welche auf Kosten vieler Tausender von ehrlichen Arbeitern stattfinden soll. Gerade zu unserer heutigen Zeit, wo Arbeitsmangel und Stellenlosigkeit in allen Industrien überhand genommen hat, gilt es, alte Industrien, die seit Jahrtausenden existieren, nicht mehr zu zerstören, als bisher schon durch die unabwendbare Ebbe und Flut der Zeit geschehen ist, sondern es gilt, neue Industrien ins Leben zu rufen, die den Millionen von hungernden Familien in allen zivilisierten Ländern Brot geben.

Ich glaube nicht, daß das amerikanische Volk der Arbeiter sich mit der mutwilligen Vergrößerung seines an sich schon bedenklichen Notstandes einverstanden erklären wird. Die direkten und indirekten ökonomischen Verluste, die die Prohibition mit sich bringt, sind ganz unberechenbar. Das ganze immense Kapital der Brauerei-, Destillations- und Weinbauindustrien in Amerika steht auf dem Spiel; zahllose, davon abhängige Industrien und Gewerbe sind bedroht. Was würde die Landwirtschaft allein an Hopfen, Gerste usw. jährlich verlieren! Im Staate Kentucky allein, wo man gegenwärtig auf absolute Abschaffung der Spirituosen drängt, steht ein Kapital von 192 Millionen Dollars auf dem Spiel, welches durch den Sieg der Prohibition rettungslos verloren gehen würde.

So hat die Prohibition seit mehr als einem halben Jahrhundert ihres Bestehens genau das Gegenteil von dem bewirkt, was sie versprach. Sie hat weder die Verbrechen vermindert, noch die korrupten Politiker vertrieben. Sie hat auch nicht die Trunkenheit abgeschafft, sondern dieselbe indirekt gefördert. Sie hat die Bürger aber zu Sklaven erniedrigt und auf die gemeinste Stufe gestellt, welche ein zivilisiertes Volk einnehmen kann. Sie hat sie zur Menschenfurcht und Heuchelei gezwungen. Sie hat den ehrlichen Bürger, der eines Glases Bier oder Wein zu seiner Erholung bedarf oder dessen nicht entbehren will, zur Überschreitung und Mißachtung der Gesetze des Landes veranlaßt.

Jawohl, Herr Bischof, die Kirchen des Landes haben viel zur Förderung der Sünden beigetragen. Aber darum will ich gerade die Stellungnahme der römisch-katholischen Kirche zum Trinkverbot lobend hervorheben. Seit ihren ersten Zeiten hat diese Kirche (von einigen einzelnen Fällen abgesehen) einen versöhnlichen Standpunkt gegen die uralte Frage eingenommen und nur Mäßigung anempfohlen. Das wirklich großzügige und weitsichtige Urteil, welches der würdige Repräsentant der katholischen Kirche in Amerika, der Kardinal Gibbons, über die wachsende Prohibition vor einigen Jahren abgab, verdient verewigt zu werden. Es hat seinerzeit dem Kardinal volle Anerkennung und Beifall der vernünftigen Welt zu beiden Seiten des Atlantiks eingebracht. – Was aber war die Folge? – Sieg der Dummheit der Prohibition selbst in der Diözese des Kardinals.

Die Aussichten der Anhänger des Bacchus in Amerika sind also vor der Hand sehr trübe. Blinde, Enttäuschte, Glücksritter, Neugierige, Ignoranten von europäischer Herkunft haben in unermeßlichen Schwärmen die Küsten Amerikas bestiegen und sich bald wieder abgewandt, als sie das Gold nicht auf der Straße liegen sahen. Diese Leute haben es auf dem Gewissen, daß Amerika bei uns als ein entsetzlich nüchternes Land, ohne Inspiration, ohne geistiges Leben und ohne Ideale, weil nur auf Gelderwerb bedacht, verschrien ist. – Aber Amerika hat Ideale. Der Beweis für das Vorhandensein von Idealen in kruder Form ist die Prohibition selber. Die junge Riesennation muß ihre Kämpfe, muß ihre Zweifel und Torheiten der Jugend durchmachen. Sie hat alle Zeichen des jungen Idealisten an sich. Sie torkelt von einer Maxime in die andere. Der junge Idealist wird alles über den Haufen werfen, wenn es gilt, seine Ideale zu verfechten. Am nächsten Tage wird er die teuer erworbenen Ideale ablegen, wie man einen Rock ablegt, der zu eng geworden ist ... Der Rock mag noch schön und neu sein, aber der Jüngling freut sich über sein Wachstum und holt sich einen passenden Rock. Diese Häutungen muß jeder Mensch und folglich auch jede Nation in ihrer Jugend durchmachen.

Eine der amüsantesten amerikanischen Jugendtorheiten ist der Superlativ. Freilich, für uns Europäer etwas unangenehm, ja widerlich. Manch alter Griesgram mag im Superlativ eine gefährliche Krankheit sehen, aber wir, die wir jung bleiben wollen, wollen uns darüber köstlich freuen! Die amerikanischen Superlative sind bekannt: das reichste, das größte, das höchste, das schnellste, das längste in der Welt. So heißt es, wenn von irgend etwas die Rede ist. Der Amerikaner spricht im Superlativ, lebt, schläft, träumt darin: er besitzt ihn, sucht ihn, verlangt ihn, betet ihn an. – Sein Land hat ihn in Ausdehnung, in Naturschönheit, in natürlichem Reichtum, ja selbst im Wetter und im Klima. So schafft sich das Volk seinen Superlativ im Verkehrswesen, im Geschäftsleben, in der Arbeit, in Gebäuden, im Reichtum und in Armut, in Religionen und Lastern, in Bigotterien und Gemütsroheiten, in Verbrechen und in öffentlichen Wohltaten.

So wenden auch die Prohibitionisten den Superlativ in der Anklage gegen Bacchus und seine Freuden an. – Aber Bacchus, der Milde, wird dem jungen Amerika verzeihen. An der Hand der Geschichte wird er Amerika leiten und ihm zeigen, was er aus seinem Feinde gemacht hat.

Tausend Jahre vor Christi Geburt tobte ein kaiserlicher Sohn des Himmlischen Reiches der Mitte gegen die Macht des Weines. Er ließ alle Weinstöcke entwurzeln. Wo ist der Kaiser jetzt? Tot, sehr, sehr lange tot. Die Reben blühen noch immer. So sehr tot ist die armselige, bezopfte Majestät, daß man schon gar nicht mehr weiß, welcher Dynastie sie angehörte. Die Reben blühen weiter. Tausend persische Fakire und Pfaffen grölten in der Mitte des elften Jahrhunderts die verderbliche Macht des Weines an. Als Gegengabe schenkte uns Persien zur selbigen Zeit einen einzigen Omar – Omar Chajjam. – Das Lachen eines einzigen Omars war tausendmal wuchtiger als das Gezeter und Geheul von tausend Derwischen und Priestern zusammen. Alle tausend Schreihälse sind tot. Sehr, sehr lange tot. Man kennt ihre Namen gar nicht. Man hat sie nie gekannt. Und nie kennen wollen. – Omar lebt weiter. Seine Rubaiyat, sein Lachen macht heute noch alles Gezeter stumm. –

Was ist aus Indien, dem uralten Lande der Wunder, der tiefsten Denker, der jungfräulich herrlichen Poesie geworden? Was ist Arabien und die anderen Länder, denen Buddha und Mohammed den Wein verbot? Unzählige Beispiele wird Bacchus bringen, wo er seine Gegner in die Lächerlichkeit zog, sie dem Spott der Welt preisgab. Er wird die Dichter und Denker aller Zeiten und aller Völker kommen lassen, um Zeugnis für ihn abzulegen. Sollte ihm dann noch die Tür gewiesen werden, so wird er sich nicht darob grämen. Dann wird er ruhig das Land verlassen und es meiden. Und wo er auszieht, da zieht orientalische Apathie, Trägheit und Lasterhaftigkeit ein und legt sich wie ein böser Traum auf das Gemüt des Volkes. – Dann wird die Statue der Freiheit die größte Lüge und Karikatur, die jemals von den Menschen errichtet wurde. Sie wird dann zum verlockenden Aushängeschild an der Tür zum Despotismus des Pöbels, der Plutokratie, der Pfaffenwirtschaft und Heuchelei.

Ich weiß, der wirkliche Amerikaner ist mit solchen Zuständen nicht einverstanden. Was kann aber die vernünftige Minderheit gegen die blinde Mehrheit machen? Die Heiligkeit des Gesetzes darf nicht verletzt, nicht in Frage gestellt werden. Die Heiligkeit des Gesetzes hat nichts zu tun mit dem Blödsinn, den das Gesetz oft vertritt, fördert und beschützt. Wenn ein Unwürdiger die Priesterweihe erhält, so ist nicht die Weihe entehrt, sondern der Unwürdige selber. Wenn das Gesetz einen Blödsinn sanktioniert, so ist nicht das Gesetz anzugreifen, sondern der Blödsinn. Ein Untertan, geschmückt mit dem Purpur und den Regalien des Königs, darf sich höchstens in einer komischen Oper sehen lassen. Wenn er sich aber ernst nimmt, so kann man ihn mit gutem Gewissen für geistesgestört halten und ihn einsperren.

So kann man auch den Blödsinn in das würdige Gewand des Gesetzes kleiden, aber er wird immer ein Blödsinn bleiben. Daß er so in monumentalster Weise angebetet wird, daß Millionen und Abermillionen vor ihm auf die Knie sinken, ändert gleichfalls nichts an der Tatsache, daß er ein Blödsinn ist.

Mit der Autorität der Stimmenmehrheit war es von jeher, überall und zu allen Zeiten eine eigenartige Sache. In einem Schwarm von Spatzen hat eine Nachtigall nichts zu sagen. Wer unter den Wölfen ist, muß mit ihnen heulen. In Rom tut man, was die Römer tun. Und in Amerika bei der Übermacht der Prohibitionisten muß man tun, was diese Leute tun: nämlich im geheimen trinken oder Kokain nehmen und fromm drein schauen. Aber die Heiligkeit des Gesetzes ist unantastbar. – Bevor ich mich aber hiermit einverstanden erklärte, würde ich mich betrübt von Amerika abwenden und das schöne große Land betrauern, das dem Schicksale Indiens und Arabiens entgegengehen soll. Ich würde mich nicht wohl fühlen in einem Lande, wo man sich an einem toten Sonntage Inspiration aus Gefrorenem und Limonaden mit Strohhalmen in die öden, müden Schädel einsaugt und sich einen Sodawasserenthusiasmus antrinkt, damit man wieder mutig den Stürmen des mühevollen Lebens am Montag entgegentreten kann. Nein, wenn ich an der Tafel und beim Wein sitze, dann fühle ich Erdgeborener mich den ewigen Göttern gleich und will nichts, aber auch absolut gar nichts verachten und entbehren, das die schöne Erde mir bietet, wenn ich es haben und in schöner Freude genießen kann. – Und mein Kellner ist dann mein Ganymedes, und mag er noch so verzweifelt irdisch drein- und ausschauen. Dann will ich seine und die eigene Weltlichkeit vergessen. – Aber vierzig Millionen Menschen ohne einen Tropfen Wein! – Ein schallendes, anakreontisches Gelächter dafür! – – Nun, Herr Bischof? – –

So!? – Hm ... Warum ich nicht lache, warum ich plötzlich so ernst dreinschaue? – Eingesehen? – Nein, gar nichts habe ich eingesehen! Aber hör' mich an, alter Freund! – Ich habe dir noch etwas zu sagen. – Du zitterst! – –! – Ja – du tust mir leid! – – Bitte, laß mich reden! Nur noch ein paar vernünftige Worte will ich zu dir sprechen: – – Bitte, laß mich reden, sag' ich! Nimm doch noch einmal deine frühere Vernunft zusammen. Und dann will ich dich hören, was du zu sagen hast. – Also du behauptest, das Ausschänken von Spirituosen hat einen verderblichen Einfluß auf das Seelenleben des Kellners! – Mein Kellner macht sich zum Mitschuldigen an meinen Sünden, am Untergang der Säufer und der Schlemmer! – Das sagst du mir!? Nun höre, was ich dir zu sagen habe:

Mögen fromme Menschen, die sich um das Seelenheil anderer bemühen, ihrem lieben Herrgott danken, daß sie nicht so sind wie der Kellner, der seine Kräfte in die Dienste des entsetzlichen Dämons Alkohol stellt; mögen die frommen Leute ihm sein Brot abnehmen; mögen sie ihn in Grund und Boden verdammen, über diesen Fluch, über sein Unglück hilft die Philosophie den freundlichen Ganymed hinweg. Muß der Soldat nicht, durch die Umstände gezwungen, Menschen töten, die er niemals zuvor gesehen hat, Menschen, die ihm nicht das geringste Leid zugefügt haben? – Und je mehr er von diesen unschuldigen Menschen abmordet, um so ein besserer Soldat ist er! – Man wird mir doch nicht sagen wollen, daß ein Soldat mit Freude, Mut und Tapferkeit zur Schlacht auszieht! Ein solcher Soldat wäre doch eine wahre Bestie. – Nein, es ist die Furcht und der Fluch der Notwendigkeit, welche die Kugeln aus den Läufen heraustreibt. Es ist die selbstgemachte Notwendigkeit, welche die Menschheit zu solcher Sklaverei erniedrigt, die Notwendigkeit, welche dich und mich und auch den Kellner macht. Darum, je mehr Alkohol der Kellner verkauft, um so ein besserer Kellner ist er und folglich ein um so besseres Mitglied der menschlichen Gesellschaft. – Welch eine Jammergestalt von einem Soldaten, der in die Luft schießt aus Furcht, er könnte dem unschuldigen Menschen, den er abmurksen soll, ein Leid zufügen. Welch ein miserabler Kellner, der nicht einschenkt aus Furcht um das Seelenheil des Gastes!

Darum drauf los, ihr Jünglinge, die ihr Soldaten und Kellner spielen müßt! Laßt die Gewehre und die Pfropfen knallen, was das Zeug halten kann! Macht so viele Feindes- und Bierleichen, wie ihr könnt! Dann habt ihr eure Pflicht getan! – Darum drauf los, ihr Schriftsteller und Theologen, ihr Künstler und Juristen, drauf los alle ihr, die ihr im Namen unserer Zivilisation lügen, betrügen, heucheln, schön tun, rauben, morden, stehlen, plündern, faulenzen, euch wegwerfen müßt! Und wer müßte es nicht unter euch zivilisierten Menschen!? – Selbst der Unschuldigste unter euch, der Rentier, sündigt. Er faulenzt auf Kosten des Gemeinwohls. Wer unter euch frei von Schuld ist, der mag einen Stein aufheben und die Flasche in des Kellners Hand zertrümmern!

Die Sauferei und Schlemmerei verabscheuen die guten Kellner und Wirte ebensosehr wie ihre Antipoden, die Prohibitionisten. Vielleicht noch etwas mehr als diese. – Denn sie sind es, die den Schmutz wegräumen müssen; sie sind es, die die Schlemmer in ihrer tiefsten Erniedrigung sehen. Diese sehen sich nicht selber. Sie schlafen den tiefen, traumlosen Schlaf, den die Erinnyen bewachen. – Niemand weiß besser, was Trunkenheit ist, als der Kellner, niemand weiß besser, was der Tod ist, als die Totengräber. Wer es nicht glaubt, befrage Shakespeare.

Wenn die Menschen aus allem, was sie sehen, Lehren für sich und ihr Leben zögen, so stünde vieles besser um sie. Wenn die Kellner dies täten, so würde aus ihnen ein gewaltiges Geschlecht entstehen, wie die Welt noch keines gekannt hat, dagegen sich die größten Satyriker als armselige Kläffer verkriechen müßten. Sie würden stärker und machtvoller werden als die biblischen Propheten, die beim Anblick eines versumpften Volkes nichts als weinen oder schlechtes Wetter prophezeien konnten. Jerusalem, Babylon, Ninive, wieviel Gutes müßt ihr noch in euch geborgen haben, da man noch

Lamentationen und Tränen an euch verschwendete! – Es werden aber diejenigen kommen, die nicht predigen, nicht weinen und nicht prophezeien, sondern nur schauen, mit kalten, ruhigen Augen schauen, darinnen alles Mitleid erstarrt ist, starke Geister, die das Gift den Schwächlingen reichen und den Trunkenen zuflüstern: »Trinkt, trinkt und lebt euch tot! – Wir wollen allein sein! Uns gehört die Erde und das Leben, uns, den Gesunden und Starken!« – Und allmählich wird die Macht der Erde in die Hände dieser kalten, starken Menschen übergehen, sie werden die Herrscher und die Selbstbeherrscher sein. Ich nenne das soziale Chirurgie und Okulation des Baumes des Lebens.

Die Menschen haben aber noch immer nicht sehen gelernt. Und da die Kellner eben auch nicht mehr als Menschen von heute sind, so tun sie eben auch nicht mehr als andere Menschen tun und ziehen keine Lehren für sich aus dem Leben der anderen. So geht der ganze Wert des Bösen an ihnen verloren. Und er verwandelt sich, wie immer, zur bösen Macht, die sich auf alle ausnahmslos erstreckt.

Darum schmähe nicht, mein Freund! Fürchte dich, ekle dich aber auch nicht vor dem Laster. Schau ihm kalt und ruhig in das triefende Auge, wie ein Arzt die eiternde Wunde betrachtet. Und es wird scheu vor dir zurückweichen. Denn selbst das Laster hat seine Scham, wenn es sich durchschaut fühlt. Dann wird es zusammenschrumpfen wie eine leere, elende Bagatelle, der du einen Fußtritt versetzest. Das schleimige Lächeln in seinem Gesichte wird zu hoffnungsloser Traurigkeit erstarren, erfrieren; es wird nicht wagen, um Vergebung zu winseln oder dich berühren. Es wird von dir lassen, denn es hält dich für einen Gott oder einen Teufel, und keinen von beiden liebt es. Nur unter den erdgeborenen Menschen sucht es seine Opfer. Ein wildes Tier ist's, das du im Auge behalten mußt, greifst du es an, fürchtest du dich oder kehrst du ihm den Rücken, so springt es auf dich. Bedenke: Jeder Angriff, jede Abwehr ist ein Zeichen von Hochachtung.

Nicht Furcht soll dich stark machen! Keine Gottesfurcht soll dich verhärten, keine Menschenfurcht soll dich zum Feigling erniedrigen, soll dich vom Laster fernhalten. Du sollst in das Laster hineingehen, um aus ihm wieder hervorzugehen. Die Furcht vor dir selber allein soll dich reinigen und auferstehen lassen, Phönix! – Und laß nie deine Wangen um das Heil anderer bleichen. Wo es sein muß, da schau ruhig der Vernichtung zu. Laß zugrunde gehen, was dazu bestimmt ist. Denn du verschwendest dich, wenn du einen Finger rührst, zu helfen. Es gibt große, übermenschliche Mächte, die nichts zugrunde gehen lassen. Du hast nicht das Recht, einzugreifen in fremde Seelenwelten. Laß jede Welt ihrem Frühling und ihrem Winter entgegengehen. –

Darum verdamme nicht zu schnell; es möchte dich vielleicht später reuen. Nicht nur der Kellner wird verführt und berauscht von dem wogenden Getriebe des Lebens. Es liegt in der menschlichen Natur, von der Menge und dem Geiste der Zeit mitgerissen zu werden. Niemand von uns kann sich ganz von diesen Fesseln befreien. Das einzelne Individuum ist machtlos. Nur der ganz Starke, der Seher, der die Schalheit, das Hohle des vorübergehenden Treibens erkennt und der ruhig verachtet, was sich ihm aufdrängt, weil er genug mit sich selber zu schaffen hat, wird bleiben. Alle anderen verschwinden halt- und rettungslos im großen Strudel des Daseins. Hier treiben sie hin und her, bis sie untergehen. Hier erstickt das moderne Fatzkentum, hinter dessen hohlem Lachen und Überlegenheit sich eine erschütternde Tragik verbirgt, welche die Schwester der Nacht, der Dummheit ist. Hier wanken die Trunkenbolde, nicht voll vom Weine des Lebens, sondern trunken vom billigen Fusel der Gemeinheit, grausige Flüche lallend. Hier sammeln sich die müden Veteranen, zerlumpt, krüppelig, die Geschlagenen, die Entlaufenen, die Betrogenen; krank, gebrochen, elend, dämmern sie in der Sonne dahin. Die Schlottergestalten, Skelette, Galgenvögel, faule Schwämme, Zerrbilder Gottes, Tuberkulösen, die aschigen Kinder des Rinnsteins, grauenhaften Nachtschatten der Großstadt, stotternd, zitternd, vagen Zielen zustrebend, die Bacchanten der Gosse, grauhaarige Vagranten, vibrierend nach Schmutz, sich ins eigene Elend wühlend, im Genuß der eigenen Gerüche zitternd, die grimmen Masken herzzerreißender Komödien, die nächtigen Kloakengeschöpfe einer lächerlichen Tragödie, die Halbgebildeten, die Halbwissenden, welche die Wonnen des Lebens kennen, ohne Gewalt darüber zu haben, die Ohnmächtigen, die Verzweifelten. Müde, schläfrig brechen sie zusammen, bis der Fußtritt des Polizisten sie weckt. – Und draußen, freudig, daß es Platz gibt, schieben sich die jungen Kolonnen mit Jubelgeschrei vor in die Gefechtslinie. Immer neu werden die Lücken von den nie endenwollenden Reserven gefüllt; immer neu schlürft sie der unersättliche Rachen hinunter, immer neu speit er sie wieder aus, und geschlagen, verwundet, gebrochen, befleckt kriechen die Gestalten aus dem Feuer in die Dunkelheit. Die Parkbankgarnitur! Die Leierkastenkomödianten! Die Zierden der Stadt! Die Trophäen der Zivilisation! Preise des Lebens! Überproduzierte – Unterentwickelte – Lemuren – Halbmenschen – quoi! –

Und die Tragikomödie des Kellnerlebens besteht in diesem einen Gedanken: Es ist nichts Großes, Gewaltiges, das den Kellner bedroht und oft zermalmt. Kein Grubenunglück, keine Dampfkesselexplosionen, keine tobende See, kein brüllendes Feuer. Das Lächerliche, Oberflächliche, die Bagatelle, die Halbeleganz, die Halbbildung, das alles bemächtigt sich seiner Gestalt, sucht sich darin zu verkörpern, darin zu leben. Die Mühle der Kleinigkeit reibt ihn langsam auf, die Mühle unseres modernen Lebens. Sie zerkleinert die hehren Schmerzen der Menschenbrust langsam, damit das, was wir anfangs für einen heiligen Funken göttlicher Gewalt hielten, morgen zu einem lächerlichen Quark wird. Dies, dünkt mich, ist schlimmer und gefährlicher, als in Kohlenbergwerken sich die Lungen mit Staub anzufüllen oder in Bleifabriken giftige Gase einzuatmen. Was bedeutet es, wenn die Arbeiter der Bergwerke, der Bahnen, Schiffe, der Stahlwerke und Hochöfen zu Tausenden verunglücken?! – Diese Männer sterben auf ihrem Posten einen Heldentod. Harte Arbeit und beständige Lebensgefahr mögen ihre Körper bedrohen und beugen, ihre Seelen aber werden stark dabei, bleiben aufrecht und trotzig. – Mag der Lungendurchschnitt eines Bergarbeiters schwarz sein, sein Geistesdurchschnitt ist rein und gesund. Und bricht ein Unglück über sie herein, so scheiden sie aus dieser Welt als Männer, als Kämpfer, als gefallene Soldaten auf den großen Schlachtfeldern unserer Industrien. – Ein schöner Tod! Wie anders ist aber das Leben unseres Kellners! Und wieviel schrecklicher ist sein Los! Welche Kräfte muß er aufbieten, um aus dem Wuste unserer Zivilisation einen rechten Lebensweg zu finden! Fehlen diese Kräfte, so wird sein junges Gemüt langsam, sehr langsam zermahlen und vergiftet, angesteckt von unheilbaren Leiden.

Wenn der Kellner nicht solch wundervolle Gelegenheit hätte, das große Leben, die herrliche Natur, die Wunder der Schöpfung zu sehen, dann müßte er wirklich verzweifeln. Aber die kaleidoskopische Abwechslung von göttlichen Bildern erhält ihn unbewußt aufrecht. Unwillkürlich läßt er alles auf sich einwirken. Willenlos läßt er sich tragen. Denn Kokotten, Kurtisanen, geschminkte Weiber sein Lebtag lang sehen müssen, immer und ewig dieselben, abgestandenen Phrasen anhören müssen, immer wieder dasselbe, freche, müde, stinkende Lächeln, die schnüffelnde Lüsternheit, die sogenannte Lebensfreude ansehen zu müssen, das muß in seiner Art auf die Dauer noch langweiliger werden als eine Anstellung bei der Regierung. Man muß ein eingefleischter Satan oder eine stupide Zuhälternatur sein, um ein solches Los ertragen zu können. – –

Aber das Leben hat den Kellner geschützt. Es liebt ihn. Es lächelt ihm, lockt ihn hinaus, wenn Gefahr droht. Darum wandert er auch so viel. Darum treibt's ihn von Ort zu Ort, von Land zu Land. Eine Hoffnung ersetzt die andere. Keine erfüllt sich vielleicht. Aber sein Herz bleibt wunderbar jung. Heute sieht er Laster, wird verführt, stürzt sich hinein, um Ekel vor sich selber und seinem Leben daraus zu schöpfen, morgen hält ihn wieder eine blühende Landschaft, eine neue Hoffnung, die Freude an einer neuen Reise, vor der Selbstverachtung und Selbstvernichtung zurück. Er kann nicht verzweifeln; er bleibt jung. Mögen auch die Musik, die parfümierte Atmosphäre, der Glanz, der Geruch und die Hitze der Küche, das Strahlen der Lichter, die körperlichen Anstrengungen, der Ärger, der Haß gegen den Reichtum, die Dienerei, die Verachtung seiner Person, das Trinkgeld, mag alles auf ihn einstürmen und sich wild in seinem Herzen festkrallen und es aussaugen, – der Kellner bleibt jung.

So entwickelt sich aus ihm der heimatlose, unstete Wanderer, der gott- und freundlose, gut- und blutarme Mensch, der er heute ist. – Die schönsten Kräfte seiner Jugend gibt er dahin, ohne an sich zu denken. Wem gibt er sie? Sich selber? – Nein! Den anderen Menschen? Nein! – Sie werden zersplittert, entkräftigt, zermalmt in der großen unmenschlichen Mühle unserer Zivilisation. Es gibt das berühmte Düngermehl für künftige Kulturen.

Bei einem solchen Anblick sollte selbst das Gesicht eines Gottes zu Marmor erstarren. Aber das Gesicht des Lebens mit seiner ganzen Inkonsequenz lacht, lacht, während seine Tatzen die Herzen zerreißen. Die großen, entsetzlichen Kontraste, das grausam, willkürlich zusammengewürfelte Gemisch von Schwarz und Weiß, Gelb und Rot, ungeordnet, verwahrlost, verwitternd, reizt nur den Künstler, den Fleißigen. Der Mensch aber, der darin nicht umkommt, ist ein Künstler. Er fühlt sich glücklich in dem großen Haufen von Sand und Mörtel, bunten Steinchen, Gläsern, Scherben und Splittern, die in allen Farben leuchten vom reinsten Golde bis zum giftigsten Grün. Wo aber ist der Meister, der diese Stückchen, die Fragmente zu einem herrlichen Mosaik, zu einem gewaltigen Gedichte zusammensetzt? – Er ist noch nicht geboren. – Aber darf man sich nicht schon glücklich schätzen, wenn man aus der Ferne, mit den Augen eines Schöpfers verschwommene Konturen einer erhabenen Komposition erkennen kann, die aus dem Material entstehen könnte und entstehen muß? – – – –

Aber die Lasterhaftigkeit bleibt doch so ziemlich das Zuverlässigste in der menschlichen Natur. In den allerschlimmsten Fällen kann man fast immer mit ihr rechnen. Ja, leider! So ist's! Was nützen die schönen Exkursionen ins Blaue! – Und ich habe mir auch sagen lassen, daß Bibelgesellschaften in Amerika sogar versuchen, Freiexemplare der Heiligen Schrift in den Hotelzimmern aufzulegen, um damit auf das Seelenheil der Gäste einen wohltätigen Einfluß auszuüben. Schön! Indessen glaube ich nicht, mein Freund, daß sich trugsinnende Makler dadurch von ihrem bösen Vorhaben abhalten oder in ihren Kalkulationen beirren lassen. – Nein, das Selbstbewußtsein unseres inneren Menschen ist unsere einzige Rettung. – – Ich bezweifle auch sehr, daß etwaige entlaufene, legitim vielleicht nicht zusammengehörige Pärchen, die, nachdem sie es auf oft ganz wunderbare Weise zustande gebracht haben, den spähenden Augen des gestrengen Detektivkorps eines großen Hotels zu entschlüpfen, unter der schützenden Flagge des heiligen Ehestandes den sicheren Hafen eines molligen Appartements erreicht haben, sich durch den plötzlichen unerwarteten Anblick der ernsten Bibel zu einer schleunigen Umkehr und Buße mit Reue und Leid veranlaßt fühlen oder sich gar nur zu einem flüchtigen Stoßgebet ermahnen lassen, bevor sie sich in die Versuchung begeben, wirklich Mann und Frau zu sein. – Mein Freund, ich bezweifle es. Aber du wirst jedenfalls auch hier wieder den Wirt verantwortlich machen wollen für anderer Leute Sünden, wie du eine Eisenbahn oder eine Schiffahrtsgesellschaft verdammen wirst, weil sie den Halunken und Verbrechern Mittel bieten, sich der Gerechtigkeit zu entziehen. – Oh, all der bittere Hohn, mit dem uns das böse Leben überschüttet! – Wenn wir doch nur das Geld sparen könnten, das wir durch unsere Dummheiten verschwenden! – Die Qualen der blutenden Herzen, ja selbst die Lächerlichkeiten, denen wir uns aussetzen, ließen sich dann leicht ertragen. –

Wenn ihn also eine feine Dame beauftragt, Whisky oder Cocktail in einem zierlichen Teetöpfchen und dünnen, unschuldigen, goldumränderten Porzellanschälchen zu servieren, so mag ein unbeholfener Kellner wohl heimlich grinsen und sich darüber lustig machen, ein wirklicher, tüchtiger Kellner aber wird den Auftrag ausführen, ohne mit einer Wimper zu zucken. Es wird nur eine grenzenlose, stille, tiefe Verachtung in seinem Herzen aufkeimen für die Feigheit und die Heuchelei der Menschen, welche Furcht vor sich und ihresgleichen haben, die Menschenfurcht, die gemeinste, die hündischste aller Furchtgefühle. Und es wird eine ganz stille, tiefe, heilige Verachtung sein, die es gar nicht mehr liebt, sich zu zeigen. Sie wird nicht mehr versuchen wollen zu spotten, denn der Spötter verdirbt doch viel, statt zu bessern, und sein ohnmächtiges Gelächter kehrt unverrichteter Sache an sein eigenes Ohr zurück. Und das tut weh. – Selbst das Gelächter der Götter über die Torheiten der Sterblichen ist nicht das Höchste. Die Ewigen können auch Blitze schleudern oder tief, ganz tief wie das spiegelglatte, unergründliche Meer schweigen.

Ein Mensch, der dies empfindet, steht hoch über allem Schmutze, mit dem ihn das Leben umgibt, und er selber wird keiner schmutzigen Tat fähig sein. Ja, der Schmutz, den seine Hand berührt, wird verklärt. – Gelehrte und gewissenhafte Menschen mögen ihm vorwerfen, daß man unter keinen Umständen eine Tat begehen darf, die er mit seinem Gewissen nicht vereinbaren könnte. Aber was ist denn das Gewissen? – Wachse ich nicht? Wechsele ich mich nicht wie das Licht des Tages? – Wer sagt mir, daß mir morgen noch gelten wird, was ich heute denke? – Und eine Notwendigkeit, die bis zur Neige auszutrinken uns das Leben zwingt, ist ein mächtigerer Befehl als das heutige Gewissen. Nein, Freund, nur das Bewußtsein unseres inneren Menschen ist unsere einzige Rettung! Das robuste, gesunde Selbstbewußtsein mit der Verantwortlichkeit für sich selbst. Ein solches Gewissen wünsche ich jedem meiner Zeitgenossen, den unser heutiges Leben in einen wilden Kampf um ein Stück Butterbrot oder noch weniger stößt, den es zwingt, nach seiner Flöte den Totentanz zu tanzen, bis die Kräfte versagen. – Den Zeitgenossen wünsche ich dies. Denen, die da kommen werden, brauchen wir es nicht zu wünschen, denn dann werden Männer mit starken Seelen Reiche des Friedens geschaffen haben, darüber der junge Tag jedesmal mit einem Jauchzeschrei aufgehen wird. Totenfeier und Glockenklang wird uns dann gelten, reine Tränen werden für uns, die toten, schuldigen Kämpfer fließen. Denn wir waren es, die ihnen die Pfade mit mühsamen Schritten geglättet haben. –

Nun, Freund, rede! – Ich will dir gerne lauschen. – Freund meiner Jugend! – ich flehe dich an, rede! – – Nun? – Hm – hast du – – haben Sie nichts mehr zu sagen?! – – – – – – – – – – – – – – – – – – – – – – – – – – – – – – – – –

Gute Nacht, Herr Bischof – – angenehme Ruhe ...

# VIII.

Kellner, meine Gäste lassen heute aber lange auf sich warten. – So, Sie sahen den Herrn Doktor ausgehen? – Hm, dachte mir schon, daß er nicht kommen würde. Und die anderen Herrschaften? – Abgereist? – Wer? – Der Herr Bischof? Davon hat er mir doch gar nichts gesagt! – Na, und der Herr Professor läßt sich entschuldigen! – Der Herr Kommerzienrat hat plötzlich wichtige Geschäfte zu erledigen! – Die Damen sind unwohl! Hurra! Die Musik spielt heute auch nicht hier. Der Saal ist schwach besetzt! – Großartig! – Ein wahrer Glückstag. –

Na, Kellner, dann bringen Sie mir aber mal was Gutes zum Essen. Heute werde ich meine Mahlzeit mit Andacht einnehmen können; heute werde ich doch verstehen können, was ich esse. – Was? – Canapé de Caviar à la Romanoff?! – Nein, danke, heute nicht. – Als Horsd'œuvre einen eingemachten Hering. Ich habe 'nen Katzenjammer. Darauf einen Teller gute Fleischbrühe, einen saftigen Rostbraten mit hausgemachten Nudeln. Die Nudeln mit ein klein wenig Muskatblüte und recht viel geriebenen Käse. Und eine Flasche Bier. Ah, das wird munden! – –

Übrigens muß ich Ihnen mein Kompliment machen, junger Mann. Sie verstehen Ihr Geschäft. Und das ist keine Kleinigkeit! Sie haben mich und meine Gäste während meines Aufenthalts ausgezeichnet gut bedient. Meine Diners waren fehlerlos, ein Gegenstand des Neides für meine Rivalen. Ich habe nicht zu warten, mich kein einziges Mal umzusehen brauchen. Alles kam von selber. Alles war einfach perfekt. – Hier, darf ich Ihnen daher diese Kleinigkeit für Ihre Mühen und ...? – Wie? Sie nehmen kein Trinkgeld!? – Oder wollen Sie mich gar beleidigen? – Sind zwanzig Mark für acht Diners nicht genug? – Wie? Überreichlich, und doch wollen Sie es nicht annehmen! Dann halten Sie mich also für einen Kollegen? – Auch nicht? – Sonderbar! Von m i r nehmen Sie kein Trinkgeld –?! – Warum gerade von m i r nicht und doch von den anderen Gästen? – Mein Geld ist doch genau so gut wie das der anderen und vielleicht weniger »befleckt« ... nun, was ist es denn! So sprechen Sie sich doch aus! – – – Ja, ja, gewiß, ich nehme Anteil an Ihrem Lose, ich nehme Anteil an jedem menschlichen Lose. – Aber woher wissen Sie denn das? – Aha! Sie haben auf meine Reden mit meinen Gästen gehorcht! – Welch ein Wunder! Der Mensch horcht und bedient gut zur gleichen Zeit! – Aber ein Kellner soll nicht horchen. – Ein guter Kellner tut das überhaupt nicht! Das wissen Sie so genau wie ich. – Wirklich, ich habe mich in Ihnen getäuscht! Ich hätte Sie für einen besseren Mann gehalten! – Was? Sie konnten beim besten Willen nicht widerstehen? – Na, diesmal soll Ihnen noch verziehen werden! – – Aber das ist interessant! Ich soll etwas für Sie tun?! – Ja, mein lieber, junger Freund, Trinkgeld nehmen Sie nicht von mir an! – Was soll ich denn sonst noch für Sie tun? – Ich habe Ihnen doch bereits ein gutes Zeugnis ausgestellt. – Wollen Sie Ihr Lob noch einmal vor dem Prinzipal ausposaunt hören? – Nicht? – Dann könnte ich Sie höchstens noch als meinen Haushofmeister engagieren; aber mein Château ist erst im Bau begriffen, und es wird noch lange, sehr lange dauern, bis es fertig ... Na, jedenfalls geben Sie mir Ihre Adresse ... ich will sehen, was ... Wie? – Nicht für Sie persönlich, sagen Sie! Aber für wen denn sonst? – Den Stand? – Ich soll etwas für den Kellnerstand im allgemeinen tun! – Sie meinen, seine soziale Lage verbessern, das Ansehen heben ...? Aber wie kommen Sie denn auf eine solche Idee? Wie soll ich denn das anfangen!? – Bücher darüber schreiben! – Bah, welchen Zweck sollten solche Bücher haben!? – Bei der heutigen Flut von Büchern ... haben Sie eine Ahnung? – Niemand würde Bücher über die Kellner lesen. Die Kellner selber würden sie nicht einmal beachten! – Wenn die freie Zeit haben, liegen sie auf dem Turf. Wenn ohne Stellung, treiben sie sich in den dumpfen Schnapslokalen der Stellenvermittler herum. Sie haben keine Zeit, Bücher zu lesen und sich um ihr Los zu kümmern. – Nein, mein junger Freund. Die Kellner allein haben ihr Schicksal in der Hand! Sie und niemand anders auf der Welt kann es bessern, kann ihnen helfen! – Sehen Sie denn nicht, niemand bekümmert sich um Ihr Los! – Der Bischof, gegen den ich gestern Ihren Stand verteidigt habe, reist heute ab. Der Soziologe, dem ich die Ohren voll gepredigt habe, läßt sich entschuldigen. Der Herr Doktor strahlt durch Abwesenheit. Der Großindustrielle ist jedenfalls so von der Verwerflichkeit des Trinkgeldes überzeugt worden, daß er in Zukunft keins mehr geben wird. – Die Damen, oh – Ihre schlimmsten Plagegeister – – Sie sehen ja selber, wie es mir ergeht! Ich bin in argen Mißkredit geraten! – – Nein, mein Freund, Ihr Schicksal müssen Sie selber ausfechten. Die Zeit wird kommen, wo die Kellner gut organisiert und menschenwürdig für ihre Arbeit bezahlt sind. Dann wird Ihr Stand von selber angesehen sein. Wenn alle Vorurteile beseitigt, alle Übelstände und Schäden Ihres Standes im Laufe der Zeit kuriert sein werden, wenn die Zustände, die heute noch als primitiv und engherzig Ihr Leben unerträglich machen, verbessert worden sind, dann fallen die meisten Möglichkeiten zu Konflikten in Ihrem Geschäfte wie im geistigen Leben in sich selber zusammen. Das Dasein des Kellners wird sich dann als ein menschenwürdiges und glückliches erweisen, wie es deren trotz allen Elends in den modernen Industrien noch zu Millionen unter den Menschen gibt. Es wird dann eine Freude sein, in Ihrer Stellung arbeiten zu können. Dann werden Sie auch die Freude der Arbeit empfinden – ihr eigentlicher Lohn, der Ihnen bis jetzt noch versagt ist.

Ob ich wirklich einmal als Kellner gearbeitet habe? – Selbstverständlich, mein Freund! Und als solcher habe ich einen unvergeßlichen Augenblick erlebt. Dies war, als ich einen jungen Koch am Herdfeuer stehen sah, einen sauberen, kleinen, lebhaften Franzosen mit schwarzen, funkelnden Augen.

Meine stumme Bewunderung schien ihn mit Stolz zu erfüllen; meine Wenigkeit machte ihn keck. Er klapperte ungeduldig mit seiner Pfanne und stieß plötzlich aus:

»*Mon Dieu, que j'ai envie de travailler!*«

Dabei schwenkte er die Pfanne mit einer flinken Bewegung und warf eine »Crêpe« in die Luft, wo sie dreimal Saltomortale schlug und geschickt wieder aufgefangen wurde. – Dazu dann die berühmte, unnachahmliche südliche Geste ... – gottvoll! Das Bild dieses jungen Arbeiters, ganz mit dem Stolz auf seine Kunst erfüllt und mit der großen Liebe für seine Arbeit – es ist eine meiner liebsten Erinnerungen!

Auch Sie, mein Freund, sind auf die Freude der Arbeit berechtigt und nicht auf ihren klingenden Lohn allein. Und darum raffen Sie sich auf! Nichts ist herrlicher als »*struggle for life*«, als der Kampf ums Leben. Er ist das Leben selber. Denn während wir kämpfen, hoffen wir. Die Entscheidung des Kampfes ist erschütternd, wenn nicht noch mehr: langweilig. Der Sieger ruht gern auf seinen Lorbeeren aus, wird fett, behäbig, unwachsam. Der Besiegte wird zermalmt, vernichtet. Der Kämpfer allein steigt und bewegt sich. Darum ist das Leben ein beständiges Ringen und dies die Freude der Lebenden, der Gesunden ... Und der Mann, der einmal aus einem seelischen oder körperlichen Ringen als Sieger hervorging, darf auch nicht glauben, daß er nun gegen die Angriffe geheimer Mächte oder gegen die Tücke des Nachbarn auf immer gefeit sei. Nein, neu und immer neu stürmen die Widersacher und die Versuchungen auf ihn ein. Neu und immer neu bedrängen sie ihn. Er muß wachen, muß bereit sein. Die Versuchungen sind das Leben der Seele. Je heftiger und häufiger diese Angriffe sind, um so schöner wird sich die Seele des Kämpfenden gestalten. Und wie jeder einzelne Mensch sich seine Existenz erkämpfen muß, so müssen es auch die Familien, die Stämme, die Völker, die Nationen, die Welten. So entstehen Ackerbau, Künste, Industrien, Wissenschaften, Kulturen, Gewerbe, Kriege, Revolutionen, Aufruhre. Wer kann sagen, daß Erdbeben, Fluten, Feuersbrünste, alle Aufruhre der Elemente Unglück sei? Verschlingt nicht eine Woge die andere? Bleibt nicht alles zusammen in der großen Gemeinschaft des Meeres?

Wir Menschen können einander wenig oder gar nicht helfen. Aber einer unserer größten Denker, Kant, sagt, daß der Mensch so viel tun soll, als in seinen Kräften steht, um ein besserer Mensch zu werden. Unter dieser Voraussetzung – aber dann auch gewiß – könne er hoffen, was nicht in seinem Vermögen stehe, werde ihm durch höhere Veranstaltung zuteil werden ...

# NACHWORT.

Ich hatte also meinen Zweck erreicht! Ich stand allein mit meinem Kellner. Meine internationalen Freunde hatten sich entschuldigt, sich zerstreut – mich gemieden. Sie hatten genug. Ganz sanft hatte ich sie tot gelangweilt, respektvoll und auf praktische, ehrliche Weise hinweggeekelt. Der Kellner ist gut zur Bedienung. Sehr gut sogar mitunter. Unzureichend aber ist er als Gegenstand amüsanter Betrachtung am Tische, den er bedient. – Darum schließt man die Augen lieber. – Die Spannung bleibt allerdings.

Ich hatte also meinen Zweck erreicht. Aber wie! Mit welchen Mitteln! Mit welchen Opfern! – Nicht, daß ich den Verlust der Freunde beklage! Beileibe nicht. – Aber durch die hartnäckige Verfolgung des Fadens wurde ich in Tiefen geleitet, die ich anfangs selber nicht ahnte. Ich hatte einen neuen Menschen kennen gelernt. Ich fühle aber nun, daß die schöne Zeit der sorglosen, fröhlichen Mähler auf immer dahin ist. Denn seit ich unseren Ganymed, den Kellner, ganz kennen gelernt habe, seit ich die Leiden, das Schicksal dieses Menschen weiß, seit diesem Tag kann ich keine Mahlzeit, kein Glas Wein mehr so froh wie ehedem genießen, und mag's mir noch so freundlich gereicht werden – oder gerade dann noch viel weniger. Ich fühle mich nicht mehr als Gott. Alles rings um mich ist menschlich. Sehr menschlich.

Meine Freunde ahnten dies Unheil dumpf. Sie hatten zwar keine bestimmte Vorstellung davon, aber darum gerade blieben sie weg. Sie entfernten sich. Sie fühlten etwas wie ein kalter Hauch einer unsichtbaren, neidischen Geisterhand über ihren Freuden schweben, sie hörten einen Tropfen Wermut in ihren Becher sickern. Sie sahen bleiche Gesichter, Tränen – sie sahen Gespenster – was weiß ich! – Kurz, sie schlossen die Augen, sie wollten nichts sehen, sie dankten, zitterten, flohen ...

Halb erleichtert, halb bedrückt atmete ich auf. Dann ging ich hinaus in die frische Luft. Doch noch lange lag die brütende Schwüle des werdenden Menschenschicksals drückend auf meiner Stirn.

Wir atmen nicht nur ein, wir atmen auch aus. Und der keimende Gedanke wirkt in uns, bis er zum Ereignis wird. Das Ereignis ist die stumme Nacht – die Frucht – das Letzte ...

Und das Wesentliche an dem Vergangenen ist nicht, daß es ging, sondern daß es nicht mehr wiederkehrt.

**Ende**

# Booksophile

**Your Local Online Bookstore**

Buy Books Online from

## www.Booksophile.com

Explore our collection of books written in various languages and uncommon topics from different parts of the world, including history, art and culture, poems, autobiography and bibliographies, cooking, action & adventure, world war, fiction, science, and law.

Add to your bookshelf or gift to another lover of books - first editions of some of the most celebrated books ever published. From classic literature to bestsellers, you will find many first editions that were presumed to be out-of-print.

Free shipping globally for orders worth US$ 100.00.

*Use code "Shop_10" to avail additional 10% on first order.*

*Visit today*

*www.booksophile.com*